高 等 院 校 园 林 专 业 系 列 教 材

·江 苏 省 精 品 课 程·

园林建筑设计 (第2版)

Landscape Architecture Design (2nd Edition)

主编　张青萍

编著　张　哲　乐　志　郭苏明

　　　汤　猛　方　程　程云杉

U0242739

东南大学出版社

·南京·

内 容 提 要

园林是城市中的绿洲，园林建筑是这绿洲中游憩空间的主体，它们为城市居民提供了文化休息以及其他活动的场所。本书共分5章，在绪论中首先对园林建筑的发展及园林建筑设计的原则进行了介绍；然后在第2章中对建筑构成、建筑空间、建筑构造与结构等方面进行了综合性的建筑学基础知识铺垫；第3章园林建筑设计过程是本书的重点，按照设计过程与方法、场地概述、方案推敲与深化分节进行详细的论述；第4章为11个典型案例的赏析；最后第5章为学生作业及工程实践案例。

本书图文并茂，系统性强，结合实际案例讲述，在作为高等院校园林、风景园林及相关专业教学用书的同时，也可供从事园林规划设计、环境艺术设计、城市规划、旅游规划等相关专业人员学习和参考。

图书在版编目（CIP）数据

园林建筑设计 / 张青萍主编；张哲等编著. —2 版.
南京：东南大学出版社，2017.4（2024.2重印）
高等院校园林专业系列教材 / 王浩主编

ISBN 978-7-5641-5130-0

Ⅰ.①园… Ⅱ.①张… ②张… Ⅲ.①园林建筑—园
林设计—高等学校—教材 Ⅳ.①TU986.4

中国版本图书馆 CIP 数据核字（2017）第 097756 号

园林建筑设计（第 2 版）

出版发行：东南大学出版社
社　　址：南京四版楼 2 号　　　　（邮编：210096）
出 版 人：江建中
网　　址：http://www.seupress.com
电子邮箱：press@seupress.com
经　　销：全国各地新华书店
印　　刷：南京玉河印刷厂
开　　本：889 mm×1194 mm　1/16
印　　张：13.25
字　　数：420 千
版　　次：2010 年 8 月第 1 版　2017 年 4 月第 2 版
印　　次：2024 年 2 月第 5 次印刷
书　　号：ISBN 978-7-5641-5130-0
定　　价：39.00 元

本社图书若有印装质量问题，请直接与营销部联系。电话（传真）：025-83791830

高等院校园林专业系列教材
编审委员会

系列教材出版前言

推进风景园林建设，营造优美的人居环境，实现城市生态环境的优化和可持续发展，是提升城市整体品质，加快我国城市化步伐，全面实现小康社会，建设生态文明社会的重要内容。高等教育园林专业正是应我国社会主义现代化建设的需要而不断发展的，是我国高等教育的重要专业之一。近年来，我国高等院校中园林专业发展迅猛，目前全国有150所高校开办了园林专业，但园林专业教材建设明显滞后，适应时代需要的教材很少。

南京林业大学园林专业是我国成立最早、师资力量雄厚、影响较大的园林专业之一，是首批国家级特色专业。自创办以来，专业教师积极探索、勇于实践，取得了丰硕的教学研究成果。近年来主持的教学研究项目获国家级优秀教学成果二等奖2项，国家级精品课程1门，省级教学成果一等奖3项，省级精品课程4门，省级研究生培养创新工程6项，其他省级（实验）教学成果奖16项；被评为园林国家级实验教学示范中心、省级人才培养模式创新实验区，并荣获"风景园林规划设计国家级优秀教学团队"称号。

为培养合格人才，提高教学质量，我们以南京林业大学为主体组织了山东建筑大学、中国矿业大学、安徽农业大学、郑州大学等十余所院校中有丰富教学、实践经验的园林专业教师，编写了这套系列教材，准备在两年内陆续出版。

园林专业的教育目标是培养从事风景园林建设与管理的高级人才，要求毕业生既能熟悉风景园林规划设计，又能进行园林植物培育及园林管理等工作，所以在教学中既要注重理论知识的培养，又要加强对学生实践能力的训练。针对园林专业的特点，本套教材力求图文并茂，理论与实践并重，并在编写教师课件的基础上制作电子或音像出版物辅助教学，增大信息容量，便于教学。

全套教材基本部分为16册，并将根据园林专业的发展进行增补，这16册是：《园林概论》《园林制图》《园林设计初步》《计算机辅助园林设计》《园林史》《园林工程》《园林建筑设计》《园林规划设计》《风景名胜区规划》《城市园林绿地规划原理》《园林工程施工与管理》《园林树木栽培学》《园林植物造景》《观赏植物与应用》《园林建筑设计应试指南》《风景园林设计表现理论与技法》，可供园林专业和其他相近专业的师生以及园林工作者学习参考。

编写这套教材是一项探索性工作，教材中定会有不少疏漏和不足之处，还需在教学实践中不断改进、完善。恳请广大读者在使用过程中提出宝贵意见，以便在再版时进一步修改和充实。

高等院校园林专业系列教材编审委员会

二〇〇九年十二月

本书第二版前言

"园林建筑设计"作为一门综合性的专业课程科目,学生不仅要学习建筑设计的基础知识、相关技术、建筑材料、设计规范以及表达技巧等单纯"设计"内容,更应学会熟练地分析研究基地环境的方法,从中寻求园林建筑设计的契机。因此需要充分研究风景园林环境的地貌地形、空间形态、围合尺度、植被、气候等要素,同时对软环境要素也应加以充分的研究,诸如历史、文化、语言、社会学、民俗学、行为心理等,从软、硬两个方面着手分析建筑设计的出发点与依据,因此"园林建筑设计"是一门综合性极强的课程。通过对场地的分析,针对景观构成的思路,同时依据其建筑功能的要求、建造所用的技术及材料等,对建筑物从平面、外观立面、内部空间以及建筑与景观环境的关联,从无到有建立起新的秩序的过程。学习"园林建筑设计",应加强理论与实践相结合,强化实践环节教学,注重培养学生的动手能力,侧重园林建筑设计方法的训练,达到举一反三、触类旁通的学习效果。

本教材结合中外优秀园林建筑实例全面、系统地阐述园林建筑设计的内容,全书共分5章,第1章绪论介绍了园林建筑的概念、发展历程及其设计原则等;第2章讲述了建筑学的基本知识:建筑的构成、建筑空间、建筑构造与结构等;第3章为本书的重点,详细讲解了园林建筑设计的全过程:设计过程与方法、场地解读、方案推敲与深化、方案设计的表达等;第4章为案例分析,以具有代表性的古今中外11个案例来分析园林建筑的特点,从环境、功能、空间、造型及细部着手,分类剖析园林建筑设计的方法、程序与技巧;最后的第5章附件内容为学生作业范例和我院教师的工程实践设计案例的图纸,我们希望以此辅助学生在设计练习过程中就园林建筑的地方特点、形式与风格、技术与创新及其表现方法等方面做深入研讨之用。

本书图文并茂,系统性强,在作为高等院校园林、风景园林及相关专业教学用书的同时,也可供从事园林规划设计、环境艺术设计、城市规划、旅游规划等相关专业人员学习和参考。

在园林专业教学当中,"园林建筑设计"是重要的专业必修课程之一,占有极其重要的地位。专业实践的复杂性给21世纪的园林建筑带来新的挑战,我们的教学目标是保持设计实践性和技术先进性。作为"风景园林规划设计课程群国家级教学团队"的主要成员,我们在多年的"园林建筑设计"教学和实践过程中积累了大量的经验,并经过努力获得了江苏省级精品课程的荣誉,一直期盼对这些经验进行梳理和总结,如今终得如愿,希望这一工作不仅对我们学院更对国内其他高等院校同仁的"园林建筑设计"课程教学有所贡献。

张青萍

南京林业大学　风景园林学院

二〇一七年三月

目　　录

1 绪　论

1.1 园林与建筑

1.1.1 园林

中国传统概念里的园林,在古籍里根据不同性质对应着园、囿、苑、宫苑、园池、别业、山庄的概念,英、美各国称之为 Garden,Park,Landscape Garden。我国现行规范《园林基本术语标准》(CJJ/T91—2002)将园林(Garden and Park)定义为一种游憩境域——在一定地域内运用工程技术和艺术手段,通过因地制宜地改造地形、整治水系、栽种植物、营造建筑和布置园路等方法创作而成的优美的游憩境域。

如此定义,使其内涵更加契合现代风景园林学科的发展和需求,内涵也更为广阔。现代意义的园林应当包括庭园、宅园、小游园、花园、公园、植物园、动物园、森林公园、风景名胜区、自然保护区、国家公园等一切具有景观、游憩、生态功效的优美境域。在一定的地域范围内,运用工程技术手段对自然环境进行艺术加工,以弥补自然景致的不足。具体表现为改造地形、种植花木和建筑营建。通过这样的途径创作而成的供人们观赏、游憩、居住的环境,就成为园林。风景园林学科下的现代园林之功,不只是作为游憩之用的境域,还具有保护和改善环境的生态功能。其对净化空气、调节微气候、减少自然灾害、传承文化、满足人们精神需求等方面均起到举足轻重的作用。漫步在景色优美和静谧的园林中,将极大地缓解日常紧张生活所带来的紧张和疲乏,使脑力、体力得到良好的放松与恢复。另外,园林所承载的文化、游乐、体育、科普教育等活动可以丰富人们的知识和充实人们的精神生活。

1.1.2 建筑

建筑是人类活动的容器之一,是建筑物与构筑物的总称,是人们为了满足社会生活需要,利用所掌握的物质技术手段,并运用一定的科学规律、风水理念和美学法则创造的人工环境。我国现行技术标准《民用建筑设计术语标准》(GB/T 50504—2009)认为建筑(Building,Architectural Style)一词既表示建筑工程的营造活动,又可表示营造活动的成果——建筑物,还可表示建筑类型和风格。并将建筑物(Building)定义为:用建筑材料构筑的空间,供人们居住和进行各种活动的场所;将构筑物(Construction)定义为:为某种工程目的而建造的、人们一般不直接在其内部进行生产和生活活动的某项工程实体和附属建筑设施。

《民用建筑设计术语标准》中将建筑设计(Building Design,Architectural Design)解释为:广义的建筑设计是指设计一个建筑物(群)要做的全部工作,包括建筑、结构、设备、室内外装修等设计和工程概预算。狭义的建筑设计是以建筑学为依据,解决建筑物使用功能和空间合理布置,室内外环境协调,建筑物的细部构造和艺术处理,与结构、设备等工种的配合,其最终目的是使建筑物达到适用、安全、经济和美观。

人们的生活起居、交谈休息、商务交流、餐饮、购物、教学、科研、就诊、阅览、观演、体育活动以及车间劳动等等社会活动几乎都在对应的建筑空间中进行。建筑要满足这些使用要求,需要一定的工程技术与艺术创作,可视其为具有工程技术特征的准艺术。

1.1.3 园林建筑

中国园林在世界园林中独树一帜,享誉盛名。中国的园林建筑历史悠久,在园林中扮演着举足轻重的作用。在 3 000 多年前的周朝,中国就有了最早的宫廷园林。传统园林建筑源于自然而高于自然,布局灵活多变,隐建筑物于山水之中,将人工美与自然美融为一体,以达因地制宜、巧夺天工为尊。

《园林基本术语标准》中对园林建筑 (Garden Building)定义为:园林中供人游览、观赏、休憩并构成景观的建筑物或构筑物的统称。现代园林已不再是服务于文人士大夫、达官显贵的私有场所,而是面向广大人民群众的休闲娱乐、感悟自然的生态环境。基于此,如此园林建筑之定义便显得较为狭义。现今的园林建筑,除了保留传统园林建筑功能外,还增添了诸如展览、销售、餐饮、咨询、游乐等服务功能,其建筑的形式也随之有所改变。因此,广义的园林建筑应当是涵盖园林中具有构成景观和观赏风景之景观功能的所有建筑物,如园林中一些展览、售卖、茶室、咖啡厅、旅馆等建筑形式均已纳入到园林建筑的范畴之中(图 1.1.1)。

图 1.1.1　某俱乐部外观

现代园林建筑的变化不仅在功能与形式上,在建筑材料上的使用也有很大的改变。传统的园林建筑大多为木结构,造型精美、构造复杂、装饰构件繁多;建造过程为手工操作,工期长、技术细腻,这些都已无法适应现代社会技术与设备。建筑材料发生了革命性变化的今天,生态木、混凝土、金属材料、玻璃、陶瓷、化纤、再生材料等新型材料层出不穷,不仅改变了建筑构造,也改变了建筑形式,园林建筑风貌理应随之改变。园林建筑在保留了传统精髓的同时,应该大胆创新,呈现出建筑风貌的丰富性与多样性。

1.1.4　专业素养

现代设计大师蒙荷里·纳基(Moholy Nagy)曾指出:"设计并不是对制品表面的装饰,而是以某一目的为基础,将社会的、人类的、经济的、技术的、艺术的、心理的多种因素综合起来,使其能纳入工业生产的轨道,对制品的这种构思和计划技术即设计。"

园林建筑设计作为一门综合性的科目,不仅要学习建筑设计的基本技法、相关技术、建筑材料、设计规范以及表达技巧等单纯"设计"内容,更应学会熟练地分析研究基地环境的方法,从中寻求园林建筑设计的契机。因此需要充分研究景观环境的地貌地形、空间形态、围合尺度、植被、气候等要素,同时对软环境要素也应加以充分的研究,诸如历史、文化、语言、社会学、民俗学、行为心理等,从软、硬两个方面着手分析建筑设计的出发点与依据,因此园林建筑设计是一门综合性极强的课程。通过对场地的分析,针对景观构成的要求,同时依据其建筑功能的要求、建造所用的技术及材料等,对建筑物从平面、外观立面、内部空间以及建筑与景观环境的关联,从无到有建立起新的秩序的过程。学习园林建筑设计,应加强理论与实践相结合,强化实践环节教学,注重培养学生的动手能力,侧重园林建筑设计方法的训练,达到举一反三、触类旁通的学习效果。现在获取世界各地的建筑信息相对于任何时代都更加便捷,全面研究优秀的建筑师及其成功案例是学习建筑设计的重要途径之一。然而,如果沉湎于"庞大"的信息量,或"裁剪拼贴",或"惟妙惟肖"模仿,忽视对基本设计方法与创造性思维的学习,则不可能成为一名合格的园林建筑师。所以园林建筑专业工作者应具备以下几方面的综合知识、能力和素质:

(1)具备扎实的园林学、建筑学、设计艺术学等学科的基本理论、基础知识。

(2)具有一定的绘画技能及美学知识,能应用相应的艺术理论及设计手法对自然景观、植物材料进行艺术创造。

(3)掌握风景名胜区规划、森林公园规划、城市绿地系统规划、各类园林绿地规划设计、园林工程设计、园林植物造景设计方法。

(4)具备风景区、城市园林建筑施工与管理的基本技能。

(5)具备调查研究与决策、组织管理与科学研究的基本能力,以及独立获取知识、信息处理和创新的基本能力。

(6)熟悉我国建筑设计、公园规划设计、风景名胜区规划设计等方面的相关方针、政策和法规。

(7)具有一定的科学研究和实际工作能力,了解国内外园林建筑学科的理论前沿、应用前景及发展动态。

1.2 园林建筑发展概述

1.2.1 中国古典园林与建筑

1.2.1.1 中国古典园林

我国造园应始于商周,其时称之为囿。商纣王"好酒淫乐","益收狗马奇物,充牣宫室,益广沙丘苑台(注:河北邢台广宗一带),多取野兽蜚鸟置其中……";周文王建灵囿,方七十里,其间草木茂盛,鸟兽繁衍。最初的"囿",就是把自然景色优美的地方圈起来,放养禽兽,供帝王狩猎,所以也叫游囿。天子、诸侯都有囿,只是范围和规格等级上的差别,"天子百里,诸侯四十"。汉起称苑,汉朝在秦朝的基础上把早期的游囿,发展到以园林为主的帝王苑囿行宫,除布置园景供皇帝游憩之外,还举行朝贺,处理朝政。汉高祖的"未央宫",汉文帝的"思贤园",汉武帝的"上林苑",梁孝王的"东苑"(又称梁园、兔园、睢园),宣帝的"乐游园"等,都是这一时期的著名苑囿。从敦煌莫高窟壁画中的苑囿亭阁,元人李容瑾的汉苑图轴中,可以看出汉时的造园已经有很高水平,而且规模很大。枚乘的《兔园赋》,司马相如的《上林赋》,班固的《西都赋》,司马迁的《史记》,以及《西京杂记》、典籍录《三辅黄图》等史书和文献,对于上述的苑囿,都有比较详细的记载。

魏晋南北朝是我国社会发展史上的一个重要时期,社会经济一度繁荣,文化昌盛,士大夫阶层追求自然环境美,游历名山大川成为社会上层普遍风尚。刘勰的《文心雕龙》,钟嵘的《诗品》,陶渊明的《桃花源记》等许多名篇,都是这一时期问世的。

唐太宗"励精图治,国运昌盛",社会进入了盛唐时代,宫廷御苑设计也愈发精致,特别是由于石雕工艺已经娴熟,宫殿建筑雕栏玉砌,显得格外华丽。"禁殿苑""东都苑""神都苑""翠微宫"等等,都旖旎空前。当年唐太宗在西安骊山所建的"汤泉宫",后来被唐玄宗改作"华清宫"。这里的宫室殿宇楼阁,连接成城,唐王在里面"缓歌慢舞凝丝竹,尽日君王看不足"。杜甫曾有一首《自京赴奉先县咏怀五百字》的长诗,描述和痛斥了王侯权贵们的腐朽生活。宋朝、元朝造园也都有一个兴盛时期,特别是在用石方面有较大发展。宋徽宗在"丰亨豫大"的口号下大兴土木。他对绘画有些造诣,尤其喜欢把石头作为欣赏对象。先在苏州、杭州设置了"造作局",后来又在苏州添设"应奉局",专司搜集民间奇花异石,舟船相接地运往京都开封建造宫苑。"寿山艮岳"的万寿山是一座具有相当规模的御苑。此外,还有"琼华苑""宜春苑""芳林苑"等一些名园。现今开封相国寺里展出的几块湖石,形体确乎奇异不凡。苏州、扬州、北京等地也都有"花石纲"遗物,均甚奇观。这期间,大批文人、画家参与造园,进一步加强了写意山水园的创作意境。

明、清是中国园林创作的高峰期。皇家园林创建以清代康熙、乾隆时期最为活跃。当时社会稳定、经济繁荣给建造大规模写意自然园林提供了有利条件,如"圆明园""避暑山庄""畅春园"等等。私家园林是以明代建造的江南园林为主要成就,如"沧浪亭""休园""拙政园""寄畅园"等等。同时在明末还产生了园林艺术创作的理论书籍《园冶》。它们在创作思想上,仍然沿袭唐宋时期的创作源泉,从审美观到园林意境的创造都是以"小中见大""须弥芥子""壶中天地"等为创造手法。自然观、写意、诗情画意在创作中占主导地位,同时园林中的建筑起了最重要的作用,成为造景的主要手段。园林从游赏到可游可居方面逐渐发展。大型园林不但模仿自然山水,而且还集仿各地名胜于一园,形成园中有园、大园套小园的风格。

到了清末,造园理论探索停滞不前,加之社会由于外来侵略,西方文化的冲击,国民经济的崩溃等等原因,使园林创作由全盛到衰落。然而,中国园林的成就却达到了它历史的峰巅,其造园手法被西方国家所推崇和模仿,在西方国家掀起了一股"中国园林热"。中国园林艺术从东方到西方,成了被全世界所公认的园林之母,世界艺术之奇观。

中国古典园林的本质特征体现在以下几个方面。

1) 模山范水的景观类型

地形地貌、水文地质、乡土植物等元素构成的乡土景观类型,是中国古典园林的空间主体的构成要素。乡土材料的精工细做,园林景观的意境表现,是中国传统园林的主要特色之一。中国古典园林强调"虽由人作,宛自天开",强调"源于自然而高于自然",强调人对自然的认识和感受。

造山　战国时期,用人工叠很大的山,并尽仿天然山的形态,大尺度再现整座大山,效果事倍功半,像个模型。两晋时私家园林得到发展,"私家"财力有限,小尺度再现大山,效果不算好,像一个放大的盆景。明清开始走向第三种模式:只再现部分的大山,比较成功。

理水　水体设计应注意聚分得体,大园聚分结合,小园以聚为主。水体应在适当位置留有水口,使人感觉水是流动的,并非死水。水岸宜低不宜高,岸高则感觉水面小。

山水布局模式　主山隔着主水面,遥对主建筑。以水面作为二者之间起过渡作用的纽带,使人们处在主建筑内就可以饱览山水主景。如拙政园(图 1.2.1),山、水、主建筑形成了山池区内的一根主轴线。

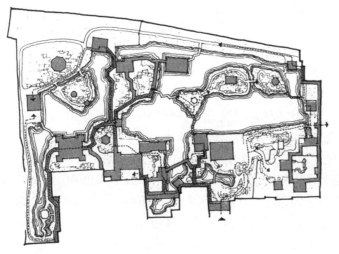

图 1.2.1　拙政园

2) 适宜人居的理想环境

追求理想的人居环境,营造健康舒适、清新宜人的小气候环境。由于中国古代生活环境相对恶劣,中国古典园林造景都非常注重小气候的改善,如山水的布局、植物的种植、亭廊的构建等,无不以光影、气流、温度等人体舒适性的影响因子为依据,形成舒适宜人居住生活的理想环境。

3) 巧于因借的视域边界

不拘泥于庭院范围,通过借景扩大空间视觉边界,使园林景观与外面的自然景观等相联系、相呼应,营造整体性园林景观。无论动观或者静观都能看到美丽的景致,追求无限外延的空间视觉效果。

4) 循序渐进的空间组织

动静结合、虚实对比、承上启下、循序渐进、引人入胜、渐入佳境的空间组织手法和空间的曲折变化,园中园式的空间布局原则常常将园林整体分隔成许多不同形状、不同尺度和不同个性的空间,并将形成空间的诸要素糅合在一起,参差交错、互相掩映,将自然景观、人文景观等分割成若干片段,分别表现,使人看到空间局部交错,以形成丰富的景观。

5) 小中见大的空间效果

古代造园艺术家们抓住大自然中的各种美景的典型特征提炼剪裁,把峰峦沟壑——再现在小小的庭院中,在二维的园址上突出三维的空间效果。"以有限面积,造无限空间"。"大"和"小"是相对的,关键是"假自然之景,创山水真趣,得园林意境"。

6) 耐人寻味的园林文化

人们常常用山水诗、山水画寄情山水,表达追求超脱与自然协调共生的思想和意境。古典园林中常常通过楹联匾额、刻石、书法、艺术、文学、哲学、音乐等形式表达景观的意境,从而使园林的构成要素富于内涵和景观厚度。

中国古典园林的分类,从不同角度看,可以有不同的分类方法。一般有下面的三种分类法。

1) 按园林基址的选择和开发方式分

(1) 人工山水园

人工山水园是我国造园发展到完全自觉创造阶段而出现的审美境界最高的一类园林。这类园林均修建在平坦地段上,尤以城镇内居多。在城镇的建筑环境里面创造模拟天然野趣的小环境,犹如点点绿洲,故也称之为"城市山林"。

(2) 天然山水园

天然山水园一般建在城镇近郊或远郊的山野风景地带,包括山水园、山地园和水景园等。兴造天然山水园的关键在于选择基址,如果选址恰当,则能以少量的花费而获得远胜于人工山水园的天然风景之真趣。

2）按占有者身份、隶属关系分

（1）皇家园林

皇家园林是专供帝王休息享乐的园林。古人讲普天之下莫非王土,在统治阶级看来,国家的山河都是属于皇家所有的。所以其特点是规模宏大,真山真水较多,园中建筑色彩富丽堂皇,建筑体型高大。现存著名皇家园林有北京的颐和园、北海公园、河北承德的避暑山庄。属于皇帝个人和皇室所私有,古籍里称为苑、苑囿、宫苑、御苑、御园等。

（2）私家园林

私家园林是供皇家的宗室、王公官吏、富商文士等休闲的园林。其特点是规模较小,所以常用假山假水,建筑小巧玲珑,表现其淡雅素净的色彩。现存的私家园林,如北京的恭王府,苏州的拙政园、留园、网师园,上海的豫园等。属于民间的贵族、官僚、缙绅所私有,古籍里面称园、园亭、园墅、池馆、山池、山庄、别业、草堂等。

（3）寺观园林

佛寺和道观的附属园林,也包括寺观内部庭院和外围地段的园林化环境。

3）按园林所处地理位置分

（1）北方类型

北方园林,因地域宽广,所以范围较大,因而建筑尺度也较大,富丽堂皇。因自然气象条件所局限,河川湖泊、园石和常绿树木都较少,所以秀丽媚美则显得不足。北方的园林大多集中于北京、西安、洛阳、开封等地,其中尤以北京园林为代表。

（2）江南类型

南方人口较密集,所以园林地域范围小,又因河湖、园石、常绿树较多,所以园林景致较细腻精美。因上述条件,其特点是明媚秀丽、淡雅朴素、曲折幽深,但究竟面积小,略感局促。南方的园林大多集中于南京、上海、无锡、苏州、杭州、扬州等地,其中尤以苏州园林为代表。

（3）岭南类型

因为其地处亚热带,终年常绿,又多河川,所以造园条件比北方、南方都好。其明显的特点是具有热带风光,建筑物都较高而宽敞。现存岭南类型园林,著名的有广东顺德的清晖园、东莞的可园等。

（4）其他类型

除三大主题风格外,还有巴蜀园林、西域园林等各种形式。

综上所述,中国古典园林对东、西方园林的一些共有的设计理念有着自己的处理手段,而且融合了自己的历史、人文、地理特点后,也表现了自己的一些独到之处。主要体现在:

①“天人合一”的自然崇拜;②仿自然山水格局的景观类型;③诗情画意的表现手法;④舒适宜人的人居环境;⑤巧于因借的视域扩展;⑥循序渐进的空间序列;⑦小中见大的视觉效果;⑧委婉含蓄的情感表达。

1.2.1.2　中国古典园林建筑

从园林中所占面积来看,建筑作为造园要素之一是无法和山、水、植物相提并论的。它之所以成为“点睛之笔”,能够吸引大量游览者,就在于它具有其他要素无法替代的、最适合于游人活动的内部空间,是自然景色的必要补充,尤其在中国古典园林里,自然景物和人文景观相互依存、缺一不可。建筑理所当然地成为后者的孕育之所和前者的有力烘托。中国园林建筑形式之多样、色彩之别致、分隔之灵活、内涵之丰富在世界上鲜有可比。

中国园林建筑的形式主要由环境需要所决定。

亭　点状建筑,具有高度灵活性,适应范围极广。开敞而占地少,造型变化丰富。它的作用有三方面:一是作为休憩点,亭者,停也;二是作为观赏点;三是作为被观赏的对象,起到点景的作用。如能三者兼得,则为佳妙。在设计时,其位置、标高都要考虑(图1.2.2)。

图 1.2.2　亭

廊 "廊者,庆(堂前所接卷棚)出一步也,宜曲且长则胜"。——廊是从庆前走一步的建筑物。要建得弯曲而且长。廊的作用一是交通,可视为一条带屋顶的路;二是划分空间,增加空间层次;三是导游,与主要游览路线吻合(图1.2.3)。

榭 "榭者,藉也。藉景而成者也。或水边,或花畔。制亦随态"。——榭字含有凭借、依靠的意思,是凭借风景而形成的,或在水边、或在花旁,形式灵活多变(图1.2.4)。

图1.2.3　廊

图1.2.4　榭

舫 水边的船型建筑,又名"不系舟"。苏州拙政园的香洲造型设计得很成功,在是与非是之间,处理得非常灵活(图1.2.5)。

堂 "堂者,当也。为当正向阳之屋,以取堂堂高显之义"。——堂应当是居中向阳之屋,取其"堂堂高大宽敞"之意,常用作主体建筑,给人以开朗、阳刚之感(图1.2.6)。

图1.2.5　舫

图1.2.6　堂

楼 "重屋曰楼","言窗牖虚开,诸孔慺慺然也,造式,如堂高一层是也"。楼,看上去窗户洞开,许多窗孔整齐地排列。结构形式和堂相似而高出一层(图1.2.7)。

阁 "阁者,四阿(坡顶)开牖"。——四坡顶而四面皆开窗的建筑,与两侧山墙开窗受限制的其他建筑相比,更为轻灵,得景方向更多(图1.2.8)。

图1.2.7　楼

图1.2.8　阁

殿　高大雄伟，是皇宫、寺院、道观的主体建筑，如太和殿、大雄宝殿、纯阳殿等。和楼阁一样，殿可为多层建筑(图1.2.9)。

斋　"斋较堂，唯气藏而致敛，有使人肃然斋敬之义。盖藏修密处之地，故式不宜敞显"。——斋和堂相比，聚气而敛神，使人肃然起敬。为此常设在与外界较为隔绝的地方，所以不要太高大，以免过于突出(图1.2.10)。

图 1.2.9　殿

图 1.2.10　斋

馆　"散寄之居，曰'馆'，可以通别居者。今书房亦称'馆'，客舍为'假馆'"。——供暂时寄居的地方，书房、客舍也可称为"馆"或"假馆"。"馆"字由食、官相合而成，原指官人游宴的场所或客舍。江南园林中的馆一般是较为幽静的会客之所(图1.2.11)。北方园林里"馆"常为供宴饮娱乐用的成组建筑。"旅馆""宾馆"等词今天还在使用。

轩　"轩式类车，取轩轩欲举之意，宜置高敞，以助胜则称"。——古代马车前部驾车者所坐的位置较高，称作轩。轩在建筑中一般指地势高、有利于赏景的地方。轩要求周围有较开阔的视野，北方园林中常在山上设轩，江南园林中轩常在水际，但不像树那样探出水面，而较为稳重含蓄(图1.2.12)。

图 1.2.11　馆

图 1.2.12　轩

出现在园林中的建筑名目还有很多，如门、室、坊、塔、台等，这里仅列出上述几种。在今天很多名称的含义已经发生了变化，含义也并不像从前那样明确了。如斋、轩、馆、室都可用来称呼一些次要的建筑。

中国园林建筑的式样，从屋顶上区分只有硬山、悬山、歇山、庑殿和攒尖五种。屋顶和平面及屋顶自身的组合变化使建筑的形式得到极大丰富。它们之间不存在孰优孰劣的问题，只有在一定的环境当中才有高下之分。大尺度山水环境中的寺庙园林，主体建筑若不采用歇山重檐将不足以造成庄严肃穆的气氛，而窄小的私家园林里轻巧的攒尖山亭则提供给人以清幽的感受。

1.2.1.3 中国古典园林与建筑的空间处理

中国古典园林尤其是私家园林多建在城市中,可称其为"城市山林"。这些园林在设计和建造时遇到了很多困难,主要有两大矛盾需要处理:一是有限的占地面积与仿求自然山水的矛盾;二是密集的建筑环境和自然情趣的矛盾。古代的工匠们经过长期的探索与实践,在处理这两大矛盾中获得了丰富的经验,总结出许多优秀的空间处理手法,留下了一批杰出的作品。真正做到了在人工环境中求自然情趣,在有限的空间里求无限意境,很值得我们现在的园林建筑工作者们学习和借鉴。下面是常见的空间处理手法。

1)主从与重点

在众多论述空间组合原理的书籍中,主从关系多作为一条重要的原则而加以强调。西方的古典建筑、中国传统的宫室、寺庙建筑,也都明显地体现出一种主从分明的构图关系。

就中国的古典园林建筑而言,虽然其"外师造化,内发心源",构图的形式非常灵活,但是主从关系作为基本的美学法则,在古典园林中同样适用,只是具体的表现方式更为灵活多样了。

(1)比如皇家园林,为了体现尊卑主次,多利用轴线、对称的布局,以及体量上的悬殊差异来体现皇权的至高无上。

(2)而相对于皇家园林,江南私家园林的主从关系则比较隐晦、含蓄,并不像皇家园林那样具有明确的轴线,主次关系一目了然。然而为了突出主题,私家园林必使其园内的某一个空间具备某种显著的特征,让它从多个空间中凸显出来。这种特征常表现在空间体量、位置、光线和景观内容上。

2)空间的对比

在我们古典园林的设计中,空间对比的手法运用是比较普遍的,其形式也比较多样。我们把具有显著差异的两种空间安排在一起,将可借两者的对比作用而突出各自的特点。空间对比常表现在空间体量的大小、方向和开合明暗上。如留园的入口(图1.2.13)空间,看似条件极差的地段却被巧妙地处理得丰富且让人印象深刻,其游线纵横交错,非常成功。一系列不断变化对比的小空间,为进入山水主景区作了很好的铺垫,取得了极佳的小中见大的效果。

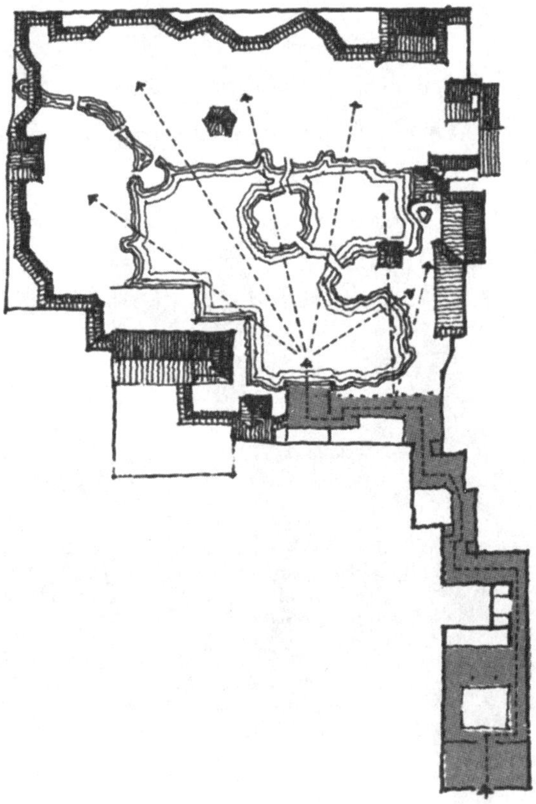

3)空间序列

中国的古典园林具有多空间、多视点、连续变化的视觉特点。那么如何把一个个孤立的景点连接成线,进而组织成一个完整的序列,关键在于观赏路线的组织。常见的空间序列有如下几种:

(1)环形空间序列:环形闭合的空间序列在小型的私家园林中运用较多,也是最简单的空间序列。按常规多分为开始段、引导段、高潮段和尾声段。

(2)串联式空间序列:沿着一条轴线,使空间依次展开(图1.2.14)。

(3)辐射形空间序列:以某个空间院落为中心,其他的空间院落围绕在它的四周进行布置(图1.2.15)。

图1.2.13 留园入口

4)尺度处理

尺度处理一般有两种情况。一是小中见大:即通过小建筑和小庭院来衬托出整个园子之大;二是大中见小后再小中见大:即把体量大的建筑化整为零,尽力缩小其体积感、尺度感。如我们常见的鸳鸯厅,就是由于建筑的进深过大,做成鸳鸯厅的形式,能有效地减小其屋顶带来的体量感。

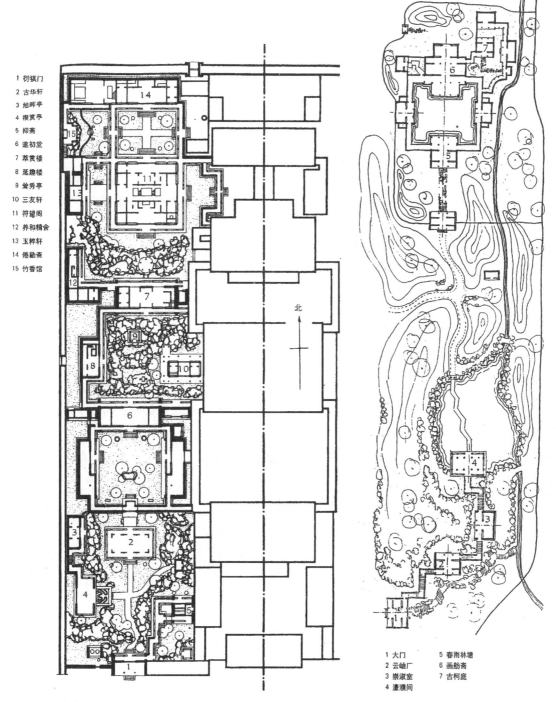

1 衍祺门
2 古华轩
3 旭晖亭
4 楔赏亭
5 抑斋
6 遂初堂
7 萃赏楼
8 延趣楼
9 耸秀亭
10 三友轩
11 符望阁
12 养和精舍
13 玉粹轩
14 倦勤斋
15 竹香馆

北

1 大门   5 春雨林塘
2 云岫厂   6 画舫斋
3 崇淑室   7 古柯庭
4 濠濮间

图 1.2.14 宁寿宫花园平面图(天津大学建筑系:《清代内廷宫苑》)　　**图 1.2.15 濠濮间——画舫斋景区平面图**

（1）化有为无　古代的造园工匠常以叠山种树的方法来遮掩园子的边界,使人感觉不到边界的存在。这种做法的代价就是叠山的占地太大,所以如果园子面积小则在边界处以单面空廊的形式出现。将边界向两侧展延,也可取得很好的效果。

（2）化实为虚　在处理建筑室内外空间界面时常以虚界面的形式出现,以求得内外空间融为一体的效果。

（3）隔而不挡　在空间分割时常用隔墙,其上开窗开洞,使空间相互渗透。

（4）巧于因借　采用借景可以扩大空间。如昆明湖西的玉泉山的玉峰塔,虽处于颐和园之外,但被借至颐和园中,感觉颐和园很大。

(5) 源流不尽　水体要有水口,山体要有余脉,让人有回味无穷的感受。

(6) 周而复始　园林中的路都是闭合的路,绕来绕去,没有尽头。

中国古典园林中的建筑在处理和自然景致的矛盾时,出现了许多优秀的手法和案例。如留园的五峰仙馆,在其与山水主景区间塞入小建筑以隔绝。这样就把体量巨大的五峰仙馆与山水主景区隔开了,维护了留园本身的尺度感。

1.2.2　外国古典园林及建筑

1.2.2.1　日本园林及建筑

日本园林初期多受中国园林的影响,尤其是在平安朝时代。到了中期因受佛教思想,特别是受禅宗影响,重意趣而不重外物,多以闲静为主题,融情于景。末期明治维新以后,受欧洲致力于公园建造的影响,而成为日本有史以来造园的黄金时期。日本园林的发展大致经历了以下几个主要时期:

(1) 平安朝时代　桓武天皇奠都平安后,由于三面环山,山城水源、岩石、植物材料丰富,故在造园方面颇有建树,当时宫楼殿宇,以及庭园建筑,均是仿照我国唐朝制度。

(2) 镰仓时代　赖朝幕府建镰仓,武权当道,造园事业随之衰落。然而,此时正值佛教兴隆,人民受禅宗影响,追求适意自在的人生,注重内心的自我平衡。造园风格多以幽邃的僧式庭园为主,追求超然、旷达、宁静、恬淡、高雅淡泊的意境。称名寺、西芳寺庭园、天龙寺庭园都是这一时期朴素风尚的枯山水式庭园的典型代表。

(3) 室町时代　室町时代是日本造园的黄金时代。这一时期的日本园林在自然风景方面显示出一种高度概括、精练的意境。这时期出现的写意风格的"枯山水"平庭,具有一种极端的"写意"和富于哲理的趋向。京都西郊龙安寺南庭是日本"枯山水"的代表作(图1.2.16)。

(4) 桃山时代　桃山时代结合了日本自身地理条件和文化传统,发展了它的独特风格,是日本造园个性时代的开始,当时茶道兴盛,以致茶庭、书院等庭园迭出。茶庭的面积比池泉筑山庭小,要求环境安静便于沉思冥想,故造园设计比较偏重于写意。

图1.2.16　龙安寺南庭

图1.2.17　桂离宫平面

(5) 江户时代　日本江户时代回游式庭园兴起。回游式庭园是以步行方式循着园路观赏庭园之美,以大面积的水池为中心,水中有一中岛或半岛为蓬莱岛,连续出现的景观每景各有主题,由步径小路将其连接成序列风景画面。这一时期建成了好几座大型的皇家园林,其中著名的京都桂离宫是日本回游式庭园的代表作品(图1.2.17)。

(6) 明治维新时代　明治维新以后,日本大量吸收西方文化,也输入了欧洲园林。但欧洲的影响只限于城市公园和少数"洋风"住宅的宅园,私家园林的日本传统仍然是主流,而且作为一种独特风格的园林形式传播到欧美各地。

日本气候温和,雨量丰沛,木材产量充足,因而发展出了木架草顶的传统建筑形式。考虑到通风、散热、防潮等因素,多采用开敞布局,地板架空,挑檐深远。早期受中国文化影响,出现了佛寺、宫殿、住宅和神社等诸多建筑样式,并逐渐形成了自己的风格。后来受西方建筑风格影响,但是多反映在贵族王室阶层,民间仍是中式日版建筑。园林建筑主要受中国唐宋时期的影响,再结合自身的自然条件和文化背景,形成了自己的风格。

1.2.2.2 西方园林及建筑

西方园林的起源可以追溯到古埃及和古希腊。而欧洲最早接受古埃及中东造园影响的是希腊,希腊以精美的雕塑艺术及地中海区盛产的植物加入庭园中,使过去实用性的造园加强了观赏功能。几何式造园传入罗马,再传入到意大利,他们加强了水在造园中的重要性,许多美妙的喷水出现在园林中,并在山坡上建立了许多台地式庭园,这种庭园的另一个特点,就是将树木修剪成几何图形。台地式庭园传到法国后,成为平坦辽阔形式,并且加进更多的花草栽植成人工化的图案,确定了几何式庭园的特征。法国几何式造园在欧洲大陆风行的同时,英国一部分造园家不喜欢这种违背自然的庭园形式,于是提倡自然庭园,有天然风景似的森林及河流,像牧场似的草地及散植的花草。英国式与法国式的极端相反的造园形式,后来混合产生了混合式庭园,形成了美国及其他各国造园的主流,并加入科学技术及新潮艺术的内容,使造园确立了游憩上及商业上的地位。西方园林的发展主要经历了下列几个时期:

1) 西方古代的园林

(1) 古埃及园林　地中海东部沿岸地区是西方文明的摇篮。公元前三千多年,古埃及在北非建立奴隶制国家。尼罗河沃土冲积,适宜于农业耕作,但国土的其余部分都是沙漠地带。因此,古埃及人的园林即以"绿洲"作为模拟的对象。尼罗河每年泛滥,退水之后需要丈量耕地,因而发展了几何学。于是,古埃及人也把几何的概念用之于园林设计。水池和水渠的形状方整规则,房屋和树木亦按几何规矩加以安排,是世界上最早的规整式园林。

(2) 巴比伦悬空园　底格里斯河一带,地形复杂而多丘陵,且地潮湿,故庭园多呈台阶状,每一阶均为宫殿。并在顶上种植树木,从远处看好像悬在半空中,故称之为悬园。著名的巴比伦空中花园就是其典型代表。巴比伦空中花园建于公元前6世纪,是新巴比伦国王尼布甲尼撒二世为他的妃子建造的花园。据考证,该园建有不同高度的台层组合成剧场般的建筑物。每个台层以石拱廊支撑,拱廊架在石墙上,拱下布置成精致的房间,台层上面覆土,种植各种花木。顶部有提水装置,用以浇灌植物,这种逐渐收缩的台层上布满植物,如同覆盖着森林的人造山,远看宛如悬挂在空中(图1.2.18)。

(3) 波斯　波斯土地高燥,多丘陵地,地势倾斜,故造园皆利用山坡。成为阶段式立体建筑,然后行山水,利用水的落差与喷水,并栽植点缀。其中著名者为"乐园",是王侯、贵族之狩猎苑。

图1.2.18　传说中的巴比伦空中花园　　　　图1.2.19　奥林匹克祭祀场的复原图

(4) 古希腊园林　古希腊通过波斯学到西亚的造园艺术,发展成为住宅内布局规则方整的柱廊园。古罗马继承希腊庭园艺术和亚述林园的布局特点,发展成为山庄园林。公元前五百年,以雅典城邦为代表的完善的自由民主政治带来了文化、科学、艺术的空前繁荣,园林的建设也很兴盛。古希腊园林大体上可以分为三类。

第一类是供公关活动游览的园林。早先为体育竞技场,后来,为了遮阴而种植的大片树丛逐渐开辟为林荫道,为了灌溉而引来的水渠逐渐形成装饰性的水景。到处陈列着体育竞赛优胜者的大理石雕像,林荫下设置坐椅。人们不仅来此观看体育活动,也可以散步、闲谈和游览(图1.2.19)。

第二类是柱廊园林。古希腊的柱廊园,改进了波斯在造园布局上结合自然的形式,在城市的住宅四周围以柱廊围绕成庭院,庭院中散置水池和花木。特点是喷水池占据中心位置,使自然符合人的意志。

第三类是寺庙园林,即以神庙为主体的园林风景区,例如德尔菲圣山。

(5) 古罗马园林　罗马继承古希腊的传统而着重发展了别墅园和宅园这两类。

第一类是别墅园。别墅园多修建在郊外和城内的丘陵地带,包括居住房屋、水渠、水池、草地和树林。

第二类是宅园。古罗马宅园大多采用柱廊园的布局形式,具有明显的轴线。每个家族的住宅都围成方正的院落,沿周排列居室,中心为庭园,围绕庭园的边界是一排柱廊,柱廊后边和居室连在一起。院内中间有喷泉和雕像,四处有规整的花树和葡萄篱架。廊内墙面上绘有逼真的林泉或花鸟,利用人的幻觉使空间产生扩大的效果,更有的在柱廊园外设置林荫道小院,称之为绿廊(图1.2.20)。

古罗马园林到了全盛时期,造园规模大为进步,多利用山、海之美于郊外风景胜地,作大面积别墅园,奠定了后世文艺复兴时意大利造园的基础。

图1.2.20　古罗马别墅花园

2) 中世纪时代园林

公元5世纪罗马帝国崩溃直到16世纪的欧洲,史称"中世纪"。整个欧洲都处于封建割据的自然经济状态。当时,除了修道院寺园和城堡式庭园之外,园林建筑几乎完全停滞。寺院园林依附于基督教堂或修道院的一侧,包括果树园、菜畦、养鱼池和水渠、花坛、药圃等,布局随意而无定式。造园的主要目的在于生产果蔬副食和药材,观赏的意义尚属其次。城堡园林由深沟高墙包围着,园内建置藤萝架、花架和凉亭,沿城墙设坐凳。有的园在中央堆叠一座土山,叫作座山,上建亭阁之类的建筑物,便于观赏城堡外面的田野景色。

3) 文艺复兴时代园林

(1) 意大利园林　意大利的园林艺术主要是指它的文艺复兴和巴洛克的造园艺术,它直接继承了古罗马时期的造园艺术风格。意大利园林的主要特点就是其空间形态是几何式的,也就是建筑式的。意大利园林一般附属于郊外别墅,与别墅一起由建筑师设计,布局统一,但别墅不起统率作用。意大利境内多丘陵,花园别墅建在斜坡上,花园顺地形分成几层台地,形成了意大利独特的园林风格——台地园。在台地上按中轴线对称布置几何形的水池和用黄杨或柏树组成花纹图案的绿丛植坛,很少用花卉。重视水的处理,理水的手法远较过去丰富。外围的林园是天然景色,林木茂密。别墅的主建筑物通常在较高或最高层的台地上,可以俯瞰全园景色和观赏四周的自然风光。

意大利文艺复兴式园林中还出现一种新的造园手法——绣毯式的植坛。即在一大块面积的平地上利用灌木花草的栽植镶嵌组合成各种纹样图案,好像铺在地上的地毯。

到了17世纪以后,意大利园林则趋向于装饰趣味的巴洛克式,其特征表现为园林中大量应用矩形和曲线,细部有浓厚的装饰色彩。利用各种机关变化来处理喷水的形式,以及树型的修剪表现出强烈的人工凿作的痕迹。

(2) 法国园林　17世纪,意大利文艺复兴式园林传入法国。法国多平原,有大片天然植被和大量的河流湖泊。法国人并没有完全接受台地园的形式,而是把中轴线对称均齐的规整式园林布局手法运用于平地造园,从而形成了法国特有的园林形式——勒诺特尔式园林,它在气势上较意大利园林更强,突出人工的几何形态,绿化修剪成几何形,水面也成几何形。勒诺特尔是法国古典园林集大成的代表人物,他继承和发展了整体设计的布局原则,借鉴意大利园林艺术并为适应当时王朝专制下的宫廷需要而有所创新,摆

图 1.2.21　法国凡尔赛宫苑

脱了对意大利园林的模仿,成为独立的流派。勒诺特尔设计的园林总是把宫殿或府邸放在高地上,居于统率地位,从建筑的前面伸出笔直的林荫道,在其后是一片花园,花园的外围是林园。府邸的中轴线,前面穿过林荫道指向城市,后面穿过花园和林园指向荒郊。他所经营的宫廷园林规模都很大。花园的布局、图案、尺度都和宫殿府邸的建筑构图相适应。花园里,中央主轴线控制整体,配上几条次要轴线,外加几道横向轴线,便构成花园的基本骨架。孚·勒·维贡府邸花园和闻名世界的凡尔赛宫苑(图1.2.21)都是这位古典主义园林大师的代表作。

(3) 18世纪英国自然风景园

英国是大西洋中的一个岛国,如茵的草地、森林、树丛与丘陵地相结合,构成英国天然风致的特殊景观。人民对大自然的热爱与追求,形成了英国独特的园林风格。14世纪之前,英国造园主要模仿意大利的别墅、庄园,园林的规划设计为封闭的环境,多构成古典城堡式的官邸,以防御功能为主。14世纪起,英国所建庄园转向了追求大自然风景的自然形式。17世纪,英国模仿法国凡尔赛宫苑,将官邸庄园改建为法国园林模式的整形苑园,一时成为其上流社会的风尚。18世纪,引入中国园林、绘画与欧洲风景的特色,探求本国的新园林形式,出现了自然风景园。

英国的风景式园林与勒诺特尔风格完全相反,它否定了纹样植坛、笔直的林荫道、方整的水池、整形的树木。扬弃了一切几何形状和对称均齐的布局,代之以弯曲的道路、自然式的树丛和草地、蜿蜒的河流,讲究借景和与园外的自然环境相融合。

风景式园林比起规整式园林,在园林与天然风致相结合、突出自然景观方面有其独特的成就。但却又逐渐走向另一个极端,即完全以自然风景或者风景画作为抄袭的蓝本,虽本于自然但未必高于自然。因此,从造园家列普顿开始又复使用台地、绿篱、人工理水、植物整形修剪和建筑小品。特别注意树的外形与建筑形象的配合衬托以及虚实、色彩、明暗的比例关系。甚至有在园林中故意设置废墟、残碑、断碣、朽木、枯树以渲染一种浪漫的情调,这就是所谓的浪漫派园林。

这时候,以圆明园为代表的中国园林艺术被介绍到欧洲。英国皇家建筑师钱伯斯两度游历中国,归来后著文盛谈中国园林并在他所设计的丘园中首次运用所谓中国式的手法,虽然不过是一些肤浅的和不伦不类的点缀,终于也形成一个流派,法国人称之为"中英式"园林,在欧洲曾经风行一时。

4) 现代园林

现代园林可以美国为代表,美国在殖民时代,接受各国的庭园式样,有一时期盛行古典庭园,独立后渐渐具有其风格,但大抵而言,仍然是混合式的。因此,美国园林的发展,着重于城市公园及个人住宅花园,倾向于自然式,并将建设乡土风景区的目的扩大至教育、保健和休养。美国城市公园的历史可追溯到1634年至1640年,英国殖民时期波士顿市政当局曾作出决定,在市区保留某些公共绿地,一方面是为了防止公共用地被侵占,另一方面是为市民提供娱乐场地。这些公共绿地已有公园的雏形。1858年纽约市建立了美国历史上第一座公园——中央公园(图1.2.22),是近代园林学先驱者奥姆斯特德所设计的。他强调公园建设要保护原有的优美自然景观,避免采用规划式布局;在公园的中心地段保留开阔的草地或草坪;强调应用乡土树种,并在公园边界栽植浓密的树丛或树林;利用徐缓曲线的园路和小道形成公园环路,有主要园路可以环游整个公园；并由此确立美国城市公园建设的基本原则。

图 1.2.22　纽约中央公园

对传统园林的起源，东西方的不同发展脉络以及风格迥异造园实践的回顾，可以看出，无论在东方或西方园林都拥有着悠久的历史渊源和丰富的内涵。重视人在改造自然中的主导地位，这种设计思想直接导致了西方建筑传统重视写实、重视技术的倾向，在东西方文化日益交融的今天，我们研究园林建筑的起源和发展，以期融汇两种设计思想的精华，具有深远的历史意义。

西方各派园林虽然都自成体系，各有特点，但总的说来，多讲究均衡对称，秩序井然，表现为一种与中国传统园林截然不同的几何美。其建筑布局具有明确的轴线关系，讲究几何图案的组织，其空间序列的形成受到严格的几何关系制约，对空间构成的比例关系的推敲也是不遗余力的。这种东西方差异的形成是受到两种不同的哲学体系支配的。早在古埃及时期，因为丈量耕地的需要，西方就发展了几何学。文艺复兴时期，为了抵抗神权，倡导人本主义，艺术家们多致力于人体比例的研究，力图从数学上寻找美学的规律，优美的线型，良好的比例成为建筑空间塑造的基本法则。

1.2.3　园林建筑发展趋势

进入 21 世纪的今天，人类所拥有的物质基础、改变世界的能力、面临的困难以及人类的思维方式等诸多方面都发生了根本性的变革，考察工业革命之后的城市及其发展过程可以发现，人类的生存环境已经突破了单纯的物质环境范畴，转而演化为一个极为复杂的社会系统工程。当下，以能源消耗为基础的增长模式以及信息化、全球化的发展趋势为人类的发展提出了新的挑战，生态环境的恶化、城市面貌的趋同、传统文化的消失使得原本以承载休闲活动、观赏美景、提供景观为设计目标的园林建筑也必须扩大其深层次内涵，在可持续发展、传承文化及倡导创新方面有更高层次的追求，进而向自然归复、历史归复与人性归复才可以适应时代发展的新趋势。在上述背景下，园林建筑的发展趋势基本可以概括为生态性的发展趋势、文化性的发展趋势与创新性的发展趋势。

生态性　园林建筑是城市及自然景观系统的重要组成部分，因此，应该从整体生态系统与生态安全的高度理解其生态性目标。园林建筑设计不应仅仅把视角局限在建筑自身，而应该关注其存在环境的生态承载力及能量平衡，以可持续发展的角度衡量其是否有利于人类社会的未来发展。未来园林建筑设计的生态性趋势不仅仅是单纯地提倡使用高新技术，而是应该把生态性作为一种设计理念贯穿在设计始终。尊重当地气候条件，挖掘传统建筑技术并按照资源与环境的要求对其进行改造，效法自然有机体的生命活动进行设计，或通过精心设计的建筑细部提高对建筑和资源的利用效率等都是贯彻生态性的方法，只有这样，才可以在更大的范围内实现人类整体生存环境的可持续发展。

文化性　园林建筑在不同的时代都体现出不同的文化交流与融合特征，当下，随着信息时代的到来，建筑文化的交流与融合也达到了前所未有的高度，但是这样的状况也导致地缘文化的丧失及园林建筑形式的雷同，威胁着地域景观系统的完整性、稳定性与安全性。提倡园林建筑设计的文化性其本质是要在设计中尊重地域文化，这种地域文化包括各种历史人文要素，如地方生活传统、生活习惯等，以及在自然景观要素影响下形成的各种建造技术与建造文化。另外，文化性还倡导在进行园林建筑设计时兼顾时代文化特征，实现历史与现实的融合与协调。

创新性　园林建筑的主要功能之一是塑造具有观赏价值的景观，在于创造、保存人类生存环境并扩展自然景观的美，同时借由大自然的美景与景观艺术为人提供丰富的精神生活空间，可以说，以创新性为基础的艺术性原则是其固有属性。随着时代的发展及学科内涵的扩大,园林建筑设计的创新性不仅体现在建筑形式的创新,还体现在建造技术的创新、材料的创新、设计主旨的创新、空间组织方式的创新等等,这样才能够不断创造出具有个性的多元化的经典作品。

1.3 园林建筑设计原则和特点

1.3.1 环境优先原则

园林建筑是构成景观的重要元素,它们存在于各种各样的自然或人工环境之中,成为被观赏的"景观"或是"观景"的场所,因此环境也成为园林建筑设计过程中需要首先考虑的因素。自古以来,中国传统园林建筑的重要特征之一就是与自然和谐相处,体现出源于自然而高于自然的设计智慧,中国传统的人居环境理念也可以用"天人合一"来概括,强调人与天地的共荣共生,即《管子·五行》所述的"人与天调,然后天地之美生"的思想,这其中就蕴含着尊重环境,环境优先的原则。天人合一的思想与对自然美鉴赏的统一也成为传统美学的核心,相应的产生了绚烂的山水文学、山水画、山水园林,出现了风景名胜区。在这种美学思潮的影响下,人们处理建筑与自然环境的关系不是持着与大自然对立的态度,相反,乃是持着亲和的态度,从而形成了建筑和谐于自然的环境意识。例如西晋大官僚石崇在洛阳近郊修建河阳别业金谷园:"其制宅也,却阻长堤,前临清渠,柏木几于万余株,流水周于舍下"。诸如此类的描述,文献记载中屡见不鲜。从此以后,那些建置在城市以外的山水风景地带的佛寺、道观、别业、山村聚落都十分重视相地选址,目的不仅为了满足各自功能的需要,还在于如何发挥建筑群体横向铺陈的灵活性而因山就势,嵌合于局部的山水地貌,协调于总体的自然环境。它们无异于点燃大地风景使其凝练生动,臻于画境的"风景建筑",这正是汉民族在建筑与大自然关系的处理上所体现的独特的环境意识,虽非完全自觉,但却十分明显。历来的山水"画论"和堪舆学说,对于这种环境意识都曾作过部分的美学和科学的阐述。

就环境自身而言,宏观环境包括区域的生态系统、物理环境等,中观可囊括场地的地形、地貌与植被等要素,微观可至毗邻该园林建筑的道路、广场、岸线等等。从类型上看,园林建筑的设计环境又可大致分为山体环境、滨水环境与城市环境等等。在园林建筑设计过程中,要做到环境优先原则首先就是要尊重各个类型场地的科学特征。以山体环境为例,如五台山、恒山、泰山、武当山、庐山、衡山等均为典型的断块山;武夷山、龙虎山、丹霞山等是丹霞地貌的名山;华山、黄山、三清山、天柱山等是花岗岩地貌的名山,其山体的形态、色彩、走势等等都体现了它们在地质学上的典型的岩性特征。相应的,在这些环境中设计园林建筑时就要着重把握特定生态环境的形象之美、动态之美、色彩之美以及声音之美。仍旧以山体环境为例,其轮廓、造型、质地、岩性特征对于其生态美的塑造就起着决定性的作用。如清代皇家园林的集大成之作避暑山庄,其整体布局就结合山体特征形成了四个圈层与环境相协调。避暑山庄占地面积约 5.64 km²,营造者仿中国地理形貌特征,集全国名胜为一园,上述四个层次大体依照非规则扇形放射线形式展开。中心部分是位于南部的宫殿区,第二个层次是湖区,第三是平原区,第四是山岳区。山岳区的建筑群虽然都只剩下残址废墟,但仍能看出它们在总体规划上配合地形的意图。山岳区北部沿"松林峪"一带,山势高,岗峦挺秀,四望都是动人的自然景色,所以这里的建筑要求有开阔的视野,有意要看得远,看得多,看得尽。如像广元宫、敞晴阁、山近轩、放鹤亭、水月庵等这几处建筑群,大都雄踞峰顶山梁之类的制高点上,显得本身气度凝重,同时互相之间又都能够看得到,风景构图上有彼此呼应的效果。而山岳区的南半部"梨树峪"一带多小丘陵盆地,景界不大,不宜远眺;故建筑布置的原则与前者恰相反,就近利用溪流、山岩、树木、花卉等,诱导人们往近处看,往身边细致处看,另具有一种亲切宁静的气氛。上述这些园林建筑之所以到现在仍被奉为经典,其中的一个重要原因就是它们与自然环境的巧妙关系。

环境优先原则的另外一个深层次意义是要以生态与可持续发展的观点对待环境。早在古代,先民们就注意到"天时、地利、人和"的协调统一,《周易·乾卦》云,"夫大人者,与天地合其德,与日月合其明,与四时合其序,与鬼神合其吉凶。先天而天弗违,后天而奉天时"。另外,儒家的"天人合一",道家的"自然无为"的思想都以人与大自然之间的这种亲和协调的意识作为哲学基础。至当下,对于生态环境的重视产生于 20 世纪 60 年代末至 70 年代初,核战争、粮食奇缺、生物圈质量恶化、物资福利分配不均、能源和原料短缺等,成为人们谈论的"全球问题"。1972 年,西方的一些科学家组成了罗马俱乐部,并提出了关于人类处境报告——《增长的极限》,这个报告为沉醉于 20 世纪 60 年代经济和技术增长的巨大成就的西方世界敲响了警钟:地球的容纳量是有限的,经济增长不可能长期持续下去,如果人口和资本"按照现在的方式继续增长,最终的结果只能是灾难性的崩溃"。进入新的世纪,我国城市发展的压力巨大,一方面,我国人口基数大、城市化水平起点低,改革开放以来,中国城市化步入快速发展时期;另一方面,城市发展面临着十分严峻的资源短缺矛盾,主要表现在土地、水、能源等方面。土地的短缺将影响城市空间的合理利用,城市运转效率下降;水资源的压力会给城市生活、生产带来严重的威胁,迫使城市远距离引水,采取高成本的节水技术;能源的短缺不可能改变以煤为主的能源结构,"三废"污染资源的绝对量将日益上升。由此可见,以环境限度为衡量指标,在不超出生态系统承载能力的限度下改善人类生活环境与生活质量是园林建筑尊重生态环境的重要内容。在园林建筑设计过程中降低能源消耗,利用可再生资源,减少污染与废弃物,提高环境质量,提高综合效益,使用本土材料与自然能源,强调与自然要素之间的积极协调,形成了可持续发展的风景园林建筑设计的多种设计思维。这其中又包括结合气候的园林建筑设计,根据园林建筑的规模、重要程度、功能等因素,可以将与风景园林建筑运作系统关系密切的气候条件分为三个层次,即宏观气候、中观气候和小气候。宏观气候是园林建筑所在地区的总的气候条件,包括降雨、日照、常年风、湿度、温度等资料。中观气候是园林建筑所在地段由于特别的地理因素对宏观气候因素的调整。如果建筑地处河谷、森林地区或山谷地区,这种局部性特别地理因素对风景园林建筑的影响就会相当明显。小气候主要是指各种有关人为因素,包括人为空间环境对园林建筑的影响。例如相邻建筑之间的空间关系可以影响到建筑的自然采光、通风及观景、赏景等等。还有效法自然有机体的设计,建筑师对有机生命组织的高效低能特性及其组织结构和理性的探讨,使生态建筑有与建筑仿生学相结合的趋势。提取有机体的生命特征规律,创造性地用于园林建筑创作,是生态建筑研究的又一方向。

另外,环境优先原则也体现在技术层面,主要表现在以下方面:① 侧重于传统的低技术,在传统的技术基础上,按照资源和环境两个要求,改造重组所运用的技术。它偏重于从乡土建筑、地方建筑的角度去挖掘传统、乡土建筑在节能、通风、利用乡土材料等方面的方法,并加以技术改良,不用或少用现代技术手段来达到建筑生态化的目的。这种实践多在非城市地区进行,形式上强调乡土、地方特征。② 传统技术与现代技术相结合的中间技术,偏重于在现代建筑手段、方法论的基础上,进行现实可行的生态建筑技术革新,通过精心设计的建筑细部,提高对建筑和资源的利用效率,减少不可再生资源的耗费,保护生态环境。如外墙隔热、不断改进的被动式太阳能技术等手段,这类技术多在城市地区实践。③ 用先进手段达到建筑生态化的高新技术,把其他领域的新技术,包括信息技术、电子技术等,按照生态要求移植过来,以高新技术为主体,即使使用一些传统技术手段来利用自然条件,这种利用也是建立在科学分析研究的基础之上的,以先进技术手段来表现等等。

1.3.2 景观优先原则

园林建筑是人在优美的环境之中进行活动的重要场所,其主要功能之一就是为人提供室内外的休闲活动空间,如休息、活动、学习、娱乐等,同时也是人欣赏、享受自然景观的载体,人们可以在园林建筑所营造的优美空间中尽情地倾听悦耳的鸟鸣、潺潺的水声、飒飒的风声,呼吸清新的空气和感受花木的芳香等等。因此,创造景观并使园林建筑自身成为景观是达成以上这些功能至关重要的内容,而这些都可以被概括为景观优先原则。早在明代,计成在《园冶》中就谈到了在造园时要重视与景观的关系,在《园说》一篇中写道,"凡结林园,无分村郭,地偏为胜,开林择剪蓬蒿;景到随机,在涧共修兰芷。径缘三益,业拟千秋,围墙隐约于萝间,架屋蜿蜒于木末。山楼凭远,纵目皆然;竹坞寻幽,醉心既是。轩楹高爽,窗户虚邻;纳千顷之汪洋,收四时之烂漫"。这其实就体现了古代造园家处理建筑与景观之间关系的智慧,无论是选址、建造厅堂、组织空间序列都时时关注建筑自身与自然景观的关系。在选址时尽量选择具有自然胜迹的地方,在整理场地时则需要依照自然的形式自由灵活地进行修建与布局,只有处处以景观为核心并优先考虑景观的影响,最终营造出的园林才能够做到"纳千顷之汪洋,收四时之烂漫"的境界。这些被优先纳入设计范畴的景观可能是紫气青霞,可能是远峰萧寺,也可能是斜飞雄堞,甚至于白苹红蓼,它们与园林建筑共同增加了景观的层次与丰富度,营造了多样化的优美空间,实现了"景观"与"观景"的完美融合。

在园林建筑设计的过程中,景观优先原则可以通过借景、组景、强化景观效果等方式实现。在《园冶》中就着重谈到了借景,"夫借景,林园之最要者也。如远借,邻借,仰借,俯借,应时而借","构园无格,借景有因","园虽别内外,得景则无拘远近"。可见,借景在园林建筑设计中是极为重要的,借景的目的是把各种在形、色、香上能增添艺术情趣、丰富园林画面构图的外界因素,引入到环境空间中,从而使园林景观更具特色和变化。借景的主要内容有借形、借声、借色、借香等。

其实,借景还只是实现景观优先原则的第一步,在中国古典园林中,建筑无论多寡,也无论其性质、功能如何,都力求与山、水、植被等环境要素有机地组织在一系列风景画面中,突出彼此协调、互相补充的积极一面,限制彼此对立、互相排斥的消极一面,甚至能够把后者转化为前者,从而在园林总体上使得建筑美与自然美融合起来,达到人工与自然高度协调的境界。而这种高度协调境界的达成其实都是建立在景观优先原则的基础上的,甚至为了使建筑更好的协调于自然环境之中,古代匠人还创造出了许多别致的建筑形式与细节处理方法。例如经常在古典园林中出现的廊,本是联系建筑物、划分空间的手段,却可以浮于水面,形成飘然凌波的"水廊",或依山而上,形成随势起伏的"爬山廊",如纽带一般把人为的建筑与天成的自然贯穿结合在一起,体现了对景观的尊重。在这个过程中,尤其要关注空间的"虚实"结合,中国传统艺术的各个门类都十分重视虚实关系的处理。往往以虚托实,最大限度地发挥虚的作用,如绘画的画面上留大片空白;书法与篆刻的"计白当黑";诗词的"不著一字,尽得风流";音乐的"此时无声胜有声";戏剧之运用极简单的道具"出之贵实而用之贵虚",建筑艺术当然也不例外。由于建筑实体围合而成的各种尺度的空间——庭、院、天井的重要性绝不亚于实体本身,在许多情况下空间虚体甚至成为建筑群的中心。木构架为室内空间的分隔提供了极大的灵活度,得以创造室内流动空间的艺术效果,加强内外空间的有机联系。建筑群的横向铺陈必然要求一系列的空间组织,这便是时空结合的渐进的序列过程。若为山地建筑群,则又形成许多高低错落的台地院落空间。一组建筑群往往就是各种空间的复合体,犹如一曲空间交响乐。所以说,中国古典建筑无论个体的设计或者群体的规划都具有独特的空间意识,这在园林建筑和乡土建筑中则尤为突出。

另外,还可以借助园林建筑自身的布局强化特定场所的景观效果。园林景观建筑的主要功能之一是塑造具有观赏架子的景观,在于创造并保存人类生存的环境与扩展自然景观的美,艺术性是园林景观建筑的固有属性。建筑往往是园林景观中的主要画面中心,是构图中心的主体,没有建筑难以成景,难言园林之美。园林景观建筑在园林景观构图中常有画龙点睛的作用,重要的建筑物常常作为园林景观的一定范围内甚至整个园林的构景中心,这一点与环境中的雕塑作品有相同之处。因此,园林景观建筑自身在视觉上的可观赏性是需要强化的。作为观赏园内外景物的场所,一栋建筑常成为画面的关键,而一组建筑物与游廊相连成为动观全景的观赏线。因此,建筑的位置、朝向、开敞或封闭、门窗形式及大小要考虑赏景的要求,使观赏者能够在视野范围内摄取到最佳的景观效果。园林景观中的许多组景手法如主景与次景、抑景与扬景、对景与障景、夹景与框景、俯景与仰景、实景与虚景等其实均与具体建筑的形态布局相关。在园林中,建筑形态可以更加灵活多变,不必拘泥于一正两厢,伦理象征或多或少被冲淡甚至完全消失,建筑布局获得最大的自由度。建筑与山、水、花木有机的组织为一系列风景画面,使得园林在总体上达到一个更高层次的建筑美与自然美相互交融的境界。优秀的园林作品,尽管建筑密度很大却不会让人感到囿于人工环境之中。虽然处处有建筑,但处处洋溢着大自然的盎然生机,园林犹如咫尺之间的城市山林,别开幻境的壶中天地。在这里,人们可以暂时摆脱尘俗,"仰观宇宙之大,俯察品类之盛",仿佛从社会的人、生物的人超脱为自在的人,甚至尊贵如帝王者亦得以离开深化的拘束,恢复人性的怡悦。从四面八方看去,这些建筑形象都是完整的、均衡的,无所谓正、侧、背的区别,能最充分的显示其造型美,并发挥"点景"的作用。在建筑的体量与外立面设计上也可以继续强化景观效果,我国传统的木构建筑的一些特点也就更有利于它们在这方面的作用,如像柔和生动被誉为"如鸟斯革如翚斯飞"的屋顶,灵活轻巧的木框架结构,颜色丰富而鲜明的彩画油饰和粉刷,精致的细部装修,多种多样的建筑材料等,使得建筑物无论在体形上或色彩上都能适应种种复杂的自然环境、地形情况而创造建筑美与自然美的高度统一。例如,圆明园与颐和园这两座园苑内的许多建筑群即充分运用了这些特点,在"一正两厢"的传统布置的基础上追求种种不规则的曲折变化之趣。如圆明园内的"清夏斋"作"工"字形,"涵秋馆"作"口"字形,"淡泊宁静"作"田"字形,"万方安和"作"万"字形,"眉月轩"作偃月形,"湛翠轩"作曲尺形,以及各式不同的殿堂样式和十字流杯的亭子,抓山叠落各式游廊等不胜枚举。可以看得出,过去的造园师们在建筑设计和规划方面绝不草率从事,对每一栋建筑物的位置、外形、轮廓线、色调、体型的虚实关系等都经过缜密的考虑推敲,不仅赋予它们本身以丰富的表现力,并且因它们的存在使周围的自然环境获得了一种精致的艺术加工。因此几乎每一佳境都以建筑为重心,离开建筑物也就无以言园林之美了。

1.3.3 个性化特色

建筑学科是介于科学技术与艺术创作之间的一门学科,这对于园林建筑而言更是如此。传统上,科学家的工作是从大量的科学实践与观测数据中提炼出普遍定理,寻找普适性原则,就如现代主义建筑师们的努力一般。因此,科学实践通常是通过否定或者终结前者的方式呈线性结构向前发展。而艺术创作则具有更加强烈的主观性,常表现为艺术家多角度、多方面的自我超越,因而,也就形成了历史过程中连绵不断的艺术高峰。但是,在20世纪60年代出现的交叉学科思想如系统理论、符号理论以及托马斯·库恩的科学范式理论启发人们以新的角度看待上述问题,在建筑创作领域也开始更加重视文化和社会心理中所存在的多样性与复杂性,更加强调在设计的过程中除了"简单自明"的普遍性之外存在更多的特异性,并在它们之间寻求一种恰当的平衡。

从审美心理上讲,优秀的景观建筑需要提供不一般的审美体验,这就是其个性所在。审美愉悦是通过扩张和澄清构成人们意识生活的行为来达到的,而人们的感觉和想象的更新则往往是通过新奇的方式来达到的,它们来自于最初的吸引与兴奋,之后,才可能进一步的感知,获取更为丰富的信息。

从空间体验上讲,布鲁诺·塞维将空间作为建筑的本质,"美观的建筑就必须是其内部空间吸引人、令人振奋,在精神方面使我们感到高尚的建筑,而难看的建筑必定是那些内部空间令人厌恶和使人退避的建筑"。为了丰富对于空间的美感,在园林建筑中可以采用种种方法来布置空间、组织空间、创造空间,特殊的空间体验造就了特定景观建筑令人难以忘怀的印象。例如留园的入口空间,其空间组合异常曲折、狭长、封闭,处于其内,人的视野被极度地压缩,甚至有沉闷、压抑的感觉,但当走到了尽头而进入园内的主要空间时,便顿时有一种豁然开朗的感觉。

从上文的论述可以看出,如果是将对园林建筑的体验作为纯粹的艺术欣赏,它倾向于打破知觉和理解习惯的惰性,这种习惯总体上来自于实践中已被证明有益的东西,但却阻塞了强烈愉悦的源泉。广泛的说,既然人们的视觉经验与每日的实用和期望相关,那么他们就不能看见他们所看的东西。但是,从空间体验上看,观察者对周围环境的兴趣和愉悦感取决于感觉的两个补充原则:新奇性引发刺激的需求和熟悉的需求。第一个是对变化的反应,第二个是对不变的反应。例如中国古典园林中"开合有致,步移景异"的空间处理方法,就是通过开合收放、疏密虚实的变化在游人熟悉的一般性序列中营造宽窄、急缓、闭敞、明暗、远近的区别,进而在视点、视线、视野、视角等方面反复变换,使游人在感到新奇的同时享受空间之美。可见,这两种反应相互矛盾,人们的感觉在需要变化和新奇的同时,也在规律和重复之中寻找安全。可以说,没有什么东西能够无中生有,对于园林建筑的个性而言也是如此,传统既是潜在的新思想的发射台,也是潜在的障碍。因此,园林建筑创作中个性化设计的任务就是理解二者之间的关系,即二者之间互相补充、互相融合、互相激发或阻碍的关系。既尊重人类文化和自然环境的多样性,同时也要忠实于其统一价值,并进而在设计主题中剔除那些并不重要的实践,同时仍然保持作为主要动机和成果的探索和开放精神。例如,清代的皇家园林之所以可以达到很高的成就,就在于其景观建筑设计及园林设计均融合南北风格,兼具各种功能,以天然山水与人文建筑相结合突出地表现自然美见胜,即所谓的循规而不僵死,叛道而不离经。

若要在园林建筑设计中实现个性化设计原则,其核心是要在创新实践中正确地处理过去、现在与未来的关系,而个性正产生于它们之间的平衡与张力之中。创新的最重要的特征在本质上是一个整合的过程。

创新不只是打断过去,而且是要揭示一个新秩序,这个新秩序至少部分地根植于原来的传统中。同样的,最成功的当代景观建筑作品可能是这样一些作品:它们从传统中吸取和当代仍然相关的部分;同时,通过类推过程,根据现在的情况映射出未来的远景。

可以说,个性化的创作不是极端的个人"英雄主义",不是虚夸的标新立异,不是创作者"语不惊人死不休"的炫技欲望,而是在传统与未来之间寻求张力。这就要求设计者对每一个观念保持开放的心态,自始至终保持对美的尊崇,对文化的尊崇,对自然的尊崇,同时对那些似乎高不可及、难以逾越和占据支配地位的"既成事实"持有怀疑精神和不断超越的精神。

1.3.4 地域性特色

建筑作为一种文化,它是经济、技术、哲学、艺术等要素的有机综合体,具有时空性和地域性。斯蒂文·霍尔就曾经提出"建筑不像音乐、绘画、雕塑、电影及文学那样,是受地域限制的产物,并总是与某一个地区的经历纠缠在一起的"。对园林建筑设计而言,上述地域性特征往往表现得更为鲜明。不同时代的经典园林建筑作品通常都是那些能够恰当地体现各个特定地域特征的建筑,它们在塑造多样而富有特色的城市景观风貌中往往发挥着巨大的作用。建筑的地域性,或称地方性,是指建筑与所处地方的自然条件、经济形态、文化环境和社会结构的特定关联,它是建筑的基本属性。建筑的地域性从建筑产生之日起就有,是建筑与生俱来的属性,它们同时也是一个地区建筑形式与该地区的自然和社会条件相互作用并取得平衡的结果。然而,自进入 21 世纪以来,随着信息化时代的到来,园林文化的交流与融合达到了前所未有的高度。艺术、科技、技术等多个领域的地域文化均在全球范围内广泛传播,文化的交流和发展,开创了世界各地景观大发展的局面,但也产生了一些负面影响,如景观文化地缘的消失,景观模式的大量雷同,外来物种的引入,均在不断地威胁着地域景观系统的完整性、稳定性与安全性,往往对当地的景观文化系统的独特性及原有生态平衡造成巨大的冲击,这样的状况已经引起世界的广泛关注。人们逐渐感受到建筑和城市所在地区、民族的艺术审美上的差异逐渐消失的危机。随着世界格局的多极化、经济与生活方式的多样化,人们充分意识到单一文化模式的危害性,认识到只有保持丰富多彩的各种文化,才能维持文化生态系统的新陈代谢和生态平衡,促使世界文化的多元构成,成为时代的必然需求。地域性建筑也因此受到越来越多人的关注。

因此,强调园林建筑的地域性表达,使其成为传承地域文化的载体,成为时代赋予设计者的责任。一般而言,地域性是人类各种活动过程的产物,它客观、真实地记载了人类文明的进程,是人类文化和科学技术的结晶,表述了在不同历史阶段人类对自然环境以及人文环境的认识和理解。园林建筑的地域性特征通常表现在以下方面:回应当地的地形、地貌和气候等自然条件;运用当地的地方性材料、能源和建造技术;吸收包括当地建筑形式在内的建筑文化成就;有其他地域没有的特异性并具明显的经济性。

从认知学派的角度讲,地域性即是在强调园林建筑的可解与可索性。认知学派是景观分析与评价的学派之一,它把包括风景园林建筑在内的景观作为人的生存空间、认识空间来评价,强调建筑对人的认知及情感反应上的意义,试图用人的进化过程及功能需要去解释人对风景园林建筑的审美过程。该学派认为"崇高"感和"美"感是由人的两类不同情欲引起的,其中一类涉及人的"自身保存",另一类则涉及人的"社会生活"。前者在生命受到威胁时,才表现出来,与痛苦、危险等紧密相关,是"崇高"感的来源;后者则表现为人的一般社会关系和繁衍后代的本能,这是"美"感的来源。在对风景园林建筑的审美过程中,既要具有可被辨识和理解的特性——"可解性",又要具有可以不断被探索和包含着无穷信息的特性——"可索性",如果这两个都具备则风景园林建筑的质量就高。就像人们总是习惯以一个人的口音来判断他来自哪里一样,人们也习惯以一个地方的气候、环境以及建筑来判断自己身在何处;同样也习惯以建筑的屋顶形式、坡度大小、空间布局、建筑用材等来判断这个建筑的所在地。从人们的一贯判断习惯不难看出,在我国历史上,建筑的地域性特征是比较强的,这才有了我们较常提到的江南水乡、岭南建筑文化、四川山地建筑、客家建筑文化、干阑式建筑文化、蒙古包、新疆维族民居、西藏的碉楼、北方的四合院、纳西族的井干式木楞房、西北的窑洞等等。人们也正是依靠这种可解与可索的地域性特征来对个人、民族及国家的认同进行定位。

在依照注重地域性进行园林建筑的设计时,尤其要尊重环境(包括自然和人文环境)、尊重历史、尊重当地生活习俗、满足现代生活需求、适应现代经济社会发展。在这个原则下,或是探寻地方建筑技术、地方建筑材料在现代条件下的运用;或是运用现代材料、技术、构造方式加以创造性的发挥、发展,定能创造出具有个性化的地域建筑创作之路。

每个地域都有各自的历史,自然就会有历史的积淀。它存留在建筑和城市中,或融会在每个人的生活之中,形成当地的建筑文化。作为文化结晶和凝聚的地域建筑,是地域文化在物质环境和空间形态上的体现。同时,地域建筑及其产生的地域建筑环境(包括城镇聚落环境)一旦形成,就会对置身其中的人们的思想、行为、心理、生活方式等产生潜移默化的影响,造就一种新的文化情景。因此,在进行地域性建筑创作时,我们要把地域文化特征作为设计依据,同时我们还要注意结合地域自然条件,因为建筑只有适应本地区的气候条件,巧妙地结合自然环境,才能创造出具有宜人空间和强烈地域特征的建筑形态。

中国在历史上有着丰富多彩的建筑文化遗产,但是在近两个世纪里我们科学技术的发展严重地滞后了,园林建筑文化也不例外,这使我们至今在国际竞争中仍明显地处于弱势地位。因此,在今天的全球化进程中,我们一方面要有一种文化自觉的意识、文化自尊的态度、文化自强的精神,面对强势文化的挑战,要像保护生物多样性一样,对建筑文化的多样性进行必要的保护、发掘、提炼、继承和弘扬;另一方面更要以开放、包容的心态和批判的精神,认真学习和吸收全世界优秀的园林建筑文化和先进的科学技术,自觉地融入全球化的现代进程。惟其如此,我们古老的园林建筑文化才有可能焕发出蓬勃的生命力、创造力和竞争力,才有可能真正实现中国园林建筑的现代化。

■ **推荐阅读书目**

1. 彭一刚.中国古典园林分析[M].北京:中国建筑工业出版社,1986

2. [意]布鲁诺·塞维著;张似赞译.建筑空间论:如何品评建筑[M].北京:中国建筑工业出版社,2006

3. 刘福智,佟裕哲等.风景园林建筑设计指导[M].北京:机械工业出版社,2007

■ **讨论与思考**

1. 请抄绘苏州拙政园中部平面(A3幅面),试分析其山水布局、建筑特色与空间组织。

2. 请结合本章所讲述的"园林建筑设计原则",对你所喜欢的园林建筑进行评价。

3. 请列举2~3个你认为最具个性的园林建筑设计作品,并分析其"个性"具体表现在哪些地方。

2 建筑基础知识

2.1 建筑的构成要素

建筑是实用的艺术,它始终和使用要求、建筑技术水平、建筑艺术结合在一起。公元前 1 世纪,维特鲁威在他的《建筑十书》中曾经称实用、坚固、美观为建筑的基本要素。而事实上我们可以把建筑的基本构成要素分为建筑的功能、建筑的物质技术和建筑的形象三个部分。

2.1.1 建筑的功能

人们建造房屋,总有一定的目的和使用要求,这便是建筑的功能。建筑按照不同的使用性质可以分为商业建筑、住宅建筑、医疗建筑、工业建筑……许多类型,但是所有类型的建筑都应该符合以下几种基本的功能要求。

1) 人体的基本尺寸及活动尺度要求

建筑空间的大小和人体的基本尺寸,以及人体的活动尺寸有密切的关系,为了满足使用活动的需要,必须熟悉人体活动的基本尺度。

人体基本尺度是人体工程学研究的最基本的数据之一。它主要以人体构造的基本尺寸(又称为人体结构尺寸,主要是指人体的静态尺寸,如:身高、坐高、肩宽、臀宽、手臂长度等)为依据,在于通过研究人体对环境中各种物理、化学因素的反应和适应力,分析环境因素对生理、心理以及工作效率的影响程度,确定人在生活、生产等活动中所处的各种环境的舒适范围和安全限度,并进行系统数据比较与分析。人体基本尺度也因国家、地域、民族、生活习惯等的不同而存在较大的差异(表 2.1.1)。如:日本市民男性的身高平均值为 1 651 mm,美国市民男性身高平均值为 1 755 mm,英国市民男性身高平均值为 1 780 mm。

表 2.1.1　我国不同地区人体各部分平均尺寸　　　　　　　　　　　　单位:mm

编号	部　位	较高人体地区(冀、鲁、辽)		中等人体地区(长江三角洲)		较低人体地区(四川)	
		男	女	男	女	男	女
A	人体高度	1 690	1 580	1 670	1 560	1 630	1 530
B	肩宽度	420	387	415	397	414	385
C	肩至头顶高度	293	285	291	282	285	269
D	正立时眼高度	1 513	1 474	1 547	1 443	1 512	1 420
E	正坐时眼高度	1 203	1 140	1 181	1 110	1 144	1 078
F	胸廓前后径	200	200	201	203	205	220
G	上臂长度	308	291	310	293	307	289
H	前臂长度	238	220	238	220	245	220
I	手长度	196	184	192	178	190	178
J	肩峰高度	1 397	1 295	1 379	1 278	1 345	1 261
K	上臂展开半长	869	795	843	787	848	791
L	上身高长	600	561	586	546	565	524
M	臀部宽度	307	307	309	319	311	320
N	肚脐高度	992	948	983	925	980	920
O	指尖到地面高	633	612	616	590	606	575
P	上腿长度	415	395	409	379	403	378

编号	部　位	较高人体地区（冀、鲁、辽）		中等人体地区（长江三角洲）		较低人体地区（四川）	
		男	女	男	女	男	女
Q	下腿长度	397	373	392	369	391	365
R	脚高度	68	63	68	67	67	65
S	坐高	893	846	877	825	850	793
T	腓骨高度	414	390	407	328	402	382
U	大腿水平长度	450	435	445	425	443	422
V	肘下尺寸	243	240	239	230	220	216

人体基本动作的尺度,是人体处于运动时的动态尺寸,因其是处于动态中的测量,在此之前,我们可先对人体的基本动作趋势加以分析。人的工作姿势,按其工作性质和活动规律,可分为站立姿势、坐倚姿势、跪坐姿势和躺卧姿势。坐倚姿势包括依靠、高坐、矮坐和工作姿势、稍息姿势、休息姿势等。平坐姿势包括盘腿坐、蹲、单腿跪立、双膝跪立、直跪坐、爬行、跪端坐等。躺卧姿势包括俯卧、撑卧、侧撑卧、仰卧等。

2）人的生理要求

人的生理要求是人们对阳光、声音、温度等外界物理因素的要求,落实到建筑上主要包括对建筑物朝向、保温、防潮、隔热、隔声、通风、采光、照明等方面的要求。它们都是满足人们生产生活所必需的条件。

随着生活水平的不断提高,人们对建筑提出的能满足生理需要的要求也越来越高。同样随着物质生产技术的不断提高,满足上述生理要求的可能性也会日益增大,比如使用新型的建筑材料,采用先进的建筑技术都有可能改善建筑的各项性能(图 2.1.1)。

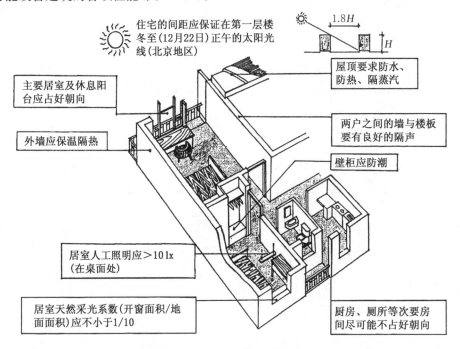

图 2.1.1　人体对建筑的生理需求

3）使用过程和特点的要求

建筑在使用过程中的特点对能否发挥建筑的功能也有很大影响,不同的使用性质使建筑在设计之初有不同的侧重点。

各类建筑在使用上常有某些特点。火车站必须以旅客的活动顺序来安排空间序列,合理安排售票厅、候车室、进出站口和其他交通的配合状况。展览场所要以参观者顺利参观所有展品为前提,不遗漏也不会过多重复(图 2.1.2)。旅馆的设计要充分考虑公共空间和私人空间的互不干扰(图 2.1.3)。电影院和歌剧院设计的重点则在声音效果上,务必确保完美的音质。一些实验室对于温度和湿度有特别的要求,它们直接影响着建筑的功能使用。在工业建筑中,建筑的规模和高度往往取决于设备的数量和大小,而不是人的行为,一些设备和生产工艺对建筑的要求十分苛刻,而建筑的使用过程也常常以产品的加工顺序和工艺流程来确定,这些都是工业建筑设计中的关键点。

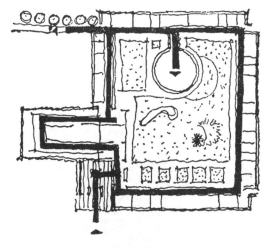

图 2.1.2　展览馆建筑流线组织示例

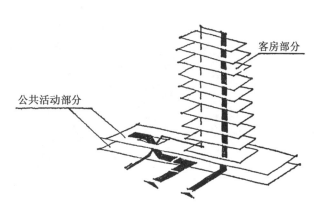

图 2.1.3　旅馆人流组织综合关系图解

2.1.2　建筑的物质技术

建筑是人类社会的物质产物,建筑的物质技术是指和建造建筑有关的技术条件,包括建筑结构、建筑材料、施工技术和施工过程中用到的各种设备等。

1）建筑结构

人们建造房屋是为了围合室内空间来达到一定的使用目的,为了这个目的,人们一定要充分发挥建筑材料的力学性能,要通过多种材料的组合使之能够合理传递荷载,能抵御自然界的风霜雨雪及各种灾害现象。建筑结构的坚固程度直接影响着建筑的使用寿命和安全性。

建筑功能要求多种多样,不同功能要求都需要有相应的建筑结构来提供与之对应的空间形式。功能的发展和变化促进了建筑结构的发展。当然建筑结构的发展更受到社会生产力水平的制约,落后的生产力条件下不可能有先进的建筑结构体系。从原始社会至今,建筑的结构也经历了一个漫长的发展过程。

以墙和柱承重的梁板结构是最古老的结构体系,至今仍在沿用。这种结构体系由两类基本构件组成,一类构件是墙柱,一类是梁板(图 2.1.4)。它的最大特点是:墙体本身既起到围隔空间的作用,同时又要承担屋面的荷载。受到结构的限制,一般不可能取得较大的室内空间。近代随着钢筋混凝土梁板的出现,梁板结构又开始发挥出它的潜力,预制钢筋混凝土构件的方式和大型板材结构、箱形结构(图 2.1.5)都是在这种古老的结构上发展而来的。

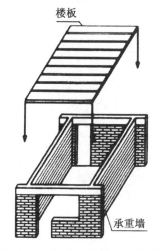

图 2.1.4　以墙和柱承重的梁板结构

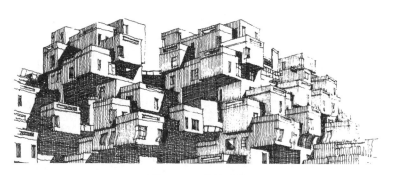

图 2.1.5　箱体建筑

框架结构也是一种古老的结构体系。它的最大特点是把承重的骨架和用来围护和分隔空间的帷幕式的墙面明确分开。我国古代的木构架也是一种框架结构(图 2.1.6)。除了木材,砖石也可以砌筑成框架结构,比如在 13 世纪至 15 世纪欧洲的高直式建筑。现代的钢筋混凝土框架结构更是一种最普遍采用的结构体系(图 2.1.7)。

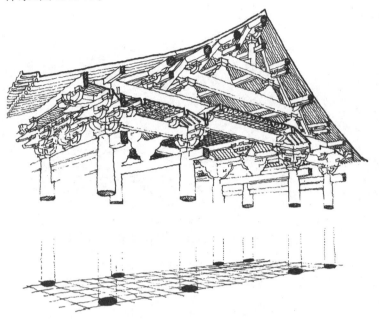

图 2.1.6　中国传统的木结构建筑　　　　　　　　　　图 2.1.7　现代钢筋混凝土框架结构建筑

古代建筑结构中还有一种拱券结构,穹隆结构作为古老的大跨度建筑也有许多令人叹为观止的作品遗存至今(图 2.1.8)。人类在漫长的建筑发展过程中从来没有停息过对大跨度结构的探寻。近代材料科学的发展和结构力学的盛起,相继出现了桁架结构、刚架结构和悬挑结构(图 2.1.9),这些结构大大增加了空间的体量。第二次世界大战结束以后,受到仿生学的影响,建筑结构体系中又迎来了新的一员——壳体结构(图 2.1.10、图 2.1.11)。壳体结构正是因为合理的外形,不仅内部应力分布均匀,又可以保持极好的稳定性,壳体结构尽管厚度小却可以覆盖很大的面积。新型结构里还有悬索结构和网架结构。悬索结构(图 2.1.12)用受拉的传力方式代替了传统的受压的传力方式,大大地发挥了材料的强度。网架结构具有刚性大、变形小、应力分布均匀、能大幅度减轻结构自重和节省材料的特点。

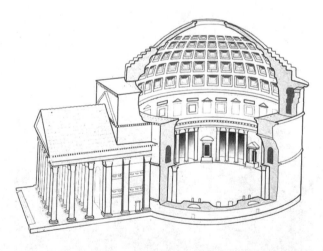

图 2.1.8　罗马万神庙是最早的穹隆顶建筑

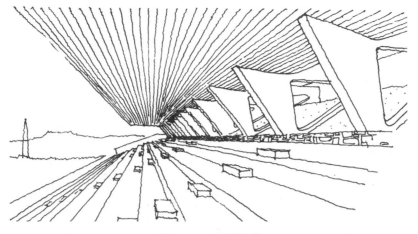

图 2.1.9　悬挑结构

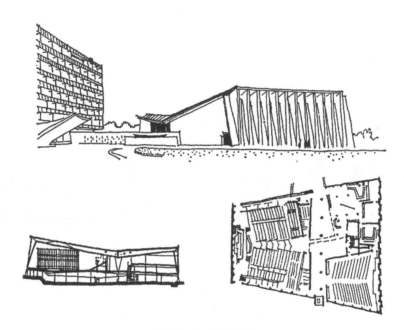

图 2.1.10　折壳结构

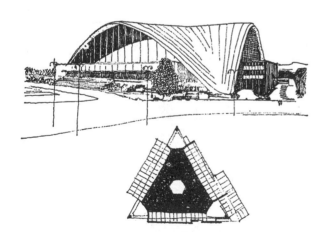

图 2.1.11　壳体结构,巴黎工业展览馆

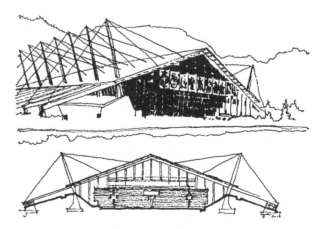

图 2.1.12　悬索结构,美国斯克山谷滑冰场

25

今天我们所能看到的摩天大楼则采用了剪力墙结构或井筒结构(图 2.1.13)。高层建筑,特别是超高层建筑既要求有很大的抗垂直荷载的能力,又要求有相当高的抗水平荷载的能力。剪力墙结构和井筒结构很好地解决了这个课题。另外,像帐篷式建筑(图 2.1.14)、充气式建筑(图 2.1.15)也开始出现在人们的视野里。

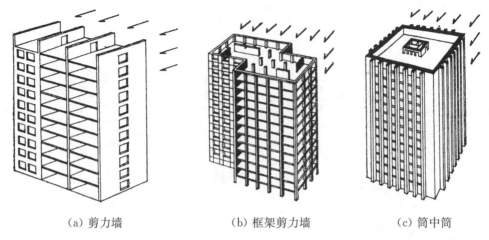

(a) 剪力墙　　　　　　　(b) 框架剪力墙　　　　　　(c) 筒中筒

图 2.1.13

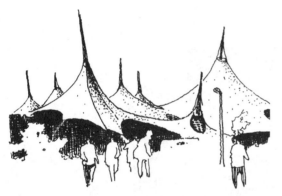

图 2.1.14　帐篷式建筑

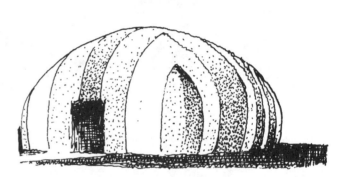

图 2.1.15　充气式建筑

除了以上的建筑结构形式外,在科学技术日新月异的今天,人类对建筑结构的创造还会继续下去。

2) 建筑材料

仅从上面的描述中,我们就可以了解到建筑材料对建筑发展的重大意义,有什么样的建筑材料才能有什么样的建筑。钢筋混凝土的出现才带来了近代建筑的发展,而充气建筑则完全依赖塑胶材料的发明(表 2.1.2)。

表 2.1.2　几种材料特性的比较

材料种类	强度	防潮	膨胀	耐久性	装饰效果	维修	耐火程度	加工就位	重量	隔热隔声
木材	中	差	优	中	优	中	差	优	优	差
胶合木	优	差	优	中	优	差	差	优	优	好
砖砌体	优	好	好	好	中	优	优	中	中	差
钢筋混凝土	优	优	优	优	中	优	优	差	差	差
钢材	优	优	中	优	差	优	中	中	差	差
铝材	优	优	好	优	优	优	优	好	优	差

注:强度——抵抗各种应力条件的性能。　　　　　　　防潮——在干湿变化条件下的变形情况。
　　膨胀——在温度变化条件下的变形情况。　　　　　耐久性——在长时间条件下是否发生变化。
　　装饰效果——色彩、质感以及品种的多少。　　　　维修——是否易于维护和修理。
　　耐火程度——属于哪类防火材料:易燃、难燃、不燃材料。　加工就位——是否易于安装,加工的难易程度。
　　重量——用人工还是机械移动。　　　　　　　　　隔热隔声——保温声效方面的性能。

从上面的分析可以看出完美的建筑材料应该是强度大、自重轻、性能好并且便于安装加工。而事实上,没有在各项指标上都能尽如人意的"全能型材料"。每种建筑材料都有它的优点和不足。为了弥补材料的缺陷,出现了越来越多的复合材料。在混凝土中加入钢筋,能获得较强的抗弯性能;铝材或混凝土内设置的泡沫塑料、矿棉等夹层材料能提高隔声和隔热效果。这些都是建筑材料发展的新趋势。当然我们也不能忽略材料的经济成本。

3)建筑施工

建筑必须通过施工把设计变为现实。建筑施工一般分为施工技术和施工组织这两个环节。

施工技术 人的操作熟练程度、施工工具和机械、施工方法等。

施工组织 材料的运输、进度安排、人力的调配等。

建筑施工历来都是一个浩大的工程,尤其在生产力水平低下的古代,动不动就是动用上万人,花几年甚至几十年的时间。再加上建筑所特有的艺术性,建筑业的施工始终游离在手工业和半手工业状态之中。到20世纪初,建筑业才迎来了机械化、工业化和装配化的到来。

机械化、装配化和工厂预制化大大提高了建筑施工的速度,缩短了施工时间。当然这也和建筑逐步走向设计的定型化有关。我国大中城市的民用建筑基本都采用了设计与施工配套的全装配大板、框架挂板、现浇大模板等工业化体系,甚至出现了以整个房间作为基本单位在工厂预制,然后现场装配的箱形结构(图2.1.16)。

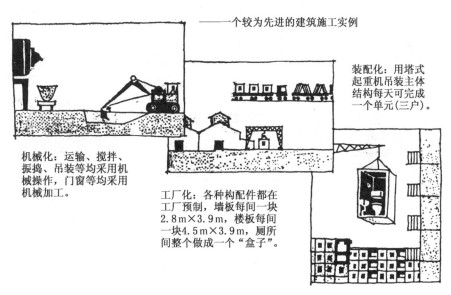

——一个较为先进的建筑施工实例

装配化:用塔式起重机吊装主体结构每天可完成一个单元(三户)。

机械化:运输、搅拌、振捣、吊装等均采用机械操作,门窗等均采用机械加工。

工厂化:各种构配件都在工厂预制,墙板每间一块2.8m×3.9m,楼板每间一块4.5m×3.9m,厕所间整个做成一个"盒子"。

图 2.1.16 某住宅框架挂板施工

任何一个建筑的设计构思都有赖于最后的施工,建筑设计之前必须周密地考虑建筑的施工方案,保证设计最后的完成。在施工过程中还要深入现场,了解施工动向,和施工单位共同解决实际操作中出现的各种问题。

2.1.3 建筑的形象

所谓建筑的形象可以简单地认为是建筑的外观或建筑的艺术形象。在相同的功能要求下,运用相同的物质技术手段,由于不同的设计构思能创造出完全不一样的建筑。我们身边有很多形式多样的建筑,给人们带来不同的感官体验。如果说音乐通过音阶、旋律和节奏来表现,绘画用色彩和线条来勾勒,那么建筑的形象又通过什么来传递呢?

首先,建筑是一个实体,一个拥有内部实用空间的实体。这是建筑区别于其他艺术最大的特点。空间是建筑最重要的表现。

其次,建筑的空间有赖于实体的线条和形状。许多建筑的形状和线条给人们留下了深刻的印象。

第三,建筑表面的色彩和质感是它重要的表现。不同建筑材料也赋予建筑不同的表面纹理和色泽。

第四,建筑通过光线和阴影的配合,加强了自身形体起伏凹凸的效果,增添了艺术表现力。

这些都是建筑表达自身形象的手段。从古到今,建筑师正是巧妙地运用这些表现方式创造出一个个经典的建筑。建筑形象并不是单纯的美学概念,它要与文化传统、风土人情、社会意识形态等多方面因素结合考虑。但不管怎样,一些基本的美学原则在建筑设计的过程中仍然受用,比如:比例、尺度、对比、韵律等。

1) 比例

一切造型艺术都存在比例的关系,建筑也不例外。建筑的比例是指建筑的各种大小、高矮、长短、厚薄、深浅等比较关系。建筑各部分之间以及各部分自身都存在比例关系。从理论的角度看,符合黄金分割的比例是最符合人们审美眼光的比例关系。但是并不能仅从几何的角度来判断建筑的比例关系。建筑的比例还和功能内容、技术条件、审美观点有着关联,很难用统一的数字关系来判定一个建筑(图 2.1.17)。西方古典建筑的石柱和中国传统建筑的木柱都具有合乎各自材料特性的比例关系,都能带给人们美感。因此,建筑的比例并不是简单的长、宽、高之间的关系,而要结合材料、结构、功能等因素,参考不同文化民族的传统反复推敲才能确定(图 2.1.18、图 2.1.19)。另外,人们在长期的实践当中创造了一些独特的建筑比例关系,也值得我们借鉴和运用(图 2.1.20)。

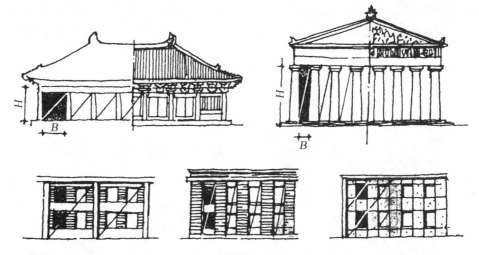

图 2.1.17 建筑开间相同,窗面积相同,采用不同的处理手法,取得不同的比例效果

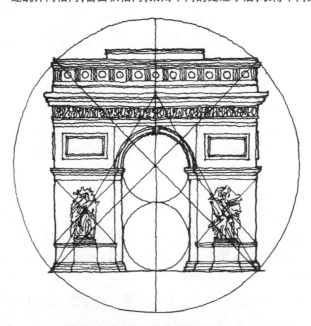

图 2.1.18 以几何方法分析建筑的比例,巴黎凯旋门的几何分析:建筑物的整体轮廓为正方形,另外立面上的若干控制点与几个同心圆或正方形相重合,因而它的比例一般认为是严谨的

28

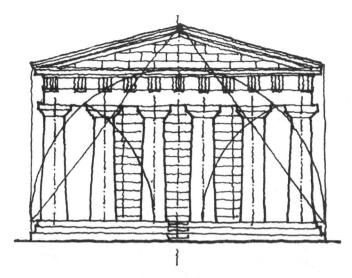

图 2.1.19　古希腊波塞顿神庙的几何分析:该建筑正立面山尖最高点与基座两端连线接近于正三角形,以基座为直径作半圆正好与檐板上皮相切

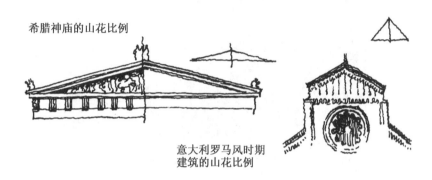

希腊神庙的山花比例

意大利罗马风时期建筑的山花比例

图 2.1.20　不同风格建筑构件的比例也不相同:希腊神庙和意大利罗马风时期建筑的山花比例

2）尺度

　　一般来讲,只要和人有关的物品都存在尺度关系。建筑是有尺度的。建筑与人体之间的大小关系和建筑各部分之间的大小关系,都会形成一种大小感,这就是建筑尺度。

　　人们日常生活中的家具、日用品、劳动工具,为了使用必须与人体保持相应的大小和尺寸。日久天长,这种大小和尺度便成为一体铸入人们的记忆中,从而形成一种正常的尺度观念。但是对于建筑往往很难形成这种观点。一是建筑的体量较大,人们很难用自身的大小去作比较;二是建筑不同于日用品,许多要素并不只要单纯地依靠功能来决定。这些都给辨认尺度带来了困难。但建筑里也有一些构件的尺寸相对固定,比如门扇一般高为 2~2.5 m,窗台或栏杆的高度一般在 90 cm。人们可以通过这些基本构件来判断建筑的尺度(图 2.1.21)。

图 2.1.21　一些建筑构件的尺寸是相对固定的

　　在某些特殊建筑里,缩小或放大了局部的构件,给人以错觉。例如一些纪念性的建筑,建筑师有意识地通过改变某些构件的大小给人超过真实大小的感觉,从而获得夸张的尺度感。相反,在一些庭院建筑中,建筑师则希望带给人小于真实的感觉,来达到亲切的尺度感。

29

3）对比

对比是指建筑的各要素之间显著的差异；微差是指不显著的差异。就形式美而言,这两者都是必不可少的。对比可以借彼此之间的烘托来陪衬出各自的特点以求得变化；微差则借相互之间的共同性以求得和谐。建筑的对比可以通过形状——方与圆(图2.1.22、图2.1.23)；材料——粗糙和细腻；方向——水平与垂直(图2.1.24)；光影——虚与实等来表现。但这都有一个前提,对比的双方都要针对建筑的某一共同要素来进行比较。适当的对比能消除建筑呆板的感觉,增加艺术的感染力。

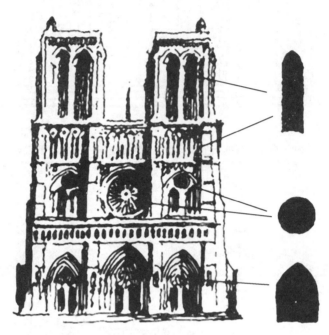

图 2.1.22　巴黎圣母院,依靠门窗在形状上的对比与微差,使得整个
立面处理既和谐又富于变化

图 2.1.23　高直教堂的内檐装修,运用大小不同的尖拱进行组
合,充满了对比微差,特别是衬托出高大空间的体
量,借对比显示出宏大的尺度感

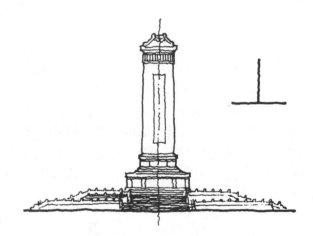

图 2.1.24　人民纪念碑,水平与垂直方向上的对比

4）韵律

韵律本来是指音乐或诗歌中音调的起伏和节奏。在建筑里有许多部分或因结构的需要,或因功能的需要,常常按一定的规律不断重复,像窗户、阳台、柱子等等,都会产生一定韵律感。充分利用建筑的韵律感也是丰富建筑形象的一个重要手段(图2.1.25～图2.1.28)。

30

图 2.1.25 某建筑,利用结构与天窗的明暗关系形成韵律

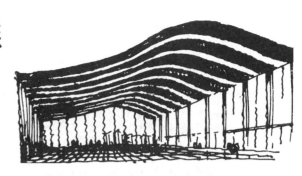

图 2.1.26 罗马火车站,借天花处理形成起伏的韵律

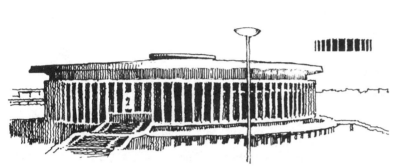

图 2.1.27 上海体育馆,由于建筑基本体形为圆柱形,因而在立面上等距离的竖向格片产生了由密到疏,复由疏到密的逐渐变化过程

图 2.1.28 西安大雁塔,以大小和高度递减的圆券门洞与出檐交替重复出现,既取得了渐变的韵律感又满足了结构稳定的要求

5)均衡

建筑的均衡是指建筑前后左右各部分的关系,应给人安定、平衡和完整的感觉。静态均衡最容易用对称的布置来取得,但也有不对称的均衡。对称的均衡体现了严肃庄重,能获得明显的、完整的统一性。不对称的均衡容易取得轻快活泼的效果。保持均衡本身就是一种制约关系。动态的均衡有很多是在运动中获得的。建筑设计中必须从立体的角度去考虑均衡的问题(图 2.1.29、图 2.1.30)。

6)稳定

稳定是指建筑在上下关系造型上的艺术效果。古代人类对于自然的畏惧,对于重力的崇拜,使人们形成了上小下大、上轻下重、上虚下实的审美观念,根据日常经验产生了对建筑稳定感的判断。当然建筑的稳定感更多地来源于建筑结构理论的影响,受到材料和结构的限制只能采用这种方式。随着新型建筑材料的出现,新的建筑结构体系完全可以打破常规,无视这些原则。一般来说,纪念性的建筑中都采用上小下大的造型,稳定感强烈;而为了体现建筑的动感,也有很多建筑开始模仿一些自然形态,获得别致的造型。

具有强烈艺术感染力的建筑形象不胜枚举,它们带给人们或庄严或雄伟,或神秘或亲切的感觉。人们从建筑形象上获得的情绪感染,正是建筑师想表达的。上述有关建筑形式美的原则,都是人们在长期实

图 2.1.29 朝鲜民主主义共和国千里马纪念碑,微向前倾的碑身表现出一种活力

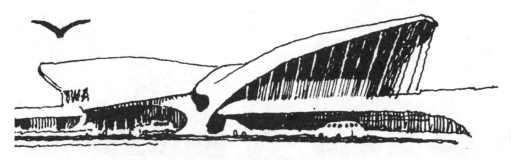

图 2.1.30　纽约肯尼迪机场候机楼,针对建筑物的功能特点,设计以象征主义的手法把建筑物体形处理成展翅欲飞的鸟,建筑外观尽管上大下小,但却没有不稳定的感觉,这正是由于它所具备的动态均衡所致

践中积累和总结的。这些原则为我们设计建筑提供了一些准则,但不是创作的全部。我们可以借助这些原则来强调形式美,但真正的创作还要靠自己的日积月累。

2.2　形态构成与建筑构成

在建筑设计学习阶段中,为提高建筑艺术素养与创作技巧而进行一些专门针对形态构成方面的学习和训练是完全必要的。形态构成的原理是将客观形态分解为不可再分的基本要素,研究其视觉特性、变化与组合的过程。基本形态构成包括平面、立体—空间、色彩三大构成。形态构成的学习,是从抽象的点、线、面、体开始,以基本形为基础,通过各种"构形"方法进行形的创造,从而获得造型能力的提高。在建筑设计领域内,主要关注的是形态构成中高度抽象的形与形的构造规律和美的形。就建筑设计而言,大至平面、体型,小至梁、柱、门窗、花饰、铺地等细节,都可以作为造型要素,而运用平面构成和立体构成的方法把这些要素组织起来,使它们符合形态构成的规律,创造美的建筑从而提高造型能力,这就是我们学习形态构成的目的。

学习形态构成应从以下两个方面着手:一是研究形态构成的自身规律;二是找出符合审美要求的形态构成原则。前者是形态构成的造型问题,后者则是形态构成的审美问题。但从历史的发展中,可清晰地看到建筑作为一种独特的艺术形式,与审美观念之间具有密切的联系。简略概括如下。

(1) 古代建筑所表达的乃是一种具有典型意味的程式美,一种经过千锤百炼、精雕细琢的美。生产力的落后、建筑技术的长期停滞,使得古代建筑匠师们能够在无数次的重复实践中,进行丰厚的艺术积累,造就成某种程式化风格的尽善尽美,体现出那个时代中人们的精神追求。古希腊罗马的柱式及其组合,便是这种程式美的具体体现,而隐含于其后的则是对完美与至纯这一审美理念的追求。在柱式的演变中,渗透着对人体自身的赞赏,而柱式中一系列的比例关系与线脚组合便构成了柱式这一建筑程式的重要内容。我国古代建筑中的开间变化,体现着中正至尊的传统观念;屋顶的出挑、起翘则是在排水功能的基础上,对"如鸟斯翼"般轻盈形态的艺术表达,它们同样以"法式"或"则例"的形式被固定下来,传承于世。"庭院深深深几许""风筝吹落画檐西"……这种通过建筑环境烘托和强化诗词意境的做法,也从一个侧面展示出人们对传统建筑的审美情结。

(2) 工业时代的到来,为现代文明的发展提供了最为直接的动力,同时也引发了社会审美观念的重大改变。机器生产所表现出来的工艺美对传统的手工美产生着强烈的冲击,并直接影响到建筑领域。"少就是多","形式追随功能"……于是,人们从包豪斯校舍,从巴塞罗那展厅以及流水别墅等作品中,体验到了建筑的功能之美、空间之美、有机之美等等。在与现代哲学、文学、艺术等的广泛沟通中,现代建筑的发展更是各树一帜,流派纷呈:理性的与浪漫的、典雅的与粗野的、高技术的与人情味的、地方的与历史的等等。他们所呈现与形体艺术表现中的多姿多彩,也就成为现代建筑在其蓬勃发展中审美观最为直接的表达。

(3) 时至今日,新功能、新技术、新材料的不断涌现,高度发展的信息传播,环境问题的凸现以及地区文化的兴起等等,促成了当代建筑多元化发展的大趋势、大潮流。现代建筑早期所提出的某些原则已经受到挑战,人们所惯于接受的建筑构图原则已难以解释建筑审美中一些新现象。人们不再介意建筑形式上的稳定感,却从它的不稳定中获得了新的体验;一个从正中"开裂"的建筑形体,一个横平竖直的建筑平面中某一部分的"突然"扭转,会使人领略到特异和突兀之美;建筑师可以把复杂的古典柱式、线脚与现代的玻璃、金属材料并置,以求一定历史内涵的表现。这些现象说明:在新的社会条件下,建筑审美正在发生着新的变化。与过去相比,现代建筑在审美观念上,明显地表现出多样性和兼容性等特点;在造型手段上,更为注重几何形体的应用和它们在抽象意味上的表达。

由上可知,形态构成学习的核心内容就是抽象了的形以及形的构成规律。而形态构成通过物理、生理和心理等现代知识、对形的审美所进行的分析和解释,则对我们认识、把握现代建筑的审美特点与趋向具有重要的密切关系和发展意义。

本节主要述及平面构成、立体构成及建筑造型方法。

2.2.1 平面构成

平面构成是研究二维空间内造型要素的视觉特性,形与形、形与空间的相互关系,形的特性与变化。它具有分析性与逻辑性,图形富有秩序感和机械美。平面构成的核心是使基本形依一定骨骼关系和美学法则进行编排,创造美的图形。

平面构成形体的基本要素是点、线、面。

1)点的构成

与几何点不同,点的构成可有一定大小与形状,但不宜过大或包容其他形,以免产生面的感觉(图2.2.1～图2.2.4)。

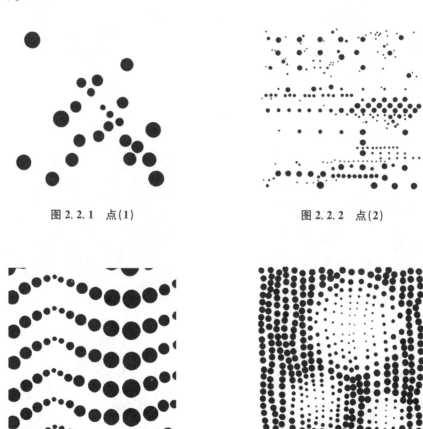

图 2.2.1　点(1)　　　　　　　图 2.2.2　点(2)

图 2.2.3　点(3)　　　　　　　图 2.2.4　点(4)

2）线的构成

线的构成可有一定宽度与不同线型,利用长度、粗细、线型、间距、排列方式的变化,构成各种图形或产生空间感(图2.2.5～图2.2.8)。

图2.2.5　线(1)

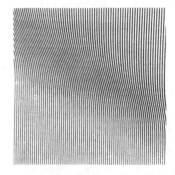

图2.2.6　线(2)

图2.2.7　线(3)

图2.2.8　线(4)

3）面的构成

面的特征是形状。面的主要构成方式为面的分割与面的集聚两大类(图2.2.9～图2.2.17)。

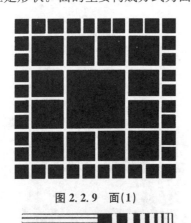

图2.2.9　面(1)

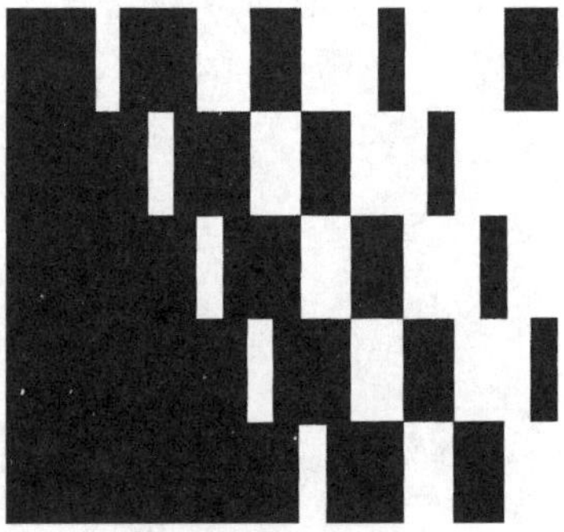

图2.2.10　面(2)

图2.2.11　面(3)

图2.2.12　面(4)

图 2.2.13　面(5)

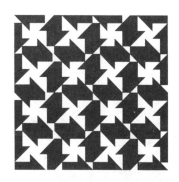

图 2.2.14　面(6)

图 2.2.15　面(7)

图 2.2.16　面(8)

图 2.2.17　面(9)

（1）面的分割：研究面以线为界分割后的形状与大小的构成关系及在不同分割面上施色的视觉效果。其方法有等形、等量分割，按比例、数列分割及自由分割等。

（2）面的积聚：以基本面形为基础延展组合，可同形组合或异形组合，构成方式有并置与叠置两大类。

2.2.2　立体构成

立体构成即三维空间形态构成，没有一条固定的轮廓线可以表现其全貌，需研究其三个向度，从不同方位、角度去认知。立体形态要通过材料表现，对于不同的材料，有不同的视觉、心理感受效果。实体形态构成的同时，限定出一定的虚体形态，即空间形态。实体形态被感知的是实体自身，构成特点是以有限的实体向无限空间进行组合。空间形态是靠实体间相互作用而被感知的虚像，构成特点是从无限空间借助有形实体做有限的界定（图 2.2.18、图 2.2.19）。

平面关系

单元

组合

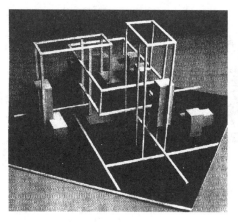

图 2.2.18　立体构成(1)

平面方位的连续扭转

十字形构架组合

增加作品的空间感

图 2.2.19　立体构成(2)

2.2.3 建筑构成

建筑形态是一种人工创作的物质形态,是在基本形态构成理论基础上探求建筑形态构成的特点和规律。建筑形态构成的核心是空间构成与体量构成(图 2.2.20)。

分离 形体间保持一定距离而具有一定的共同视觉特征。形体间的关系可作方位上的改变。如平行、倒置、反转对称等。两者距离不宜大。

重复 基本形体反复出现,以其规律性、秩序性产生节奏感。基本形体可为一种,也可为两种以上,但种类不宜过多,以免破坏整体感。

近似 基本形体彼此在视觉因素上相近,形体构成要素上有一定差异,其重复出现,既有统一的连续性,又有一定的形态变化。

接触 两形体保持各自独有的视觉特性,视觉上连续性的强弱取决于接触方式,面接触的连续性最强,线接触和点接触连续性依次减弱。

渐变 基本形体在形状、大小、排列方向上作有规律的、按一定级差逐渐改变,既有程序,又产生强烈的韵律感。

特异 基本形体作规律性的重复,个别形体或要素突破规律,作形体、大小、方位、质感、色彩等方面的明显改变,引起视觉上的刺激。

相交 两形体不要求有视觉上的共性,可为同形、近似形,也可为对立形,两者的关系可为插入、咬合、贯穿、回转、叠加等。

对比 基本形体各有不同的视觉特性,形体间产生强烈对比,也可以对个别形体同群体进行形状、大小、质感、色彩上的对比。

均衡 非对称构成中较大体量靠近平衡中心,较小体量远离中心,以取得视觉心理上的整体感,构成中注意统一的比例和尺度关系。

连接 由过渡性形体将两个有一定距离的形体连为整体。连接体可不同于所连接的两形体,造成体量上的变化,突出形体之特点。

稳定 形体构成的上下轻重关系,通常形体向上逐渐递减收缩,使重心尽量降低;采用有明显中轴线的对称构成,以取得稳定感。

主从 以对比显示形体间的差异,以呼应取得形体间的联系。可将主要形体置于主轴线上,从属形体在两侧或周围,以对比突出主体。

图 2.2.20 建筑构成

36

1）建筑空间构成

建筑空间构成方法可分为下面几种。

（1）单一空间

单一空间具有向心性且界限明确、形式规则，是建筑空间构成的最基本单位，是构成复杂空间的基础。由空间构成要素所构成的空间，其形状、封闭与开放程度，影响所构成的空间特征以及人对空间的心理感受。如空间的形状、空间的尺度（绝对高度和相对高度、人体尺度和整体尺度）、空间的比例等。

（2）二元空间

二元空间构成时，除两空间自身的形状、大小、封闭与开放程度可影响构成效果外，更以其彼此间的相对位置、方向及结合方式等的不同关系，而构成空间上的变化、视觉上有联系的空间综合体。如连接、包容、接触、相交等。

（3）多元空间

① 集中式构成　为一种稳定的向心式构成，一般由一定数量的次要空间围绕一个大的主导空间，构成后的空间无方向性，主入口按环境条件可在其中任一个次要空间处。中央主导空间一般是规则式，尺寸较大，统帅次要空间，也可以其形态的特异突出其主导地位。

② 串联式构成　由若干单体空间按一定方向相连接，构成空间系列，具有明显的方向性，并具有运动、延伸、增长的趋势，构成时，具有可变的灵活性，容易适应环境的条件，有利于空间的发展。按构成方式不同，分为以下多种不同的串联形式：直线式、折线式、曲线式、侧枝式、圆环式等。

③ 放射式构成　集中式与串联式两种构成的结合。由主导的中央空间和向外辐射扩展的线式串联空间所构成，是外向性图式。中央空间一般为规则式，外伸的长度、方位按功能或场地条件而定，其与中央空间的位置、方向的变化而产生不同的空间形态。

④ 组团式组合　一般将功能上类似的空间单元按照形状、大小或相互关系方面的共同视觉特征，构成相对集中的建筑空间，也可将尺寸、形状、功能不同的空间通过紧密的连接和诸如轴线等视觉上的一些规则手段构成组团。它具有连接紧凑、灵活多变、易于增减和变换组成单元而不影响其构成的特点。

2）建筑体量构成

人们首先是从外部感知建筑的形体，而后才逐步体验到内部空间的构成。当构成建筑内部空间形态时，必然同时构成建筑的外部体量形态，建筑体量的相互联系又构成建筑的外部空间形态。所以，建筑体量是其内部空间构成的外部表象，是空间构成的成果。二者是共生的，不可分的，具有正面的反转关系。建筑基本形体有立方体、柱体、锥体、球体。任何复杂的建筑形体均可简化为基本形体的组合。建筑的基本形体为最简单的几何体，其特点是单纯、精确、完整，富有逻辑性。它们各自具有明显的不同的视觉表情和强烈的表现力，容易使人感知和理解。

建筑体量的构成方式可分为以下几种：

（1）基本形体自身在三个向度的变量，进行大小、形状、方向的改变。

（2）基本形体之间相对关系的改变。

（3）多元基本形体组合方式的改变。

形体的视觉特性有下面几种。

（1）形状　体的表面和外轮廓的综合，体形式的主要辨认特征。

（2）尺寸　体在长、宽、高三维方向的度量值，确定体的比例关系。

（3）位置　体在环境中所处的地位。

（4）方位　体与地面、方向和观察者的相对地位。

（5）重心　体与支承面的相对关系，表达其稳定性的程度。

（6）色彩　体与周围环境区别的属性之一，包括色相、明度、彩度。

（7）质感　体表面的触觉和视觉特点、反射光线的能力。

在人类文明史的发展进程中,人们不断地通过各种方式征服自然、改造自然,以获得更好的物质和精神生活,建筑正是这一过程中的产物。从原始人为遮风避雨、抵御野兽侵袭搭起的简陋的窝棚开始,古往今来,建筑的形式和类型一直在不断地变化和丰富着,建筑的建造技术和所使用的建筑材料也经历了极大的变化。但不论哪个时期的建筑,不论是何种建筑,究其根源,其最终的建造目的都是为了提供适合人们某种特定活动的场所——空间。因此从原始人类到现代人的建筑实质都是为了这一目的。

2.3 建筑空间

2.3.1 人与空间

1) 人对空间的感受

对于空间的认知,最初源自于人类本能的寻求。例如,炎热的夏天里,人们自然会选择躲在树荫下;寒冷的冬天,人们则会靠在既背风又有阳光的这一侧墙上。人们的这些行为实际上就是对各种不同空间的利用(图2.3.1)。不论是在自然环境中还是在人工构筑物中,人们总能够利用各种不同的手段来获取自己需要的空间。在不同空间中人们将获得不同的感受。因此,空间中隐含着与人息息相关的性质,包括人的行为、情感和灵性。

图2.3.1 人对空间的感受

空间是与实体相对存在的,其形式受实体的影响。人们利用各种实体,以围合或分隔的方法来获得所需要的空间。建筑空间就是因人的需要设立的,它满足人多方面的需求,同时也构成了对人行为的规范限定,使人产生不同的感受。

2) 建筑空间

(1) 建筑空间的界定

建筑是一种空间,但并不是所有的空间都是建筑。所谓空间,涉及的范围很广,大到整个宇宙,小到微观世界,都属于空间。建筑是一种人类社会所特有的事物。一般情况下,建筑空间是指供人们的各种具体的、特定的生活活动而用人为手段所限定的空间。其中,有人类的主观加工是一个关键。

人类最初建造建筑的目的是为了防止自然界的各类侵袭,以获得安全的室内环境。由此产生了室内外空间的区别。建筑物中的各个实体,包括墙体、柱子、栏杆等都可成为一种边界,构成空间延续中的某种限定。建筑物的内部空间是由屋顶、地面、四面墙壁等围合起来的六面体。由这六个界面界定出内外空间是比较明显的(图2.3.2),但也有较为复杂的情况(图2.3.3)。就建筑空间中各界面对使用功能的影响而言,通常人们将有无屋顶顶盖作为区分建筑内、外空间的重要标志,其原因大致有三:

① 从满足基本物质功能来说,围合建筑空间的六个界面中,以顶界面对风、雨、雪等外界干扰的封闭性最强。

② 从人类的心理来说,首先有了顶界面,人们便会对该空间产生安全感。另外,明度对于人的内外空间感觉影响极大,外界光线强烈,内部空间光线相对较弱,而顶界面的存在与否对光线的强弱起着决定性的作用。

③ 空间是界面之间相互作用产生的一种"场",由于地面本身可以作为天然的底面,所以只要有一定的顶界面,就自然会产生一种"场"的感觉。

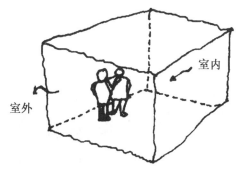

室外

室内

图 2.3.2 室内外的区别

图 2.3.3 空间的界定

（2）建筑空间的构成要素

人类对客观事物的认知过程包括感觉、知觉、记忆、表象、思维等心理活动，顺应这一认知过程，一般事物都由表面形态、内部结构和内在含义等几个方面组成，建筑空间也不例外，包括形态、结构和含义等构成要素。

① 形态　建筑空间的形态是指空间的表面特征和外部形式。空间的方位、大小、形状、轮廓、虚实、凹凸、色彩、质感、肌理以及组织关系等可感知的现象都属于建筑空间的形态。点、线、面和体是建筑空间造型的构成元素，建筑的整体造型就是这些元素在空间中的凝结与汇聚。另外，建筑空间形态根据其表面特征和呈现出来的态势，还有动态与静态、开放与封闭、确定与模糊等几种表现形式。作为建筑空间环境的基础，空间形态决定着空间的整体效果，对空间环境气氛的塑造起关键性作用。故此，建筑空间形态构成一直是建筑创作的焦点。建筑具体的形态构成与时代、地域、民族、服务对象以及建筑师个人等多方面因素有关，这些因素稍许不同，建筑空间形态也会表现各异。

② 结构　空间的结构，是指各功能系统间的一种组合关系，是隐含于空间形态中的组织网络，是支撑空间体系的几何构架。建筑空间结构不是自然形成的，而是人为构成的。它是设计师根据空间的逻辑关系和功能的要求，并结合社会、文化、艺术等诸多因素而综合、提炼、抽象出来的空间框架，并借助这种框架来诱导人在空间中的行为秩序。

③ 含义　建筑空间的含义就是指空间的内在意义层面，属于文化范畴，主要反映建筑空间的精神向度，是建筑空间的社会属性。建筑空间与其他的艺术形式不同之处在于，它主要通过自身存在的价值和满足人的需求程度来传递情感，是借助于非语言形式来表达意义的。

同时，建筑空间的含义是不断发展变化的，是一个动态因素，它既取决于环境的创造者——设计者、建设者以及使用者所赋予建成环境的意义之多少，又取决于在使用和体验中所发生的一系列行为。建筑空间被赋予的含义将作为诱导因素，对身处其中的人的行为产生影响，而建成环境中发生的行为也是动态因素，两种因素相互影响、相互作用，彼此关联、不可分割，共同构成建筑空间的意义。

2.3.2　功能与空间

随着人类历史的发展，建筑的类型越来越繁多，功能更多样化。要解决好建筑的使用问题，就必须对其各个组成部分进行周密的分析，通过设计把它们转化为各种使用空间。从某种意义上说，不同的建筑类型，实际上是根据其功能关系的不同，对其内部各空间的形状、大小、数量、彼此关系等所进行的一系列全面合理的组织和安排。由此可以说，建筑的空间组织就是建筑功能的集中体现。

1）功能对单一空间的影响

房间是组成建筑的最基本单位，通常以单一空间的形式出现。根据不同的使用要求，空间的功能性各有不同。根据功能的要求确定空间的大小和形状是建筑设计中的基本任务之一。

（1）根据功能确定空间的大小

在设计的最初阶段，首先要确定房间的面积，即空间容积。不同功能的空间对应不同的人的活动尺寸和家具布置，从而产生相应的长、宽尺寸。同时，长宽的比例关系亦与该空间的使用内容有重要的联系。（图 2.3.4～图 2.3.7）

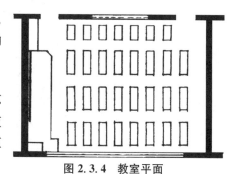

图 2.3.4　教室平面

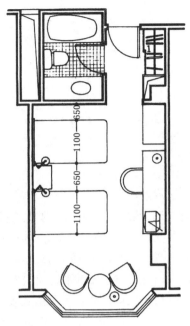

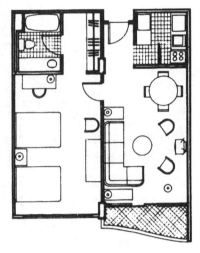

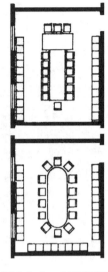

图 2.3.5　旅馆标准客房平面　　　　图 2.3.6　旅馆套房单元平面　　　　图 2.3.7　会议室平面

（2）根据功能确定空间的形状

矩形（包括方形）平面是建筑设计中采用最为普遍的一种,其优点是结构相对简单,易于布置家具或设备,面积利用率高。

圆形、半圆形、三角形、六角形、梯形等,以及某些不规则形状的平面多用于特定情况的平面设计中。同时,形状的选择也常与建筑的整体布局和结构柱网形式有关。（图 2.3.8、图 2.3.9）

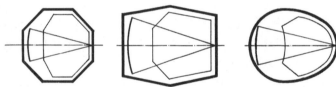
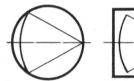

图 2.3.8　剧场观众厅平面

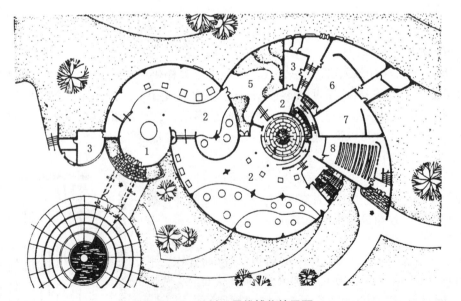

图 2.3.9　四川三星堆博物馆平面

剖面设计中,一般情况下空间的剖面大多也以矩形为主(图 2.3.10)。但由于某些特殊功能的要求或出于设计师对空间功能与艺术构思结合后的综合考虑,其剖面形状也会有特殊的设计(图 2.3.11)。

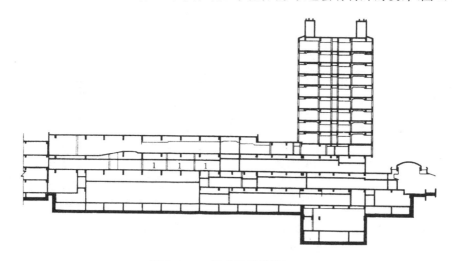

图 2.3.10　日本四季旅馆剖面

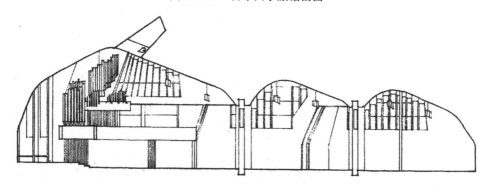

图 2.3.11　伏克塞涅斯卡教堂剖面

需要注意的是,单一空间的大小和形状的确定还与整个建筑的朝向、采光、通风、结构形式以及建筑的整体布局等多种因素相关,应结合各相关要素综合考虑。

2)功能对多空间组合的影响

建筑功能的合理性不仅要求单个空间具有合理的空间形式,同时还要求各空间之间必须保持合理的联系,即具有某种功能上的逻辑关系。作为一幢完整的建筑,其空间组合形式必须适合于该建筑的功能特点。因此,依照何种方式把若干单一空间组织起来,构成完整的建筑是建筑设计中的核心问题。

(1)根据人的活动要求分类

在对若干单一空间进行组织的过程中,人在建筑中的活动特点是重要的依据之一。按照人的活动要求,可对不同的空间属性作如下划分。

①流通空间与滞留空间　如办公楼设计中,走廊为流通空间,办公室为滞留空间,前者应保证通行便捷,后者则要求安静稳定,易于布置各类办公家具,有利于进行正常的办公活动。

②公共空间与私密空间　如住宅建筑设计中,起居室、餐厅等为公共空间,卧室为私密空间,书房、视听间、走廊等根据具体功能要求可分为半公共或半私密空间。其中,属于私密区域的空间应避免外来人员的直接进入或穿行,而公共空间则应具有良好的交通组织和适当的活动分区。

③主导空间与从属空间　如教学楼设计中,教室是主导空间,走廊、门厅、卫生间、茶水间等是从属空间。教室作为师生活动的主要场所,其大小、形状、位置、数量的确定对整个设计起到决定性作用。各从属空间则视其与主导空间的关系来确定其在建筑布局中的位置。

(2)根据空间组织形式分类

多空间组织的形式千变万化,但就其所反映出的不同功能联系的特点,可作如下划分。

41

① 并列关系(图 2.3.12) 各空间的功能相同或近似,彼此没有直接的依存关系,常采用并列式组织。由于多由走道将各空间联系起来,因此亦可称为走道式。这种组织形式将使用空间与交通空间明确分开,既保证各主要空间的独立使用,又可通过走道连成一体,从而使它们之间保持必要的功能联系。宿舍楼、教学楼、办公楼等建筑常采用这种形式(图 2.3.13)。

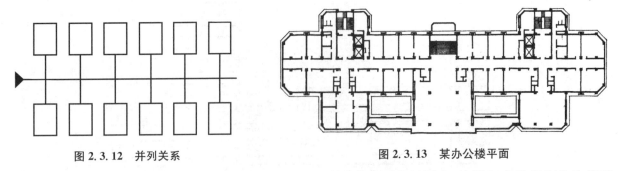

图 2.3.12 并列关系　　　　　　　　　　图 2.3.13 某办公楼平面

② 序列关系(图 2.3.14) 各使用空间在功能上有明确的先后使用顺序,按照相应的程序依次排列,形成一定的序列关系,以便合理地组织人流,实现空间功能目标,进行有序地活动。如候车楼、博物馆、展示性建筑等。

③ 主从关系(图 2.3.15) 各使用空间在功能上既有相互依存又有明显的隶属关系,多采用此种方式。往往以体量较大的主体空间为中心,其他附属或辅助空间环绕四周布置。如图书馆的大厅与各阅览室和书库的关系等(图 2.3.16)。

图 2.3.14 序列关系　　　　　　　　　　图 2.3.15 主从关系

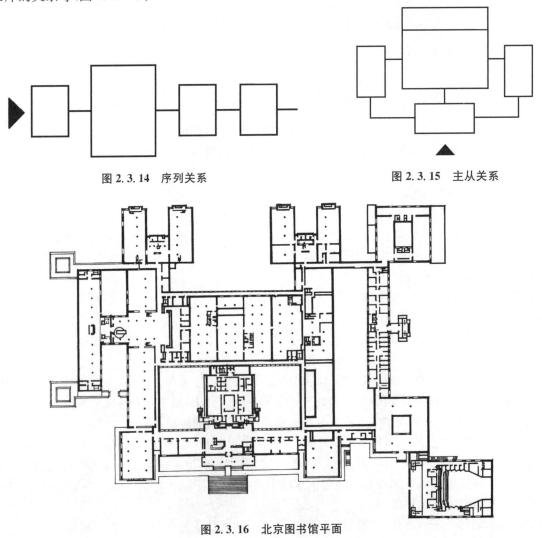

图 2.3.16 北京图书馆平面

④ 综合关系(图 2.3.17)　在建筑设计过程中,由于功能的多样性和复杂性,各空间的组合形式和位置的安排往往综合运用几种组合形式。如旅馆建筑中,客房部分为并列关系,公共活动部分则为主从关系等(图 2.3.18)。

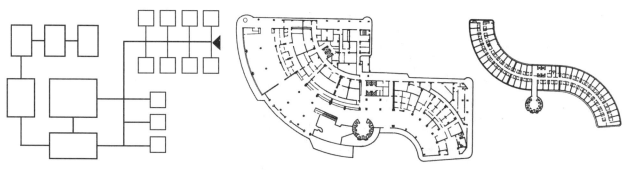

图 2.3.17　综合关系　　　　　　　　　图 2.3.18　上海华亭宾馆底层平面及标准层平面

2.3.3　建筑空间的处理

从功能与空间的关系中我们看到,在建筑设计中,根据功能需要来组织空间是十分必要的。但人对建筑不仅有物质功能方面的需求,还有精神感受和审美方面的需要。所以在同样的功能要求下,就需要采用不同的空间处理手法,以表现出不同的结果和性格特征。

社会中的人的活动是多种多样的,那么人的行为与建筑所构成的空间环境之间就不仅仅只存在着一种关系;同时,建筑环境反过来又会影响人的行为。人与空间的相互影响使建筑空间尤其是内部空间的处理显得十分重要,它将直接影响到人们在使用建筑过程中是否方便和精神是否愉悦。因此,在符合功能要求的前提下,建筑师还应该具备对建筑空间的处理能力,以满足人们对建筑在精神感受和审美方面的要求。

1) 空间各要素的限定

建筑空间的形成是由各种不同形式的实体以不同的限定方式所构成的。实体与空间之间存在不可分割的联系。实体的形式及限定的方式的不同,会使空间产生不同的艺术效果。

(1) 水平要素的限定

通过建筑的顶面或地面等不同形状、材质和高度的变化对空间进行限定,以取得水平界面的变化和不同的空间效果(图 2.3.19～图 2.3.24)。

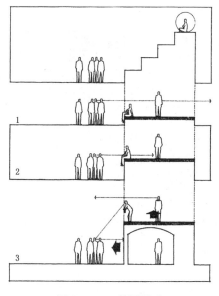

图 2.3.19　基面抬升

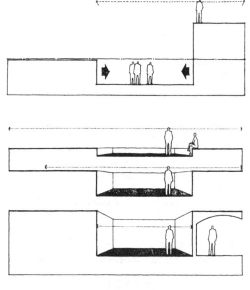

图 2.3.20　基面下沉

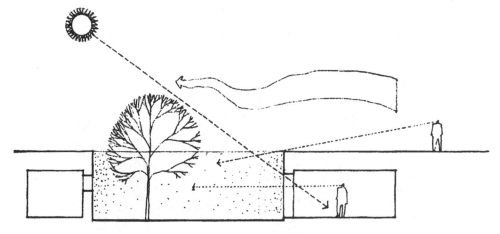

图 2.3.21 地面下沉

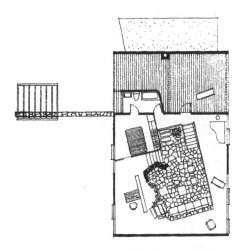

图 2.3.22 马萨诸塞州海滨住宅

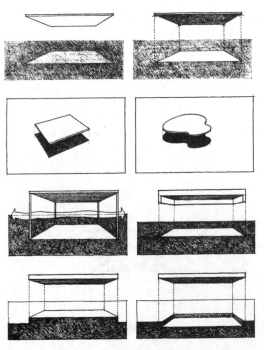

图 2.3.23 顶面要素的限定

图 2.3.24 沃尔夫斯堡教区中心

（2）垂直要素的限定

通过墙、柱、屏风、栏杆等垂直构件的围合形成空间，构件自身形式、材质等特点以及围合方式的不同可以产生不同的空间效果（图2.3.25～图2.3.29）。

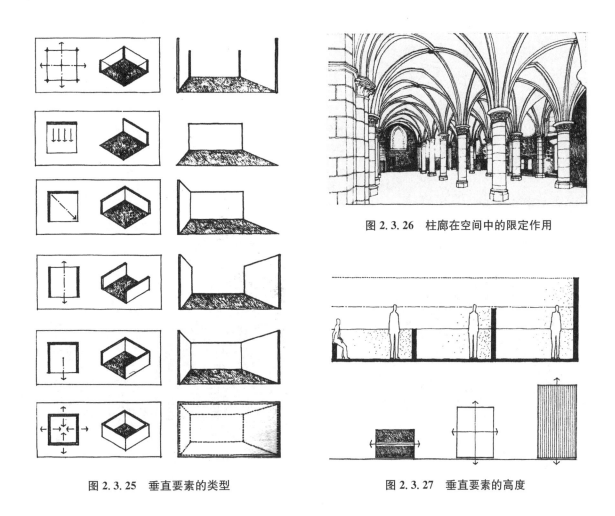

图2.3.25　垂直要素的类型

图2.3.26　柱廊在空间中的限定作用

图2.3.27　垂直要素的高度

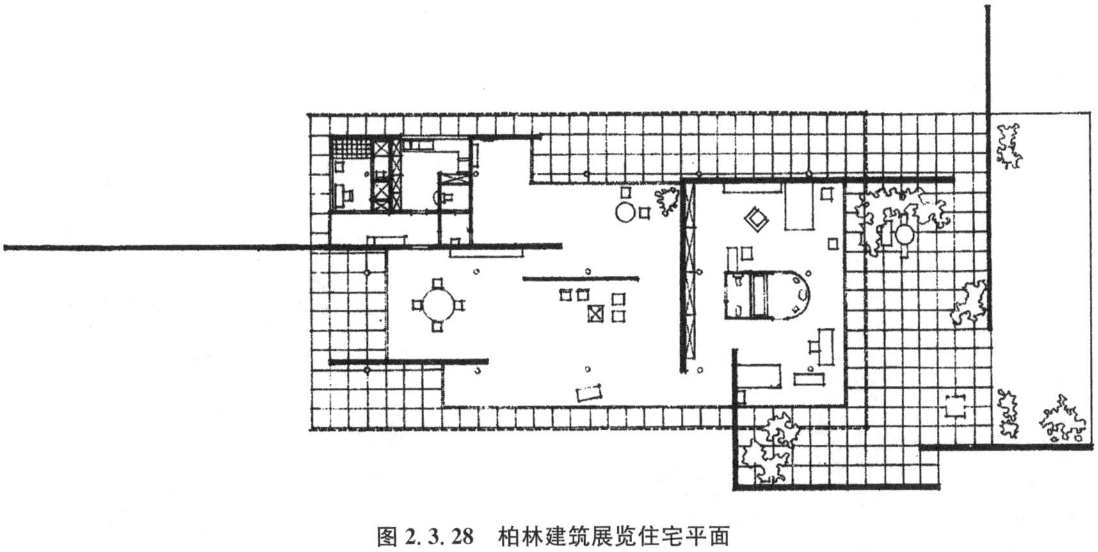

图2.3.28　柏林建筑展览住宅平面

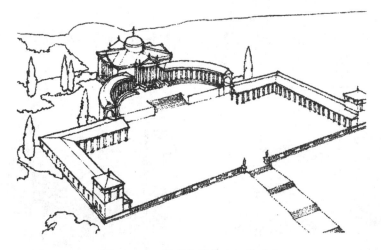

图 2.3.29 梅莱多的特里西诺别墅

（3）各要素综合限定

建筑空间作为一个整体，在通常情况下是同时由水平和垂直等各类要素综合实现空间形式的。因此，各要素应综合运用，相互分配，以取得特定的空间效果。其手法的表现是多种多样的(图 2.3.30)。

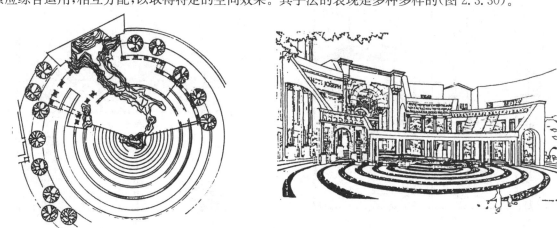

图 2.3.30 美国新奥尔良意大利广场

2）空间的围与透

在建筑空间中，围合与通透的处理是表达空间艺术的重要手段之一。围与透是相对的，围合程度越强，通透性则越弱。反之亦然。因此，根据单一空间自身或多个空间相互之间的关系，利用不同程度的围透处理可以创造出生动的空间艺术效果(图 2.3.31～图 2.3.33)。

图 2.3.31 纽卡纳安玻璃住宅

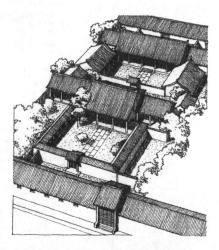

图 2.3.32 北京四合院民居

图 2.3.33　莫瓦萨修道院回廊

3）空间的穿插与贯通

（1）空间的穿插

处理相邻的空间或划分单一空间时，以界面在水平方向上的穿插、延伸，使各部分互相连通，彼此渗透，相互因借，可增强空间的层次感、流动感。被划分的各局部空间根据穿插中的交接部分的处理手法不同，获得各种强弱程度不同的联系，产生不同的效果（图 2.3.34、图 2.3.35）。

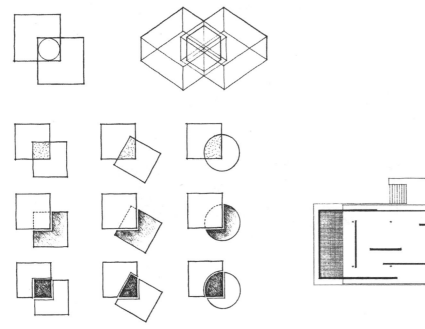

图 2.3.34　空间的相互穿插

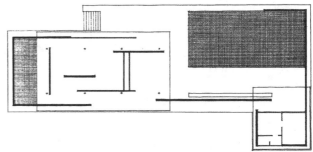

图 2.3.35　巴塞罗那国际博览会德国馆

（2）空间的贯通

空间的贯通是指根据建筑功能和审美的需要，对空间在垂直方向所做的处理。现代建筑技术的进步为大型建筑空间在垂直方向的处理提供了充分的手段。空间的上与下多层次的融合与贯通已经成为建筑师处理大型空间的一项重要手段（图 2.3.36、图 2.3.37）。

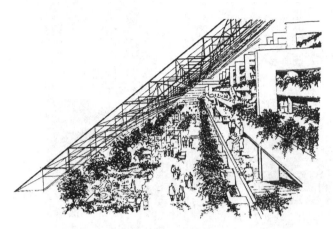

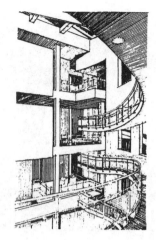

图 2.3.36　温哥华比·西省府和法院大厅　　　　　图 2.3.37　美国亚特兰大美术馆坡道共享大厅

4）空间的导向与序列

（1）空间的导向

空间导向是指在建筑设计中通过暗示、引导、夸张等建筑处理手法，把人流引向某一方向或某一空间，使人们可以循着一定的途径而达到预定的目标，从而保证人在建筑中的有序活动。空间导向的处理应自然、巧妙、含蓄，使人于不经意之中沿着一定的方向或路线由一个空间依次地走向另一个空间。建筑各构件，如墙、柱、门洞口、楼梯、台阶以及花坛、灯具等都可以作为其表现手段之一。举例如下。

① 墙　以弯曲的墙面把人流引向某个确定的方向，并暗示另一空间的存在。

② 楼梯　利用特殊形式的楼梯或特意设置的踏步，暗示出上一层空间的存在。

③ 顶面（地面）　利用天花、地面处理，暗示出前进的方向。

就建筑艺术而言，导向处理是人与建筑的一种对话，人们在建筑师所采用的一系列建筑语言的启发引导下，产生了与建筑环境的共鸣，把他在建筑中的活动与建筑艺术欣赏有机地结合起来（图 2.3.38）。

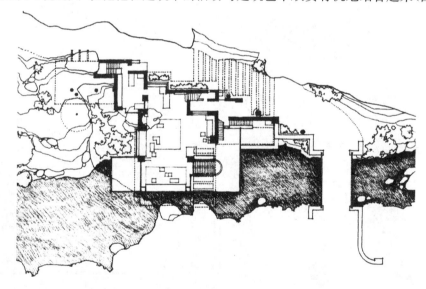

图 2.3.38　流水别墅

（2）空间的序列

正如一首大型乐曲一样，通过序曲和不同的乐章，逐步达到全曲的高潮，最后进入尾声；各乐章有张有弛，有起有伏，各具特色，同时又统一在主旋律之下，构成一个完美和谐的整体。在大型的建筑或较复杂的建筑群中，序列是建立空间秩序的重要手段之一，使建筑空间艺术在丰富变化中取得统一和谐。具体来说，空间序列组织是综合运用对比、重复、过渡、衔接、引导……一系列空间处理手法，把个别的、独立的空间组织成为一个有秩序、有变化、统一完整的空间集群。这种空间集群可以分为两种类型：一类呈对称、规整的形式;另一类呈不对称、不规则的形式。前一种形式能给人以庄严、肃穆和率直的感受;后一种形式则比较轻松、活泼和富有情趣。不同类型的建筑,可按其功能性质特点和性格特征而分别选择不同类型的空间序列形式。

建筑作为三维空间的实体,人们在其中活动时,是在连续行进的过程中,由一个空间走向另一个空间,逐一体验和感受,从而形成整体的印象。其中,时间是序列构成中一个极为重要的因素。因此,组织空间序列应把空间的变化与时间的连续有机统一起来,从而使人获得连续而又不断变化的视觉和心理体验。同时,正是这种时间上的连续和空间上的变化,构成了建筑艺术区别于其他艺术门类的最大特征,空间的导向和序列就是建筑这一时空艺术的具体体现(图2.3.39、图2.3.40)。

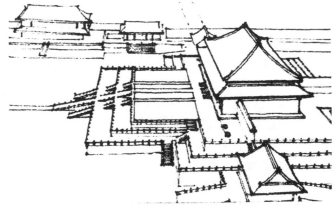

图 2.3.39　故宫建筑群

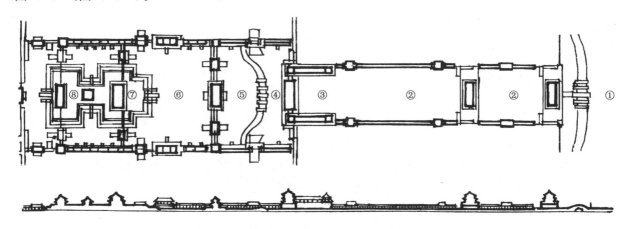

图 2.3.40　故宫空间序列分析

北京故宫主轴线上的外三殿所形成的时间—空间序列:
① 金水桥是这一空间序列的"前奏";
② 天安门、端门、午门以及其所处的狭长院落造成了形体和空间上的反复"收"、"放"和相似重复;
③ 午门以其三面围合的空间预示着另一"乐章"的开始;
④ 新"乐章"开始,金水桥又一次重复"前奏",但院落空间变大变宽;
⑤ 太和门在"收"的同时,通过台阶的上和下,预示高潮的到来;
⑥ 进入形状重复但规模扩大的太和殿主院落;
⑦ 太和殿宏伟的体量、高大的台基、开阔的空间,构成这一序列的高潮;
⑧ 中和殿、保和殿及其院落,在形体和空间的相似重复中逐渐减弱,接近"尾声"。

2.4　建筑构造与结构

2.4.1　概论

1)构造与结构

结构(structure)与构造(construction,composition,detail)虽然是不同的概念,两者之间却又有着一定的交叉和内在的关联。

通常,建筑构造被认为是研究建筑物的构造组成以及各构成部分的组合原理与构造方法的学科。其主要任务是在建筑设计过程中,综合考虑使用功能、艺术造型、技术经济等诸多方面的因素,并运用物质技术手段,适当地选择并正确地决定建筑的构造方案和构配件组成以及进行细部节点构造处理等。另一方面,构造问题还与"营造",或者说经营(设计)和建造(施工)这两个方面内容息息相关。因此可以说,构造设计不仅是建筑设计的一个重要组成部分,并且也是贯穿于整个建筑设计的过程之中。

无论是强调"构成"(composition)、细部(detail)还是"营造"(construction),构造设计都是与建筑的实体紧密联系在一起的,是将构想中的物象加以物化和具体化,并用图示语言表达出来。如果说建筑空间是现代人类生存和活动的主要场所,那么建筑物的物质实体正是构筑和界定空间的依托。而从实体的角度看,一个建筑物通常是由屋盖、楼地层、墙或柱、基础、楼梯电梯、门窗等几大部分组成(图2.4.1),这其中有些部分(如屋盖、楼地层、墙或柱、基础等)则是需要用来支撑荷载的——也就是说它们要确保建筑物在重力的作用下,在承受风吹雨打的情况下,也不能受到破坏或倒塌,并且还要使建筑物能持续保持良好的使用状态;这些部分就是建筑的支撑结构,或者说承重结构。

当然,很多情况下建筑中的结构也不仅仅是在起着支撑作用,这就如屋盖和墙体既是承重结构,同时又

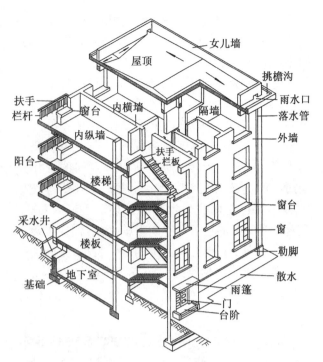

图 2.4.1 房屋的构造组成

起到分割室内外空间的围护作用。此外,我们还可能在日常生活中听到过诸如"房屋结构"和"围护结构"这样的说法,这其中的"结构"显然更应被理解为是在指代建筑物的整体或某种实体,是一种更为宽泛的结构概念。然而需要注意的是,结构最为基本的内涵则还是在于它是建筑物各构成部分之间抽象力学关系的反映,只是这种关系注定要通过具体的构造措施和建造活动来加以实现,并最终部分反映在建筑实体的可见形式之上。因此,建筑中的结构概念应该说是兼具抽象和具体这两方面的特点。

2)建筑物的构造组成及其作用

建筑实体作为室内外空间的中间屏障,必须同时适应其外部自然或人工条件变化的影响以及满足其内部的各种使用需要,因而便形成了自身复杂的系统形式与构造组成。

① 屋顶 除了承受由于雨雪或屋面上人所引起的荷载外,屋顶(屋盖)主要起到围护的作用,因此防水性能及隔热或保温的热工性能是它必须解决的主要问题。此外,屋盖的外形往往会对建筑物整体形式的确立有着至关重要的作用。

② 楼地层 提供使用者在建筑物中活动所需的各种平面,同时也将由此而产生的荷载传递到支承它们的垂直构件(如墙或柱)上去。其中地层(建筑物底层地坪)可以直接铺设在天然土上,也可以架设在建筑物的其他承重构件上。楼层则通常由梁和楼板所构成,它除了具有提供活动平面的作用外,还起着沿建筑的高度方向分隔空间的作用。

③ 墙(或柱) 在不同的结构体系的建筑中,屋盖和楼层等部分所承受的荷载将分别通过墙体或柱子传递到基础上。虽然墙体不一定会承重(当然还是要承受自身的重量),但无论承重与否,它往往还具有分隔空间和进行围护的功能。

④ 基础 建筑物最下部的承重构件,是与支承建筑物的地基直接接触的部分。而基础的状况既与其上部的建筑的状况有关,也与其下部的地基状况有关。

⑤ 楼梯与电梯 解决建筑物上下楼层之间联系的垂直交通工具,供人们上下楼和紧急疏散之用。

⑥ 门与窗 门窗主要起通风、采光、分隔和围护的作用,而门还可以用来提供交通,有着特殊要求的建筑则还需要相应的门窗具有一定的保温隔热和防火防盗功能。

除上述几个基本部分以外,一座建筑物还会因不同功能需要而具有阳台、雨篷、台阶和排烟道等其他组成部分;而组成建筑物的各个部分,按其功能归纳起来,则又可以进一步被归入结构支撑系统和被支撑

系统(包括围护和分隔等)这两个范畴。此外,还有许多与主体部分相关的其他系统,例如供水、照明、供气、供暖、空调和电信等。因此可以说建筑是一个由若干特定子系统所组成的大系统。

3)影响建筑构造的因素和设计原则

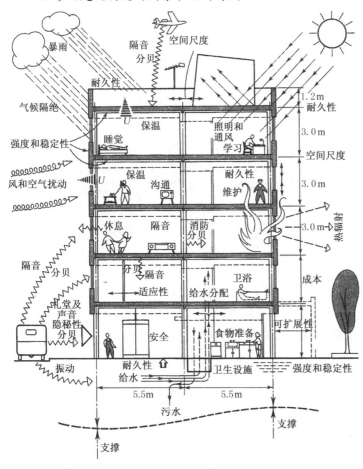

图 2.4.2　影响建筑构造的因素

（1）影响建筑构造的因素

建筑物处于自然环境和人为环境之中,必然会受到各种自然因素和人为因素的影响(图 2.4.2)。为了提高建筑物的使用质量和耐久年限,在建筑构造设计时,必须充分考虑各种因素的作用,尽量利用其有利因素,避免或减轻不利因素的影响,提高建筑物对外界环境各种影响的抵御能力,并根据不同因素的影响程度和特定需求,而采取相应的、合理的构造方案和措施。影响建筑构造的因素很多,归纳起来主要有以下几个方面。

① 自然与人工环境的影响

a. 外力作用的影响　作用在建筑物上的各种外力统称为荷载,一般情况下可分为恒荷载(也称永久荷载,如建筑物自重等)和活荷载(如人、家具、风雪及地震荷载)这样两类。荷载的大小不仅是建筑结构设计的主要依据,也是结构选型及构造设计的重要基础,起着决定构件尺度、用料多少的重要作用。

b. 气候条件的影响　建筑物处于不同的地理环境,各地的自然条件有很大的差异。而我国各地区地理位置及环境不同,气候条件有许多差异。太阳的辐射热,自然界的风、雨、雪、霜、地下水等构成了影响建筑物的多种因素。故在进行构造设计时,应该针对建筑物所受影响的性质与程度,对各有关构、配件及部位采取必要的防范措施,如防潮、防水、保温、隔热、设伸缩缝、设隔蒸汽层等等,以防患于未然。

c. 各种人为因素的影响　人们在生产和生活活动中,往往遇到火灾、爆炸、机械振动、化学腐蚀、噪声等人为因素的影响,故在进行建筑构造设计时,必须针对这些影响因素,采取相应的防火、防爆、防振、防腐、隔声等构造措施,以防止建筑物遭受不应有的损失。

② 建筑技术条件的影响

建筑技术条件通常是指建筑所处地区的建筑材料技术、结构技术和施工技术等条件。随着人类技术的发展,建筑构造和结构技术也在不断进步。而建筑构造措施一方面不能脱离一定的建筑技术条件,而另一方面却也没有一成不变的固定模式。因而在设计中就时常需要以构造原理为基础,在合理利用原有的、标准的、典型的建筑做法的同时,又不断发展或创造出新的解决方案。

③ 社会条件的影响

随着社会的发展和人们生活水平的日益提高,人们对建筑的使用要求也不断提出新的要求,并更趋多样性。而使用要求的变化和多样性也对建筑构造设计提出了更高的要求,从而需要更加全面和综合地考虑各种社会因素和经济条件。例如,在材料选择和构造方式上既要降低建造过程中的材料、能源消耗,又要降低使用过程中的维护和管理费用,以满足建筑物的使用要求。此外,在建筑构造设计中,满足使用者的生理和心理需求也非常重要,如果说前者主要是人体活动对构造实体及空间环境与尺度的需求(如门洞、窗台及栏杆的高度;走道、楼梯、踏步的宽度;家具设备尺寸以及建筑构造所形成的内部使用空间热、声、光物理环境和尺度等),那么后者则主要是指使用者对构造实体、细部和空间尺度的审美心理需求等。

(2) 建筑构造的设计原则

安全、适用、美观和经济是建筑物应达到的基本标准,是从整体到细节都应追求的综合目标。因此,在进行建筑构造设计时应遵循以下基本原则:

① 将建筑物放到特定的环境和系统中去加以研究,注重系统各个层次相互间的联系,把握需要解决的主要矛盾和矛盾的主要方面。而这正是决定设计质量的关键所在。

② 遵守现行的建筑法规和规范。法规和规范是针对行业中的普遍情况制定的最基本的要求和标准,而设计要满足规范要求则是最基本的准则。这是因为法规和规范可以帮助我们克服认识的局限性和片面性,避免不必要的疏漏。当然,随着社会的发展和科学技术的进步,法规和规范也会不断得以更新和发展。

③ 遵守一定的模数制度。模数制度是一种数字的组织原则和协调原则,它不仅是人为选定的尺寸单位和尺度协调中的增值单位,也是建筑设计和建造过程中各有关部门进行尺寸协调的基础。而遵守统一的模数制有利于构件的标准化生产和提高通用性,有利于设计中构件的定位及相互协调和连接,也有利于实现建筑的工业化和可维护性。

④ 注意可持续性的发展。可持续性的发展是当今人类用来解决自身长期生存问题所采取的重要对策。作为人工环境的重要组成部分以及与人类生活休戚相关的建筑物,也必须纳入这样的良性循环的轨道。在进行建筑物的构造设计时,应该综合考虑其在建造及长期使用过程中所涉及的相关问题,例如环保、节能、可重复改造使用等等。

4) 建筑与结构

在坚固、适用和美观的建筑三要素中,可以说满足"坚固"所需要的建筑物部分就是结构,并且结构是基础;因为没有"坚固"就没有建筑物,因此也就没有"适用",同样也不可能有"美观"。

事实上,所有的建筑物中都含有结构,结构的作用是通过传导施加在各种构件上的力来支撑整个建筑物,而这些力通常是从作用点一直传递到建筑物基础下的地基上去。应该看到的是,支撑系统和被支撑系统之间有时是完全分开的(如柱子与不承重的隔墙),有时则又是融为一体的(如承重墙),而更多的情况下一个建筑物正是由结构构件、非结构构件和具有综合功能的构件所组成的综合体。因此,可以说结构形式与整体意义上的建筑形式密切相关。

除此之外,建筑创作的过程与结构也是分不开的。一名成熟的设计师在建筑方案的起始阶段就会考虑这样一些问题:该建筑采用什么结构类型,这样的结构形式是否满足建筑功能方面的各种要求,它本身是否经济合理,对建筑空间体型及其建筑风格的艺术表现又会带来什么影响。而在现代建筑设计中,结构的运用会遇到来自各个方面的矛盾,如建筑的使用空间大小与形状组合方式之间的矛盾,与建筑的采光、通风、排水、排气等要求之间的矛盾,与建筑物给排水、电气照明、工艺等设备布置之间的矛盾,与建筑材料、施工条件及其技术水平之间的矛盾,与建筑工程的投资、建筑经济要求之间的矛盾,与建筑体系及其工业化生产方式之间的矛盾,与建筑构图中对空间、体量、比例、尺度等美学要求之间的矛盾等。然而需要注意的是,解决矛盾的过程既是一种挑战,也是设计创作的前提和机遇。归根结底,结构的配置和运用会影响到建筑设计与建造的各个方面。

2.4.2 建筑材料与结构体系

1) 常用建筑材料

建筑材料是用于建筑物的各个部位及各种构件上的材料。正因为任何建筑都是由若干类型的材料所组成,因此材料是一切设计和建造活动的基础,它不仅赋予建筑物各种功能,同时也能带给人一系列感官体验——或坚硬,或柔软,或冰冷,或温暖,或粗糙,或光滑,或灰暗沉闷,或光彩夺目。

而从建筑构造和结构的角度出发,需要对各种常用的建筑材料的基本性能作如下了解:

材料的力学性能——有助于判断其使用及受力情况是否合理。

材料的其他物理性能(防水、防火、导热、透光等)——有助于判断是否有可能符合使用场所的相关要求或采取相应的补救措施。

材料的机械强度以及是否易于加工(即易于切割、锯刨、钉入等特性)——有助于研究用何种构造方法实现材料或构件间的连接。

(1) 砖石

砖是块状的材料,一般分为烧结砖和非烧结砖两类。前者是以黏土、页岩、煤矸石等为主要原料,经烧制成的块体;后者则以石灰和粉煤灰、煤矸石、炉渣等为主要原料,加水拌和后压制成型,再经蒸汽养护而形成块材(图2.4.3)。

石材是一种天然材料,其品种非常多,最常见的有花岗石、玄武岩、大理石、砂岩、页岩等;而按其成因则可分为火成岩、变质岩和沉积岩。其中火成岩(以花岗石为代表)系由高温熔融的岩浆在地表或地下冷凝所形成;变质岩(以大理石为代表)系为先期生成的岩石因地质环境的改变,发生物质成分的迁移和重结晶而形成新的矿物组合;而沉积岩(以砂岩和页岩为代表)系由经风化作用、生物作用和火山作用而产生的地表物质,经水、空气和冰川等外力的搬运、沉积固结而形成(图2.4.4)。

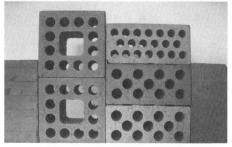

图 2.4.3　烧结砖和非烧结砖

图 2.4.4　花岗石与大理石

砖、石都是刚性材料,抗压强度高而抗弯、抗剪性能较差。长期以来,砖都是低层和多层房屋的墙体砌筑材料的主要来源。但因普通黏土砖的生产需大量消耗土地资源,因此用新型墙体材料来取代它正成为当前设计和建造工作中的一个主要趋势。而石材经人工开采琢磨,可用作砌体材料或用作建筑面装修材料。其中火成岩质地均匀,强度较高,适宜用在楼地面;变质岩纹理多变且美观,但容易出现裂纹,故适宜用在墙面等部位;沉积岩质量较轻,表面常有许多孔隙,最好不要放在容易受到污染,需要经常清洗的部位。还要注意的是,天然石材在使用前应该通过检验,令放射物质的含量在法定标准以下。此外,碎石料经与水泥、黄砂搅拌制成混凝土,在建筑上有着更为广泛的用途。

(2) 混凝土

混凝土是用胶凝材料(如水泥)和骨料加水浇注结硬后制成的人工石,在建筑行业中也常常将其写作"砼"(音同"同")。其中的骨料包括细骨料(如黄砂)和粗骨料(如石子)两种。在工程中,内部不放置钢筋的混凝土叫做素混凝土,内部配置钢筋的混凝土叫做钢筋混凝土。而这两种材料的力学性能却有着很大的差别。

由于素混凝土也是一种刚性材料,因此其抗压性能良好,而抗拉和抗弯的性能较差。而钢筋混凝土(图2.4.5)则是一种非刚性材料,因为钢筋和混凝土有良好的黏结力,温度线膨胀系数又相近,所以可以共同作用并发挥各自良好的力学性能——钢筋主要用于抗拉,混凝土则用于抗压。

图 2.4.5　钢筋混凝土

混凝土的耐火性和耐久性都好,而且通过改变骨料的成分以及添加外加剂,可以进一步改变其他方面的性能。例如将混凝土中的石子改成其他轻骨料,像蛭石、膨胀珍珠岩等,可制成轻骨料混凝土,改善其保温性能。又如在普通混凝土中适量掺入氯化铁、硫酸铝等,可增加其密实性,提高防水的性能。

正是由于素混凝土抗压性能良好,故常用于道路、垫层或建筑底层实铺地面的结构层。而钢筋混凝土可以抗弯、抗剪和抗压,故作为结构构件被大量应用在建筑物的支撑系统中。

（3）钢材和其他金属

常用的钢材按断面形式可分为圆钢、角钢、H 型钢、槽钢,以及各种钢管、钢板和异型薄腹钢型材等（图 2.4.6）。

虽然钢材有良好的抗拉伸性能和韧性,但若暴露在大气中,则很容易受到空气中各种介质的腐蚀而生锈。同时,钢材的防火性能也很差,一般当温度到达 600℃左右时,钢材的强度就会几乎降到零。因此,钢构件往往需要进行表面的防锈和防火的处理,或将其封闭在某些不燃的材料如混凝土中,才能很好地被利用。

钢材在建筑中主要是用作结构构件和连接件,特别是需要受拉和受弯的构件。某些钢材如薄腹型钢、不锈钢管和钢板等也可用于建筑装修。

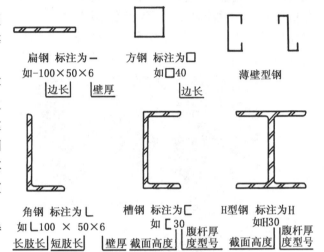

图 2.4.6　常用型钢断面形式及其表达

除了钢材以外,常用的金属建筑材料还有铝合金、铸铁、铜和铅等。其中,铝合金在建筑中主要用来制作门窗、吊顶和隔墙龙骨以及饰面板材;铸铁则可以被浇铸成不同的花饰,主要用于制作装饰构件如栏杆等（因为耐气候性较好,可以长期暴露于室外而少有锈蚀）;铜材除用作水暖零件和建筑五金外,还可用作装饰构件;而铅可用作屋面有突出物或管道处的防水披水板。

（4）天然木材

众所周知,木材是一种天然材料。由于树干在生长期间沿其轴向（生长方向）和径向（年轮的方向）的细胞形态、组织状态都有较大的差别,因此树木开采加工成木材后,明显具有各向异性的特征。

天然木材的顺纹方向,即沿原树干的轴向,具有很大的受拉强度,顺纹受压和抗弯的性能都较好。但树木顺纹的细长管状纤维之间的相互联系比较薄弱,因此沿轴向进入的硬物容易将木材劈裂,即便是在木材近端部的地方钉入一颗钉子,也可能使该处的木材爆裂。此外,这些管状纤维的细胞壁受到击打容易破裂,因此重物很容易在木材上面留下压痕。木材的横纹方向,即沿原树干的径向,强度较低,受弯和受剪都容易破坏,再加上一般树木的径围都有限,沿径向取材较难,因此,建筑工程中一般都不直接使用横纹的木材（图 2.4.7）。

作为天然材料,木材本身具有一定的含水率,加工成型时除自然干燥外,还可进行浸泡、蒸煮、烘干等处理,使其含水率被控制在一定范围内。尽管如此,木材的制品往往还是会随空气中湿度的变化而产生胀缩或翘曲,如木地板在非常干燥的天气里会发生"拔缝"的现象就是由于这个原因。一般来说,木材顺纹方向的胀缩比横纹方向的要小得多。此外,木材是易燃物,长期处在潮湿环境中又易霉烂,同时还有可能产生蚁害,因此木材在设计使用时应注意防火、防水和防虫害等方面的处理。

由于树种不同,各种不同的木材硬度、色泽、纹理均不相同,在建筑中所能发挥的作用也不同。在过去

图 2.4.7 顺纹木料

很长一段时间内,现代建筑中的木材多用来制作门窗、屋面板、扶手栏杆以及其他一些支撑、分隔和装饰构件;而目前采用木材作为主体结构材料的建筑则越来越多。

(5) 玻璃和有机透光材料

玻璃是天然材料经高温烧制的产品,具有优良的光学性质,透光率高,化学性能稳定,但脆而易碎,受力不均或遇冷热不匀都易破裂。

为了提高玻璃使用时的安全性,可将玻璃加热到软化温度后迅速冷却制成钢化玻璃,钢化玻璃强度高,耐高温及温度骤变的能力好,即便破碎,碎片也很小且无尖角,不易伤人。此外,还可在玻璃中夹入金属丝做成夹丝玻璃,或在玻璃片间加入透明薄膜后热压黏结成夹层玻璃,这类玻璃破坏时裂而不散落。钢化玻璃、夹丝玻璃和夹层玻璃都是常用的安全玻璃。

玻璃在几何形态上则可分为平板、曲面、异形等几种。除了最常用的全透明的玻璃外,还可通过烤漆、印刷、扎花、表面磨毛或蚀花等方法制成半透明的玻璃。此外,为装饰目的研制的玻璃产品有用实心或空心的轧花玻璃做的玻璃砖,以及用全息照相或者激光处理,使玻璃表面带有异常反射特点而在光照下出现艳丽色彩的镭射玻璃等。另一方面,由于玻璃往往会在建筑外围护结构中占据相当的比例,因此,为改善其热工性能和隔声效果而研制出的产品有镀膜的热反射玻璃、带有干燥气体间层的中空玻璃等。

而有机合成高分子透光材料包括丙烯酸酯有机玻璃、聚碳酸酯有机玻璃、玻璃纤维增强聚酯材料等。它们的共同特点是具有重量轻、韧性好、抗冲动力强、易加工成型等优点,但硬度则不如玻璃,易老化,并且表面还易划伤。这类材料其成品可制成单层板材,也可制成管束状的双层或多层板,还可以制成穹隆式的采光罩或其他异型透明壳体。

正是由于具有上述的特点和性能,玻璃和有机透光材料在建筑中广泛应用于门窗、幕墙、隔断、采光天棚、雨篷和装饰等部分。

(6) 其他常用建筑材料

建筑中常用的材料还包括各类黏结材料(如砂浆、803 胶、环氧树脂胶粘剂),人造块材和板材(如加气水泥制品、加纤维水泥制品、轻骨料水泥),装饰材料(如装饰卷材、装饰块材、涂料、油漆),防水及密封材料,保温和隔声材料(两者同属容重小、内部富含空气的材料),以及其他高分子合成材料(轻质高强,导热系数小,如聚丙烯、聚乙烯、聚氯乙烯)等。

2) 材料与结构分类

通常情况下,一个建筑物可以按其主体承重结构所用材料之不同进行归类,例如:混凝土结构、砌体结构、钢结构、木结构和混合结构等。

(1) 砌体结构

如果一个建筑的竖向主体承重结构是用砖、天然石材和人造砌块等为块材,用砂浆等进行黏结砌筑,那么就可以称之为砌体结构。可以说,这种结构形式不仅有着悠久的历史,在当代建筑中仍然得到普遍而大量的应用。由于砌体构件大多是由抗压强度高的刚性材料制作而成,因此它常常又会是以墙承重体系(图 2.4.8)的面貌出现。砌体结构的主要优点有:

① 由于砌体结构材料来源广泛(黏土、石材等天然材料分布广,并且价格较水泥和钢材等更为低廉,而且煤矸石和粉煤灰等工业废料也同样可以直接用来制作块材),便于就地取材,因此在经济性和地域性等方面具有显著优势。

② 一般来说,砌体的保温和隔热性能等均比普通混凝土结构为好,节能效果显著。

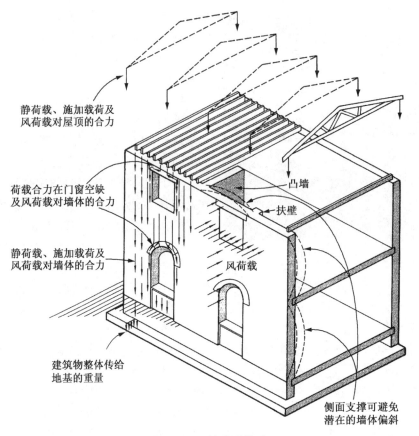

静荷载、施加载荷及
风荷载对屋顶的合力

凸墙

扶壁

荷载合力在门窗空缺
及风荷载对墙体的合力

静荷载、施加载荷及
风荷载对墙体的合力

风荷载

建筑物整体传给
地基的重量

侧面支撑可避免
潜在的墙体偏斜

图 2.4.8　墙承重体系

③ 在一定范围内,采用砌体结构可以大量节约钢材、水泥和木材等,故而也降低了造价,拓宽了应用范围。

④ 砌体结构具有良好的耐火性和耐候性,使用年限较长。

⑤ 砌体结构的施工工艺简单,不需要过高的技术要求和特殊的施工设备,因此更具有普遍意义。

尽管具有上述诸多优点,砌体结构的缺点也很明显,例如:

① 砌体材料的强度低,需要的构件截面尺寸较大,因此结构自重大。故而应尽可能采用轻质高强的新型块材。

② 砌体结构不仅是砌块材料自身耐压不耐拉,而且砌块与砌筑砂浆之间的黏结力也相对较弱,因此结构整体的抗拉、抗剪和抗弯等方面的强度较低,抗震性能较差。若要改进则可采用高黏结度的砂浆,以及采取配筋或施加预应力等措施。

③ 同样是受砌体材料特性的影响和抗震的要求,现行规范对于采用砌体结构的建筑的布局、开间、洞口设置、纵横墙定位以及上下层墙体对位关系等都有着严格的限制(图 2.4.9)。

④ 砌筑技术虽然简单,但工作繁重,劳动量大,生产效率低,故而更适用于劳动力资源丰富的地区。

（2）钢筋混凝土结构

钢筋混凝土是目前建筑工程中应用最为广泛的建筑材料,通常是和框架结构体系紧密联系在一起的,见图 2.4.10 所示。

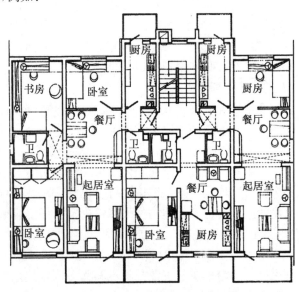

图 2.4.9　采用砌体结构的住宅平面

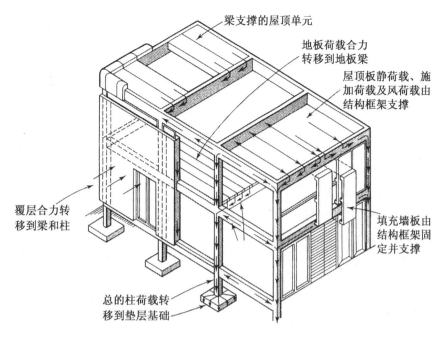

图 2.4.10　框架承重体系

钢筋混凝土这种混合材料让性能不同却具有互补性的钢材和混凝土得以各抒己长并协同工作,因此具备了以下优点:

① 因为主体材料是混凝土,而其中大量使用的砂、石等材料能够方便地就地取材,甚至还可以将诸如粉煤灰、矿渣等工业废料进行再利用,因此具有较好的经济性。

② 相对于砌体结构而言,现浇的钢筋混凝土结构的整体性好,又具有较好的延性,适用于抗震、抗暴结构;并且钢筋混凝土结构刚度较大,受力后变形也小。此外,钢混框架结构设计自由度大,房间的开间、布局、开窗以及立面形式比较灵活(图 2.4.11)。

③ 与钢结构和木结构相比,钢筋混凝土结构有较好的耐久性和耐火性,维护费用也较低。

④ 可以形成具有较高强度的结构构件,特别是在现代预应力技术应用以后,可以在更大的范围内取代钢结构,从而降低了工程造价。

⑤ 一般情形下,钢筋混凝土比其他材料更易于做成具有不规则形状的构件和结构,因此我们可以根据设计的需要而将混凝土结构塑造成各种类型的建筑形式。

当然,钢筋混凝土结构也相应存在一些缺点,例如:

① 自重大。可以采用轻骨料、高强度水泥、预应力等技术措施进行改进,或者选用拱和薄壳等受力更合理的结构形式以减小自重。

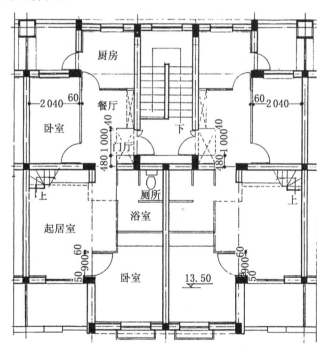

图 2.4.11　采用钢筋混凝土框架结构的住宅平面

② 抗裂性差。混凝土结构抗拉强度很低,虽然配置了钢筋,但对于构件局部的抗裂能力而言提高有限,因此受力后容易产生裂缝(虽然一般对安全性不会产生直接影响,但却给构件的耐久性等带来不利影响)。改进措施可以采用预应力混凝土。

③ 费工费模。是因为浇筑混凝土需要大量的模板,特别是以前多采用木模板,更是耗费大量木材,以

及施工时工序多、受季节气候条件限制和影响大等。现在则可通过采用钢模板、预制塑料模具,甚至是在工厂批量预制等措施加以改进。

（3）钢结构

钢结构是指由各类热轧或冷加工而成的钢板、钢管和型材构件通过适当的连接而组成的整体结构。由于钢结构具有强度高、容重小,以及加工和建造要求较为严格等方面的显著特点,因此它往往成为轻质高强结构的代表。具体而言,钢结构主要具有以下优点:

① 材料强度高,自重轻,塑性和韧性好,材质均匀,便于精确设计和施工控制。

② 具有优越的抗震性能。

③ 便于工厂生产和机械化施工,便于拆卸,施工工期短。

④ 建造过程污染较小,并且钢材可再生利用,因此在一定程度上符合建筑可持续发展的原则。

钢结构也有缺点,主要是

① 易腐蚀,需经常油漆维护,故日常维护费用较高。

② 钢结构的耐火性差,当温度达到 250℃时,钢结构的材质将会发生较大变化;当温度达到 500℃时,结构会瞬间崩溃,完全丧失承载能力。

③ 一次性投资相对较大,技术要求较高。

（4）木结构

顾名思义,木结构就是指单纯或主要用木材制作的结构。正因为木材是一种天然的有机材料,往往可以就地取材,并且具有较好的弹性和韧性,也易于加工,因此木结构在古今中外的建筑中得到了广泛应用,更是中国传统建筑中最重要的结构类型。但是很长一段时间以来,由于森林资源匮乏等原因,木结构的应用也受到极大限制,甚至退出了主流建筑的舞台。而随着现代林产业和工业技术的发展,木材的持续供应问题得以解决,深加工能力也大大提高,木结构又重新在世界范围内得以崛起。

与传统木结构以及其他结构类型相比,现代木结构具有以下特点:

① 从选材到建造的过程若严格按照科学方法进行,可以有效地解决防虫、防潮和防火问题。

② 木质材料和木结构韧性较大,抗震效果好;并且因自重较轻,震后危害也较小。

③ 相对钢筋混凝土结构等类型而言,木结构建筑在节能环保方面也具有很大优势;而若考虑建筑物的整个生命周期——即从建筑的原料开发、制造、运输、建造、使用,一直到拆除改造的全过程,则几乎还能逐一验证这种优越性所在。

④ 此外,木结构建筑还具有施工周期较短、保温隔热与隔声性能较好等优点。

（5）混合结构及其他

在另外一些情形下,设计师们还会将铝型材、玻璃、竹子甚至纸等作为建筑主体承重结构的主要材料。而这些结构类型虽然没有得到广泛应用,但却具有各自的优势和特定价值,并且正是人类生活之多样性和复杂性的具体反映。

如若一个建筑的主要承重结构材料是由两种及两种以上材料所构成,那么我们则可以称之为混合结构(在有些情形下,"混合结构"会被用来特指由砌筑墙和钢筋混凝土梁板柱所组成的建筑)。不难设想,一个真正意义上的混合结构不仅可以充分发挥不同材料的所长,并且还能够(至少在某种程度上)有效弥补相应结构类型原有的缺陷。

3）结构构件与单元

任何一个现实存在的建筑结构不仅是由若干种材料所组成,它必须还能够胜任相应的支撑作用——即完成力的传递,最终也会以某种特定的几何形式呈现在世人面前;因此从这个角度来说,"材料""力""几何"正是结构的三个基本要素,也说明我们还可以从材料以外的其他角度入手对于建筑结构进行归类认识。

这正如人们通常还会从"构件"的层面出发,也就是根据一个结构体所具有的几何与刚性特征(一种物理性能,以构件是刚性的还是柔性的为区分标准)来进行分类和命名。常见的结构构件包括梁、板、柱和拱,此外还有框架、桁架、薄膜、缆索等多种类型。而这些结构构件虽然可以单独进行承重,但往往还需要通过相互组合而形成更高一级的"结构单元"。例如,用四根立柱支撑一块平板就是一个典型的结构单元,类似的组合也会有很多种形式(图 2.4.12.a)。一个结构单元还可以被进一步划分为水平跨系统、竖向支承系统、侧向支撑系统这三个部分(图 2.4.12.b)。一般情形下会先由水平系统承受荷载(特别是屋面和楼板上的重力),再传递给竖向系统的墙或柱、基础等(图 2.4.12.c);而侧向系统的存在则是主要用来抵抗侧向荷载(如风力和地震作用)。

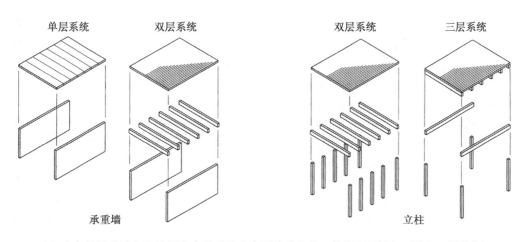

（a）在各种承重墙和立柱竖向支承系统中水平跨系统的一般类型(单层、双层和三层系统)。

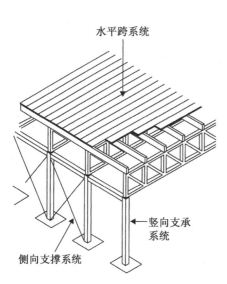

（b）构件的一般性组合。铺面板支承在有密置梁的次骨架系统上,后者又支承在间距较大的框架系统上。桁架和支承柱之间有一一对应的接头。

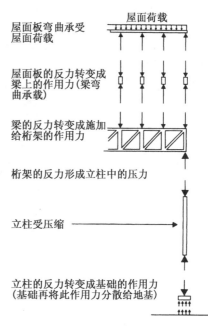

（c）铺面板将屋面荷载传给次梁。次梁将荷载传给桁架,再传给立柱。立柱再将荷载传给基础。这些力的转换是通过构件间的反力传递的。构件所处的位置愈低(愈靠近地基),其间的作用力愈大。

图 2.4.12　典型的结构单元

当然,更大和更复杂的建筑物还需要将若干结构单元集合在一起才能形成,但是从一个典型的结构单元身上我们就能看到建筑结构作为一个体系所具有的一些特点:由各种构件组成的,具有某种特征的有机体——这种整体特征不仅是由其各个组成部分所共同缔造,同时也决定了这些组成部分之间的相互关系。因此,若要进一步认识和处理结构问题,就不仅需要了解各种构件本身的特性,还要学会辨别它们之间的差异与联系,并抓住结构的整体特征。

从某种意义上讲,上述这些内容可以归结为是对于各种结构体系的辨别、认识和运用。事实上,关于结构体系的分类模式同样有很多,人们会根据不同的目的(如突出某一范畴内的主要特征)而将形形色色的结构类型加以区分、归类和命名,以便于比较和探讨。正如前述的根据主体结构材料进行划分就是一种常见的分类模式,而从结构构件和单元的角度来看,则可以大致区分出水平系统(构件)和竖向系统(构件)这两个部分——后面我们也将根据这种分类方式来逐一认识房屋的各个组成部分。

2.4.3 水平系统

1) 屋顶

(1) 屋顶的类型

① 平屋顶 平屋顶通常是指排水坡度不大于10%的屋顶,常用坡度为2%~3%(图2.4.13)。

$$坡度 = \frac{屋顶高度}{坡面水平长度} \times 100\%$$

(a) 挑檐平屋顶　　(b) 女儿墙平屋顶　　(c) 挑檐女儿墙平屋顶　　(d) 盝顶平屋顶

图 2.4.13　平屋顶的形式

② 坡屋顶 屋面坡度大于10%的屋顶被称为坡屋顶(图2.4.14)。

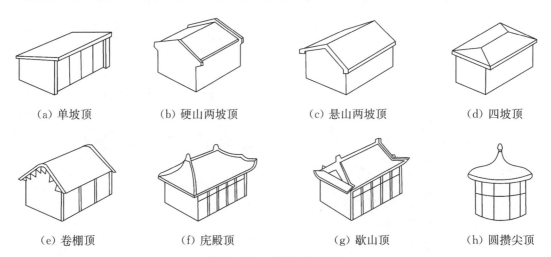

(a) 单坡顶　　　　(b) 硬山两坡顶　　　(c) 悬山两坡顶　　　(d) 四坡顶

(e) 卷棚顶　　　　(f) 庑殿顶　　　　　(g) 歇山顶　　　　　(h) 圆攒尖顶

图 2.4.14　坡屋顶的形式

③ 其他形式的屋顶 除平屋顶和坡屋顶之外,还有一些常用于较大跨度的建筑上的屋顶形式,如拱结构、薄壳结构、悬索结构、网架结构屋顶等(图2.4.15)。

(a) 双曲拱屋顶　　(b) 砖石拱屋顶　　(c) 球形网壳屋顶　　(d) V形折板屋顶

(e) 筒壳屋顶　　　(f) 扁壳屋顶　　　(g) 车轮形悬索屋顶　　(h) 鞍形悬索屋顶

图 2.4.15　其他形式的屋顶

（2）屋顶的设计要求

① 要求屋顶起良好的围护作用，具有防水、保温和隔热性能。其中防止雨水渗漏是屋顶的基本功能要求，也是屋顶设计的核心。

② 要求具有足够的强度、刚度和稳定性。能承受风、雨、雪、施工、上人等荷载，地震区还应考虑地震荷载对它的影响，满足抗震的要求，并力求做到自重轻、构造层次简单；就地取材、施工方便；造价经济、便于维修。

③ 满足人们对建筑艺术即美观方面的需求。屋顶是建筑造型的重要组成部分，中国古建筑的重要特征之一就是有着显著而多样的屋盖外形和精美的屋顶细部，现代建筑也非常注重屋顶的结构形式及其构造设计。

（3）屋顶排水设计

为了迅速排除屋面雨水，需进行周密的排水设计，其内容包括：选择屋顶排水坡度，确定排水方式，进行屋顶排水组织设计。

① 屋顶坡度选择　影响屋顶坡度的因素有很多，其中的主要两条是：

a. 屋面防水材料与排水坡度的关系。防水材料如尺寸较小，接缝必然就较多，容易产生缝隙渗漏，因而屋面应有较大的排水坡度，以便将屋面积水迅速排除。如果屋面的防水材料覆盖面积大，接缝少而且严密，屋面的排水坡度就可以选择更小一些的角度。

b. 降雨量大小与坡度的关系。降雨量大的地区，屋面渗漏的可能性较大，屋顶的排水坡度应适当加大；反之，屋顶排水坡度则宜小一些。

② 屋顶坡度的形成方法（图2.4.16）

a. 材料找坡　材料找坡是指屋顶坡度由垫坡材料形成，一般用于坡向长度较小的屋面。为了减轻屋面荷载，应选用轻质材料找坡，如水泥炉渣、石灰炉渣等。

b. 结构找坡　结构找坡是屋顶结构构件自身具有一定斜度，因此可以直接作为排水坡度。

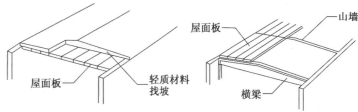

图2.4.16　屋顶坡度的形成

③ 屋顶排水方式

a. 无组织排水　无组织排水是指屋面雨水直接从檐口滴落至地面的一种排水方式，因为不用天沟、雨水管等导流雨水，故又称自由落水。主要适用于少雨地区或一般低层建筑，不宜用于临街建筑和较高的建筑。

b. 有组织排水　有组织排水是指雨水经由天沟、雨水管等排水装置被引导至地面或地下管沟的一种排水方式。在建筑工程中应用广泛。

④ 屋顶排水组织设计　屋顶排水组织设计的主要任务是将屋面划分成若干排水区，分别将雨水引向雨水管，做到排水线路简捷、雨水口负荷均匀、排水顺畅、避免屋顶积水而引起渗漏。一种常见的设计步骤为 a. 确定排水坡面的数目（分坡）；b. 划分排水区；c. 确定天沟所用材料和断面形式及尺寸；d. 确定水落管规格及间距。

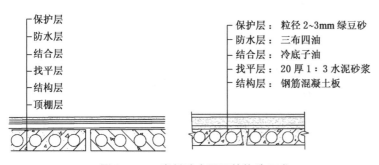

图2.4.17　卷材防水屋面的构造组成

（4）平屋顶构造

① 卷材防水屋面　卷材防水屋面，是指以防水卷材和黏结剂分层粘贴而构成防水层的屋面。卷材防水屋面所用卷材有沥青类卷材、高分子类卷材、高聚物改性沥青类卷材等。适用于防水等级为Ⅰ～Ⅳ级的屋面防水（图2.4.17）。

② 刚性防水屋面　刚性防水屋面是

指以刚性材料作为防水层的屋面,如防水砂浆、细石混凝土、配筋细石混凝土防水屋面等。这种屋面具有构造简单、施工方便、造价低廉的优点,但对温度变化和结构变形较敏感,容易产生裂缝而渗水。故多用于我国南方地区的建筑。

③ 涂膜防水屋面　涂膜防水屋面又称涂料防水屋面,是指用可塑性和黏结力较强的高分子防水涂料,直接涂刷在屋面基层上,从而形成一层不透水的薄膜层以达到防水目的的一种屋面做法。防水涂料有塑料、橡胶和改性沥青三大类,常用的有塑料油膏、氯丁胶乳沥青涂料和焦油聚氨酯防水涂膜等。这些材料多数具有防水性好、黏结力强、延伸性大、耐腐蚀、不易老化、施工方便、容易维修等优点。近年来应用较为广泛。这种屋面通常适用于不设保温层的预制屋面板结构,如单层工业厂房的屋面。在有较大震动的建筑物或寒冷地区则不宜采用。

④ 平屋顶的保温与隔热

a. 平屋顶的保温　保温材料多为轻质多孔材料,一般可分为这样三种类型:散料类、整体类、板块类。

保温层通常设在结构层之上、防水层之下。保温卷材防水屋面与非保温卷材防水屋面的区别是增设了保温层后,需要特别增加隔汽层。而设置隔汽层的目的是防止室内水蒸气渗入保温层,使保温层受潮而降低保温效果。

b. 平屋顶的隔热　常见的平屋顶的隔热方式有三种:通风隔热屋面、蓄水隔热屋面、种植隔热屋面。

通风隔热屋面是指在屋顶中设置通风间层,使上层表面起着遮挡阳光的作用,利用风压和热压作用把间层中的热空气不断带走,以减少传到室内的热量,从而达到隔热降温的目的。通风隔热屋面一般有架空通风隔热屋面和顶棚通风隔热屋面两种做法。

蓄水屋面是指在屋顶蓄积一层水,利用水蒸发时需要大量的汽化热,从而大量消耗晒到屋面的太阳辐射热,以减少屋顶吸收的热能,从而达到降温隔热的目的。

种植屋面是在屋顶上种植植物,利用植被的蒸腾和光合作用,吸收太阳辐射热,从而达到降温隔热的目的(图 2.4.18)。

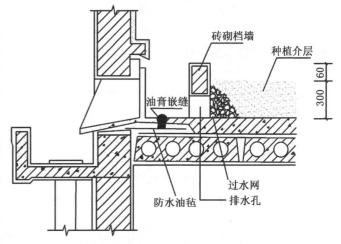

图 2.4.18　种植隔热屋面构造示意图

(5)坡屋顶构造

① 坡屋顶的承重结构类型　坡屋顶中常用的承重类型有横墙承重、屋架承重和梁架承重(图 2.4.19)。

(a)横墙承重　　　　　　(b)屋架承重　　　　　(c)梁架承檩式屋架

图 2.4.19　坡屋顶的承重结构类型

② 承重结构布置　以屋架承重为例,结构布置需要综合考虑屋架和檩条的设置,通常视屋顶形式而定(图 2.4.20)。

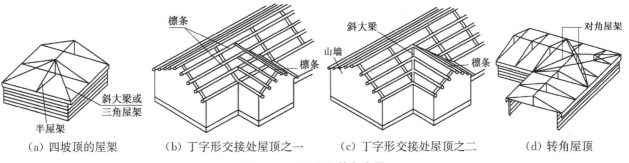

| （a）四坡顶的屋架 | （b）丁字形交接处屋顶之一 | （c）丁字形交接处屋顶之二 | （d）转角屋顶 |

图 2.4.20　屋架和檩条布置

③ 瓦屋面做法　虽然现代社会中坡屋顶的防水措施越来越多元化，但被广泛使用的瓦屋面无疑还是一个重要的选择。

一般而言，瓦屋面的名称会随瓦的种类而定，如块瓦屋面、油毡瓦屋面、块瓦形钢板彩瓦屋面等。基层的做法则会根据瓦的种类和房屋质量要求等因素综合决定。下面简单介绍三种不同的基层做法。

a. 冷摊瓦屋面　冷摊瓦屋面是在檩条上钉固椽条，然后在椽条上钉挂瓦条并直接挂瓦。这种做法构造简单，但雨雪易从瓦缝中飘入室内，通常用于南方地区质量要求不高的建筑（图 2.4.21.a）。

b. 木望板瓦屋面　木望板瓦屋面是在檩条上铺钉约 15～20 mm 厚的木望板（亦称屋面板），望板可采取密铺法（不留缝）或稀铺法（望板间留 20 mm 左右宽的缝），在望板上平行于屋脊方向干铺一层油毡，在油毡上顺着屋面水流方向钉 10 mm×30 mm、中距 500 mm 的顺水条，然后在顺水条上面平行于屋脊方向钉挂瓦条并挂瓦，挂瓦条的断面和间距与冷摊瓦屋面相同。这种做法比冷摊瓦屋面的防水、保温隔热效果要好，但耗用木材多、造价高，多用于质量要求较高的建筑（图 2.4.21.b）。

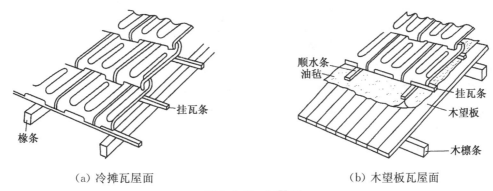

| （a）冷摊瓦屋面 | （b）木望板瓦屋面 |

图 2.4.21　瓦屋面

c. 钢筋混凝土板瓦屋面　由于保温、防火、经济和造型等方面的需要，现在的房屋常常会将钢筋混凝土板作为瓦屋面的基层。盖瓦的方式有两种：一种是在找平层上铺油毡一层，用压毡条钉在嵌在板缝内的木楔上，再钉挂瓦条挂瓦；另一种是在屋面板上直接粉刷防水水泥砂浆来粘贴平瓦（图 2.4.22）。

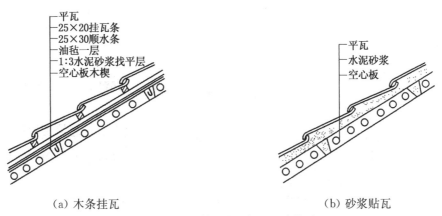

| （a）木条挂瓦 | （b）砂浆贴瓦 |

图 2.4.22　钢筋混凝土板瓦屋面构造

④ 坡屋顶的保温与隔热 坡屋顶的保温层一般布置在瓦材与檩条之间或吊顶棚上面。保温材料可根据工程具体要求选用松散材料、块体材料或板状材料。

而在炎热地区还需要考虑隔热措施。人们会在坡屋顶中设进气口和排气口,利用屋顶内外的热压差和迎风面的压力差,组织空气对流,形成屋顶内的自然通风,以减少由屋顶传入室内的辐射热,从而达到隔热降温的目的。进气口一般设在檐墙上、屋檐部位或室内顶棚上;出气口最好设在屋脊处,以增大高差,有利加速空气流通。

(6) 其他屋面构造

① 金属瓦屋面 金属瓦屋面是用镀锌铁皮或铝合金瓦做防水层的一种屋面,金属瓦屋面自重轻、防水性能好、使用年限长,主要用于大跨度建筑的屋面。

金属瓦的厚度很薄(往往厚度会在 1 mm 以内),铺设这样薄的瓦材必须用钉子固定在木望板上,木望板则支撑在檩条上,为防止雨水渗漏,瓦材下应干铺一层油毡。所有的金属瓦必须相互连通导电,并与避雷针或避雷带连接。

② 彩色压型钢板屋面 彩色压型钢板屋面简称彩板屋面,是近年来在大型建筑中广泛采用的高效能屋面。它不仅自重轻强度高且施工安装方便。彩板的连接主要采用螺栓连接,不受季节气候影响。彩板色彩绚丽,质感好,大大增强了建筑的艺术效果。彩板除用于平直坡面的屋顶外,还可根据造型与结构的形式需要,在曲面屋顶上使用。

2) 楼地层

(1) 楼板层的构造组成(图2.4.23.a)

① 面层 面层位于楼板层的最上层,起着保护楼板层、分布荷载和绝缘的作用,同时对室内起美化装饰作用。

② 结构层 结构层主要功能在于承受楼板层上的全部荷载并将这些荷载传给墙或柱,同时还对墙身起水平支撑作用,以加强建筑物的整体刚度。

③ 附加层 附加层又称功能层,根据楼板层的具体要求而设置,主要作用是隔声、隔热、保温、防水、防潮、防腐蚀、防静电等。根据需要,有时和面层合二为一,有时又和顶棚层合为一体。

④ 楼板顶棚层 顶棚位于楼板层最下层,主要作用是保护楼板、安装灯具、遮挡各种水平管线,改善使用功能、装饰美化室内空间。

(2) 地坪层的构造组成

地坪层的构造通常由面层、附加层、垫层、素土夯实部分等组成(图2.4.23.b)。

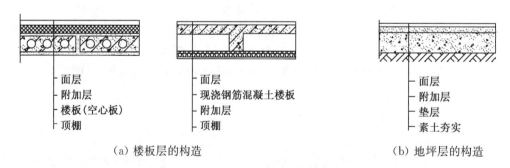

面层
附加层
楼板(空心板)
顶棚

面层
现浇钢筋混凝土楼板
附加层
顶棚

面层
附加层
垫层
素土夯实

(a) 楼板层的构造 　　　　　　　　　　(b) 地坪层的构造

图 2.4.23 楼板层、地坪层的构造组成

(3) 楼板的类型

根据所用材料不同,楼板可分为木楼板、钢筋混凝土楼板和钢衬板组合楼板等多种类型(图2.4.24)。

① 木楼板 木楼板自重轻,保温隔热性能好,舒适,有弹性,只在木材产地采用较多,但耐火性和耐久性均较差,且造价偏高,为节约木材和满足防火要求,现采用较少。

② 钢筋混凝土楼板 钢筋混凝土楼板具有强度高,刚度好,耐火性和耐久性好,还具有良好的可塑性,在我国便于工业化生产,应用最广泛。按其施工方法不同,可分为现浇式、装配式和装配整体式三种。

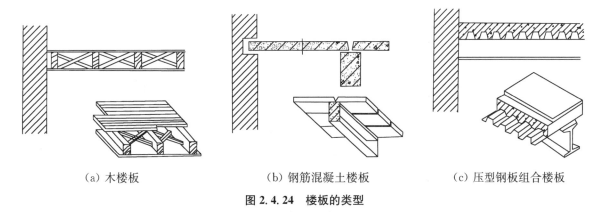

|（a）木楼板|（b）钢筋混凝土楼板|（c）压型钢板组合楼板|

图 2.4.24　楼板的类型

③ 压型钢板组合楼板　组合楼板是在钢筋混凝土楼板基础上发展起来的,利用钢衬板作为楼板的受弯构件和底模,既提高了楼板的强度和刚度,又加快了施工进度,是目前正大力推广的一种新型楼板。

（4）楼板层的设计要求

① 具有足够的强度和刚度　强度要求是指楼板层应保证在自重和活荷载作用下安全可靠,不发生任何破坏。这主要是通过结构设计来满足要求的。刚度要求是指楼板层在一定荷载作用下不发生过大变形,以保证正常使用状况。结构规范规定楼板的允许挠度不大于跨度的 1/250,可用板的最小厚度（1/40～1/35 L,L 为构件的跨度）来保证其刚度。

② 具有一定的隔声能力　楼板主要是隔绝固体传声,如人的脚步声、拖动家具、敲击楼板等都属于固体传声,防止固体传声可采取以下措施：

a. 在楼板表面铺设地毯、橡胶、塑料毡等柔性材料。

b. 在楼板与面层之间加弹性垫层以降低楼板的振动,即"浮筑式楼板"。

c. 在楼板下加设吊顶,使固体噪声不直接传入下层空间。

③ 具有一定的防火能力　保证在火灾发生时,在一定时间内不至于是因楼板塌陷而给生命和财产带来损失。

④ 具有防潮、防水能力　对有水的房间,都应该进行防潮防水处理。

⑤ 此外,还需满足各种管线的设置,满足建筑经济的要求等。

（5）钢筋混凝土楼板构造

钢筋混凝土楼板按其施工方法不同,可分为现浇式、装配式和装配整体式三种。

① 现浇钢筋混凝土楼板　现浇钢筋混凝土楼板整体性好,特别适用于有抗震设防要求的多层房屋和对整体性要求较高的其他建筑,对有管道穿过的房间、平面形状不规整的房间、尺度不符合模数要求的房间和防水要求较高的房间,都适合采用现浇钢筋混凝土楼板。

a. 平板式楼板　楼板根据受力特点和支承情况,分为单向板和双向板。为满足施工要求和经济要求,对各种板式楼板的最小厚度和最大厚度,一般规定为

单向板时（板的长边与短边之比＞2）：屋面板板厚 60～80 mm；民用建筑楼板厚 70～100 mm。

双向板时（板的长边与短边之比≤2）：板厚为 80～160 mm。

此外,板的支承长度规定：当板支承在砖石墙体上,其支承长度不小于 120 mm 或板厚；当板支承在钢筋混凝土梁上时,其支承长度不小于 60 mm；当板支承在钢梁或钢屋架上时,其支承长度不小于 50 mm。

b. 肋梁楼板　肋梁楼板有单向板肋梁楼板和双向板肋梁楼板。

单向板肋梁楼板（图 2.4.25）由板、次梁和主梁组成。其荷载传递路线为板→次梁→主梁→柱（或墙）。

主梁的经济跨度为 5～8 m,主梁高为主梁跨度的 1/14～1/8；主梁宽为高的 1/3～1/2。次梁的经济跨度为 4～6 m,次梁高为次梁跨度的 1/18～1/12,宽度为梁高的 1/3～1/2,次梁跨度即为主梁间距。板的厚度的确定同平板式楼板,由于板的材料用量占整个肋梁楼板混凝土用量的 50%～70%,因此板厚宜尽量取薄些,而通常板跨不大于 3 m,其经济跨度为 1.7～2.5 m。

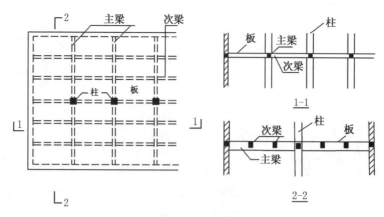

（a）布置图

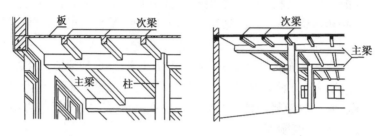

（b）透视图

图 2.4.25　单向板肋梁楼板

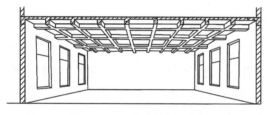

图 2.4.26　井式楼板透视图

双向板肋梁楼板（井式楼板）（图 2.4.26）常无主次梁之分，由板和梁组成，荷载传递路线为板→梁→柱（或墙）。

当双向板肋梁楼板的板跨相同，且两个方向的梁截面也相同时，就形成了井式楼板。井式楼板适用于长宽比不大于 1.5 的矩形平面，井式楼板中板的跨度在 3.5~6 m 之间，梁的跨度可达 20~30 m，梁截面高度不小于梁跨的 1/15，宽度为梁高的 1/4~1/2，且不少于 120 mm。井式楼板可与墙体正交放置或斜交放置。由于井式楼板可以用于较大的无柱空间，而且楼板底部的井格整齐划一，很有韵律，稍加处理就可形成艺术效果很好的顶棚。

c. 无梁楼板　无梁楼板为等厚的平板直接支承在柱上，分为有柱帽和无柱帽两种。当楼面荷载比较小时，可采用无柱帽楼板；当楼面荷载较大时，必须在柱顶加设柱帽。无梁楼板的柱可设计成方形、矩形、多边形和圆形；柱帽可根据室内空间要求和柱截面形式进行设计；板的最小厚度不小于 150 mm，且不小于板跨的 1/35~1/32。无梁楼板的柱网一般布置为正方形或矩形，间跨一般不超过 6 m。

d. 压型钢板组合楼板　压型钢板组合楼板是利用截面为凹凸相间的压型钢板做衬板与现浇混凝土面层浇筑在一起支承在钢梁上的板成为整体性很强的一种楼板（图 2.4.27）。

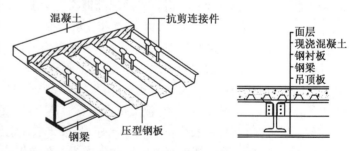

图 2.4.27　压型钢板组合楼板

② 装配式钢筋混凝土楼板　装配式钢筋混凝土楼板系指在构件预制加工厂或施工现场外预先制作，然后运到工地现场进行安装的钢筋混凝土楼板。预制板的长度一般与房屋的开间或进深一致，为 3 M 的倍数；板的宽度一般为 1 M 的倍数；板的截面尺寸需经结构计算确定（基本模数的数值规定为 100 mm，以 M 表示，即 1 M＝100 mm）。

③ 装配整体式钢筋混凝土楼板　装配整体式楼板,是楼板中预制部分构件,然后在现场安装,再以整体浇筑的办法连接而成的楼板。

（6）顶棚构造

① 直接式顶棚　直接在钢筋混凝土屋面板或楼板下表面直接喷浆、抹灰或粘贴装修材料的一种构造方法。当板底平整时,可直接喷、刷大白浆或106涂料;当楼板结构层为钢筋混凝土预制板时,可用1:3水泥砂浆填缝刮平,再喷刷涂料。这类顶棚构造简单,施工方便,具体做法和构造与内墙面的抹灰类、涂刷类、裱糊类基本相同,常用于装饰要求不高的一般建筑。

② 悬吊式顶棚　悬吊式顶棚又称"吊顶",它离开屋顶或楼板的下表面有一定的距离,通过悬挂物与主体结构联结在一起。

根据结构构造形式的不同,吊顶可分为整体式吊顶、活动式装配吊顶、隐蔽式装配吊顶和开敞式吊顶等。而根据材料的不同,吊顶又可分为板材吊顶、轻钢龙骨吊顶、金属吊顶等。

2.4.4　竖向系统及其他

1）墙体

（1）墙体的类型

① 按墙体所在位置分类（图2.4.28）　按墙体在平面上所处位置不同,可分为外墙和内墙、纵墙和横墙（外侧横墙通常被称之为山墙）。一般而言,窗与窗之间、窗与门之间的墙体称为窗间墙,窗台下面的墙体称为窗下墙。

② 按墙体受力状况分类　在混合结构建筑中,按墙体受力方式分为两种:承重墙和非承重墙。非承重墙又可分为两种:一是自承重墙,不承

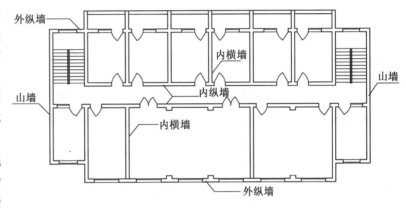

图 2.4.28　墙体的类型

受外来荷载,仅承受自身重量并将其传至基础;二是隔墙,起分隔房间的作用,不承受外来荷载,并把自身重量传给梁或楼板。而框架结构中的墙称为框架填充墙。

③ 按墙体构造分类　可以分为实体墙、空体墙和组合墙三种。实体墙由单一材料组成,如砖墙、砌块墙等。空体墙也是由单一材料组成,可由单一材料砌成内部空腔,也可用具有孔洞的材料建造墙,如空斗砖墙、空心砌块墙等。组合墙则由两种以上材料组合而成,例如混凝土、加气混凝土复合板材墙。其中混凝土起承重作用,加气混凝土起保温隔热作用。

④ 按施工方法分类　可以分为块材墙、版筑墙及板材墙三种。块材墙是用砂浆等胶结材料将砖石块材等组砌而成,例如砖墙、石墙及各种砌块墙等。版筑墙是在现场立模板,现浇而成的墙体,例如现浇混凝土墙等。板材墙是预先制成墙板,施工时安装而成的墙,例如预制混凝土大板墙、各种轻质条板内隔墙等。

（2）墙体的设计要求

① 墙体的结构要求　对于以墙体承重为主的结构,常要求各层的承重墙上、下必须对齐;各层的门、窗洞孔也以上、下对齐为佳。此外,还需考虑以下两方面的要求。

a. 合理选择墙体结构布置方案。

b. 具有足够的强度和稳定性　强度是指墙体承受荷载的能力,它与所采用的材料以及同一材料的强度等级有关。作为承重墙的墙体,必须具有足够的强度,以确保结构的安全。而墙体的稳定性则与墙的高度、长度和厚度有关。高而薄的墙稳定性差,矮而厚的墙稳定性好;长而薄的墙稳定性差,短而厚的墙稳定性好。

② 墙体的热工要求

a. 墙体的保温要求　对有保温要求的墙体,需提高其构件的热阻,通常采取以下措施:增加墙体的厚度;选择导热系数小的墙体材料;采取隔蒸汽措施。

b. 墙体的隔热要求　隔热措施有:外墙采用浅色而平滑的外饰面,如白色外墙涂料、玻璃马赛克、浅色墙地砖、金属外墙板等,以反射太阳光,减少墙体对太阳辐射的吸收;在外墙内部设通风间层,利用空气的流动带走热量,降低外墙内表面温度;在窗口外侧设置遮阳设施,以遮挡太阳光直射室内;在外墙外表面种植攀缘植物使之遮盖整个外墙,吸收太阳辐射热,从而起到隔热作用。

c. 建筑节能要求　为贯彻国家的节能政策,改善严寒和寒冷地区居住建筑采暖能耗大,热工效率差的状况,必须通过建筑设计和构造措施来节约能耗。其中墙体节能设计是建筑节能的重要方面。

③ 墙体的隔声要求　墙体主要隔离由空气直接传播的噪声。一般采取以下措施:加强墙体缝隙的填密处理;增加墙厚和墙体的密实性;采用有空气间层式多孔性材料的夹层墙;尽量利用垂直绿化降噪声。

④ 墙体的防火要求　根据建筑的火灾危害和建筑的耐火等级,选择的墙体材料和构造做法必须满足国家有关防火规范要求。

⑤ 墙的工业化生产要求　在大量性民用建筑中,墙体工程量占着相当的比重,建筑工业化的关键是墙体改革,必须改变手工生产操作,提高机械化施工程度,提高工效,降低劳动强度,并应采取轻质高强的墙体材料,以减轻自重,降低成本。

⑥ 此外,还应根据实际情况,充分考虑墙体的防潮、防水、防辐射、防腐蚀及经济等各方面的要求。

(3)砖墙构造

① 砖墙材料　砖墙是用砂浆将一块块砖按一定技术要求砌筑而成的砌体结构。

砖按材料不同,有黏土砖、页岩砖、粉煤灰砖、灰砂砖、炉渣砖等;按形状分有实心砖、多孔砖和空心砖等。

砂浆则是砌块的胶结材料。常用的砂浆有水泥砂浆、混合砂浆、石灰砂浆和黏土砂浆等。

② 砖墙的组砌方式　为了保证墙体的强度,砖砌体的砖缝必须横平竖直,错缝搭接,避免通缝。同时砖缝砂浆必须饱满,厚薄均匀。常用的错缝方法是将顶砖和顺砖上下皮交错砌筑。每排列一层砖称为一皮。常见的砖墙砌式有全顺式(120墙),一顺一丁式、三顺一丁式(多顺一丁式)、每皮丁顺相间式(240墙,也叫十字式),两平一侧式(180墙)等(图2.4.29)。

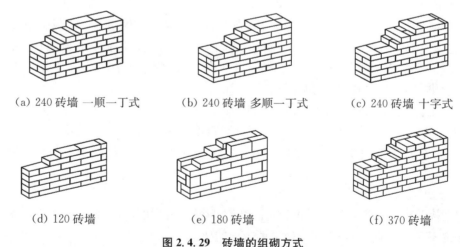

(a)240砖墙 一顺一丁式　　(b)240砖墙 多顺一丁式　　(c)240砖墙 十字式

(d)120砖墙　　(e)180砖墙　　(f)370砖墙

图2.4.29　砖墙的组砌方式

③ 墙体细部构造　墙体的细部构造包括门窗过梁、窗台、勒脚、散水、明沟、变形缝、圈梁、构造柱和防火墙等。

a. 门窗过梁　当墙体上开设门窗洞口时,为了承受洞口上部砌体传来的各种荷载,并把这些荷载传给洞口两侧的墙体,就需要在洞口上设窗过梁。过梁的形式有砖拱过梁、钢筋砖过梁和钢筋混凝土过梁(图2.4.30)三种。

（a）平墙过梁　　　　　　（b）带窗套过梁　　　　　　（c）带窗楣过梁

图 2.4.30　钢筋混凝土过梁的形式

b. 窗台　窗洞下部的排水构件，目的是引导雨水和积水，并具有一定的装饰作用（图 2.4.31）。

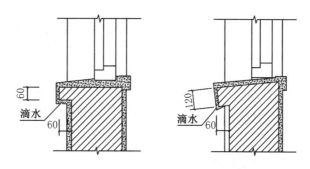

图 2.4.31　窗台构造

c. 墙脚　底层室内地面以下，基础以上的墙体常称为墙脚。墙脚包括墙身防潮层（图 2.4.32）、勒脚、散水和明沟等。

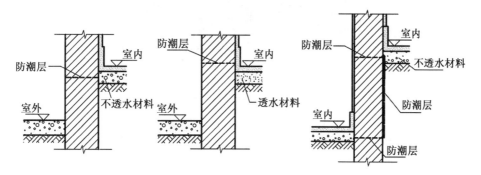

图 2.4.32　墙身防潮层的位置

d. 墙身的加固　为了增加墙体的稳定性和满足抗震要求，往往需要增设壁柱与门垛（图 2.4.33）、圈梁（图 2.4.34）、构造柱（图 2.4.35）等加固构件。

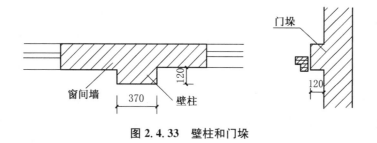

图 2.4.33　壁柱和门垛

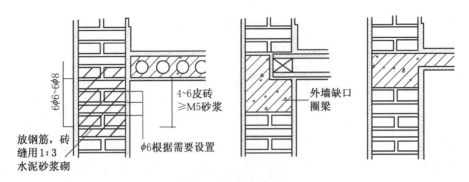

图 2.4.34　圈梁构造

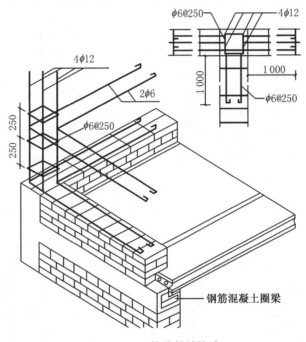

图 2.4.35　构造柱的构造

（4）骨架墙

骨架墙系指填充或悬挂于框架或排架柱间，并由框架或排架承受其荷载的墙体。它在多层、高层民用建筑和工业建筑中应用较多。

① 框架外墙板的类型　按所使用的材料，外墙板可分为三类，即单一材料墙板、复合材料墙板、玻璃幕墙。

单一材料墙板用轻质保温材料制作，如加气混凝土、陶粒混凝土等。复合板通常由三层组成，即内外壁和夹层。外壁选用耐久性和防水性均较好的材料，如石棉水泥板、钢丝网水泥、轻骨料混凝土等。内壁应选用防火性能好，又便于装修的材料，如石膏板、塑料板等。夹层宜选用容积密度小、保温隔热性能好、价廉的材料，如矿棉、玻璃棉、膨胀珍珠岩、膨胀蛭石、加气混凝土、泡沫混凝土、泡沫塑料等。

② 外墙板的布置方式　外墙板可以布置在框架外侧，或框架之间，或安装在附加墙架上（图2.4.36）。轻型墙板通常需安装在附加墙架上，以使外墙具有足够的刚度，保证在风力和地震力的作用下不会变形。

③ 外墙板与框架的连接　外墙板可以采用上挂或下承两种方式支承于框架柱、梁或楼板上。根据不同的板材类型和板材的布置方式，可采取焊接法、螺栓联结法、插筋锚固法等将外墙板固定在框架上。无论采用何种方法，均应注意以下构造要点：外墙板与框架连接应安全可靠；不要出现"冷桥"现象，防止产生结露；构造简单，施工方便。

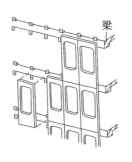 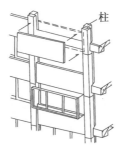 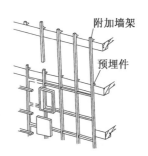

（a）布置在框架外侧　　　（b）布置在框架间　　　（c）布置于附加墙架上

图 2.4.36　框架外墙板的布置方式

（5）隔墙构造

隔墙是分隔建筑物内部空间的非承重构件,本身重量由楼板或梁来承担。设计要求隔墙自重轻,厚度薄,有隔声和防火性能,便于拆卸;浴室、厕所的隔墙还要能防潮、防水。常用隔墙有块材隔墙(包括普通砖隔墙和砌块隔墙)、轻骨架隔墙和板材隔墙三大类。

（6）基础与地基

基础是建筑物的垂直承重构件延伸至地基的部分,其构造形式及选用材料首先受到上部结构形式的影响,此外还与上部荷载、地基特性、施工条件及经济可能性等因素有关。常见的基础类型包括独立基础、条形基础(图 2.4.37)、井格基础、片筏基础、箱形基础和桩基础等。

而地基则是支撑整个建筑物的那部分天然土层。地基的状况对于建筑物基础及其设计有着很大影响,它包括土层的分布和特性、持力层的位置和地耐力、地下水位的高低、冬季是否会冻胀等等。如若天然地基的状况不能完全满足支承建筑物的需求,则应对其进行人工处理。

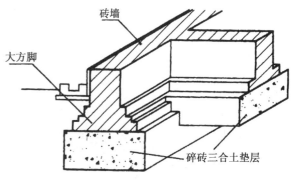

图 2.4.37　砖墙下条形基础

2）门窗

（1）门窗的作用

门在房屋建筑中的作用主要是交通联系,并兼采光和通风;窗的作用主要是采光、通风及眺望。在不同情况下,门和窗还有分隔、保温、隔声、防火、防辐射、防风沙等要求。

门窗在建筑立面构图中的影响也较大,它的尺度、比例、形状、组合、透光材料的类型等,都影响着建筑的艺术效果。

（2）门的形式与尺度

门按其开启方式通常有:平开门、弹簧门、推拉门、折叠门、转门等(图 2.4.38)。

门的尺度则主要是指门洞的高宽。门作为交通疏散通道,其尺度取决于人的通行要求,家具器械的搬运及与建筑物的比例关系等,并要符合现行《建筑模数协调统一标准》的规定。

①门的高度　不宜小于 2 100 mm。如门设有亮子时,亮子高度一般为 300～600 mm,则门洞高度为 2 400～3 000 mm。公共建筑的大门高度可视需要适当提高。

②门的宽度　单扇门为 700～1 000 mm,双扇门为 1 200～1 800 mm。宽度在 2 100 mm 以上时,则做成三扇、四扇门或双扇带固定扇的门——因为门扇过宽易产生翘曲变形,同时也不利于开启。辅助房间(如浴厕、贮藏室等)门的宽度可窄些,一般为 700～800 mm。

（3）窗的形式与尺度

窗的形式一般也是要按照其开启方式来分类命名。而窗的开启方式主要取决于窗扇铰链安装的位置和转动方式。通常窗的开启方式(图 2.4.39)有以下几种:

71

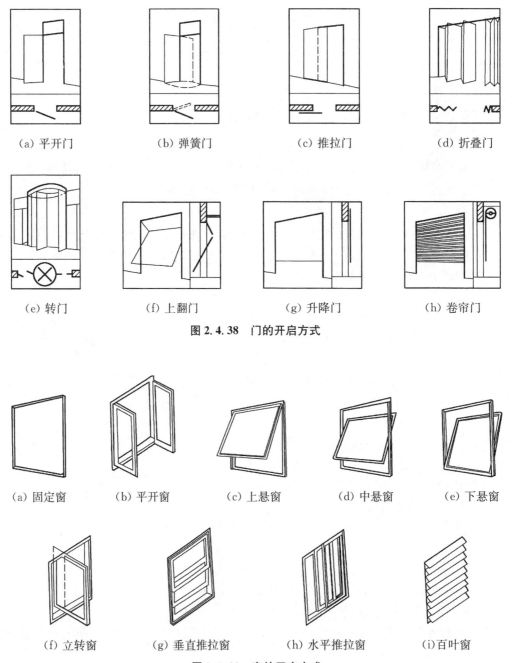

(a) 平开门　　(b) 弹簧门　　(c) 推拉门　　(d) 折叠门

(e) 转门　　(f) 上翻门　　(g) 升降门　　(h) 卷帘门

图 2.4.38　门的开启方式

(a) 固定窗　(b) 平开窗　(c) 上悬窗　(d) 中悬窗　(e) 下悬窗

(f) 立转窗　(g) 垂直推拉窗　(h) 水平推拉窗　(i) 百叶窗

图 2.4.39　窗的开启方式

① 固定窗　无窗扇、不能开启的窗为固定窗。固定窗的玻璃需要直接嵌固在窗框上,一般仅供采光和眺望之用。

② 平开窗　铰链安装在窗扇一侧与窗框相连,向外或向内水平开启。有单扇、双扇、多扇,有向内开与向外开之分。其构造简单,开启灵活,制作维修均方便,是民用建筑中采用最广泛的窗。

③ 悬窗　因铰链和转轴的位置不同,可分为上悬窗、中悬窗和下悬窗。

④ 立转窗　引导风进入室内效果较好,防雨及密封性较差,多用于单层厂房的低侧窗。因密闭性较差,不宜用于寒冷和多风沙的地区。

⑤ 推拉窗　分垂直推拉和水平推拉窗两种。它们不多占使用空间,窗扇受力状态较好,适宜安装较大玻璃,但通风面积受到限制。

⑥ 百叶窗　主要用于遮阳、防雨及通风,但采光差。百叶窗可用金属、木材、钢筋混凝土等制作,有固定式和活动式两种形式。

窗的尺度则主要取决于房间的采光、通风、构造做法和建筑造型等要求,同样也要符合现行《建筑模数协调统一标准》的规定。为使窗坚固耐久,一般平开木窗的窗扇高度为 800～1 200 mm,宽度不宜大于 500 mm;上下悬窗的窗扇高度为 300～600 mm;中悬窗窗扇高不宜大于 1 200 mm,宽度不宜大于 1 000 mm;推拉窗高宽均不宜大于 1 500 mm。对一般民用建筑用窗,各地均有通用图,各类窗的高度与宽度尺寸通常采用扩大模数 3M 数列作为洞口的标志尺寸,需要时只要按所需类型及尺度大小直接选用。

3) 楼梯、台阶与坡道

(1) 楼梯的组成与类型

楼梯一般由楼梯段、平台及栏杆(或栏板)三部分组成(图 2.4.40)。

① 按位置不同分,楼梯有室内与室外两种。

② 按使用性质分,室内有主要楼梯、辅助楼梯;室外有安全楼梯、防火楼梯。

③ 按材料分有木质、钢筋混凝土、钢质、混合式及金属楼梯。

④ 而按平面形式不同,则可以概括出更多的楼梯类型(图 2.4.41)。

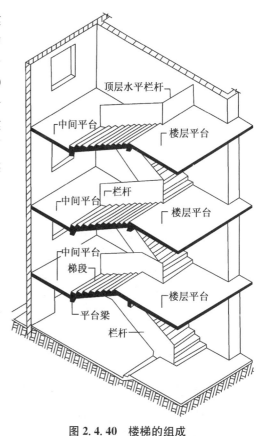

图 2.4.40 楼梯的组成

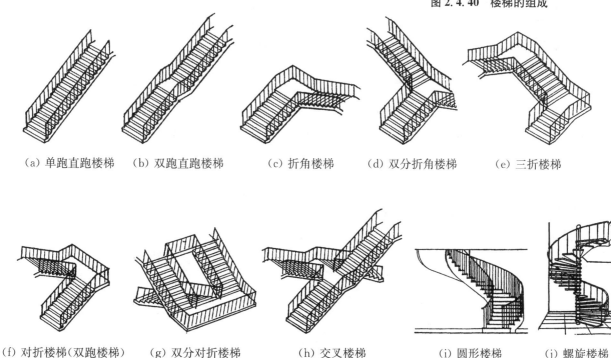

(a) 单跑直跑楼梯　　(b) 双跑直跑楼梯　　(c) 折角楼梯　　(d) 双分折角楼梯　　(e) 三折楼梯

(f) 对折楼梯(双跑楼梯)　　(g) 双分对折楼梯　　(h) 交叉楼梯　　(i) 圆形楼梯　　(j) 螺旋楼梯

图 2.4.41 楼梯的形式

(2) 楼梯的设计要求

① 作为主要楼梯,应与主要出入口邻近,且位置明显;同时还应避免垂直交通与水平交通在交接处拥挤、堵塞。

② 必须满足防火要求,楼梯间除允许直接对外开窗采光外,不得向室内任何房间开窗;楼梯间四周墙壁必须为防火墙;对防火要求高的建筑物特别是高层建筑,应设计成封闭式楼梯或防烟楼梯。

③ 楼梯间必须有良好的自然采光。

（3）楼梯的主要尺度

① 楼梯的坡度　楼梯的坡度是指梯段中各级踏步前缘的假定连线与水平面形成的夹角，或以夹角的正切来表示（即梯段的高宽比）（图 2.4.42）。

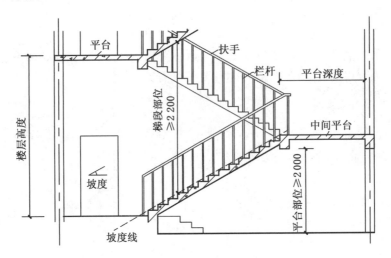

图 2.4.42　楼梯间剖面

楼梯坡度不宜过大或过小，坡度过大，行走易疲劳，坡度过小，楼梯占用空间大。楼梯的坡度范围常为 $23°\sim45°$，适宜的坡度为 $30°$ 左右。坡度过小时，可做成坡道，坡度过大时，可做成爬梯。楼梯坡度一般不宜超过 $38°$，供少量人流通行的内部交通楼梯，坡度可适当加大（图 2.4.43）。

② 踏步尺寸　踏步是由踏步踏面和踢面组成。实际上，当我们设计楼梯段时，直接用楼梯坡度进行计算并不方便，往往需要将这个问题转化为确定踏步尺寸来处理。而踏步尺寸包括踏步宽度和踏步高度（图 2.4.44），计算踏步尺寸常用的一个经验公式为

$$2h+b=600 \text{ mm}$$

式中：h——踏步高度；b——踏步宽度；600 mm——人行走时的平均步距。

此外，人们还根据经验和研究总结出了常见建筑类型之楼梯踏步尺寸的适宜数值（表 2.4.1）。

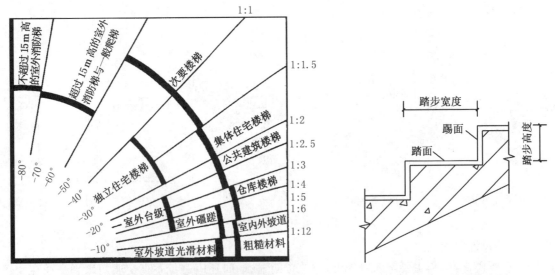

图 2.4.43　楼梯等垂直交通设施的坡度范围　　**图 2.4.44　楼梯踏步剖面**

③ 楼梯段宽度　楼梯段宽度指的是梯段边缘或墙面之间垂直于行走方向的水平距离。

梯段宽度是根据通行的人流量大小和安全疏散的要求决定的，供日常主要交通用的楼梯的梯段净宽

表 2.4.1　常用适宜踏步尺寸

名　称	住　宅	学校、办公楼	剧院、会堂	医院(病人用)	幼儿园
踏步高 h(mm)	156～175	140～160	120～150	150	120～150
踏步宽 b(mm)	260～300	280～340	300～350	300	260～300

注:供少量人流通行的内部交通楼梯的踏步尺寸值可适当放宽,但是,其踏步宽 b 仍不应小于 220 mm,踢步高 h 不宜大于 210 mm。

应根据建筑物使用特征,一般按每股人流宽为 $0.55+(0\sim0.15)$m 的人流股数确定,并不应少于两股人流。

④ 楼梯平台深度　楼梯平台是连接楼地面与梯段端部的水平部分,有中间平台和楼层平台,平台深度不应小于楼梯梯段的宽度。但直跑楼梯的中间平台深度以及通向走廊的开敞式楼梯楼层平台深度,可不受此限制。

⑤ 栏杆扶手高度　楼梯栏杆扶手的高度是指从踏步前缘至扶手上表面的垂直距离。室内楼梯栏杆扶手的高度不宜小于 900 mm,通常取 1 000 mm。凡阳台、外廊、室内回廊、内天井、上人屋面及室外楼梯等临空处设置的防护栏杆,栏杆扶手的高度不宜小于 1 050 mm。高层建筑的栏杆高度应再适当提高,但不宜超过 1 200 mm。值得注意的是,栏杆上供幼儿使用的扶手的高度不宜大于 600 mm。

⑥ 楼梯的净空高度　楼梯的净空高度包括梯段部位的净高和平台部位的净高。梯段净高是指踏步前缘到顶棚(即顶部梯段底面)的垂直距离,梯段净高不应小于 2 200 mm。平台净高是指平台面(或楼地面)到顶部平台梁底面的垂直距离,平台净高不应小于 2 000 mm。还要注意的是,考虑平台净高时不能忽略最近的踏步踏面与平台梁间的安全距离,而一般规定是两者间水平距离不应小于 300 mm,以避免潜在的危险(图 2.4.45)。

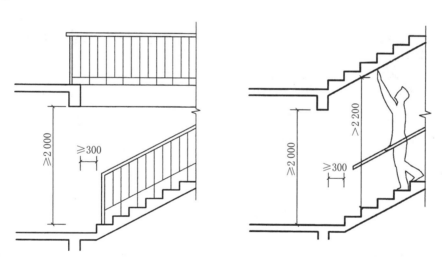

图 2.4.45　楼梯的净空高度

(4)现浇钢筋混凝土楼梯

钢筋混凝土楼梯施工方式可分为现浇式和预制装配式两类。现浇楼梯按梯段的传力特点,有板式梯段和梁板式梯段之分。

① 板式梯段　板式梯段是指楼梯段作为一块整板,斜搁在楼梯的平台梁上。平台梁之间的距离便是这块板的跨度(图 2.4.46)。

② 梁板式楼梯段　当梯段较宽或楼梯负载较大时,采用板式梯段往往不经济,需增加梯段斜梁(简称梯梁)以承受板的荷载,并将荷载传给平台梁,这种梯段称梁板式梯段。梁板式梯段在结构布置上有双梁布置和单梁布置之分。梯梁在板下部的称正梁式梯段,将梯梁反向上面称反梁式梯段(图 2.4.47)。

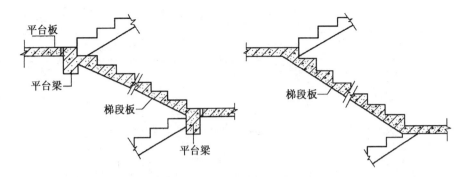

图 2.4.46　现浇钢筋混凝土板式楼梯

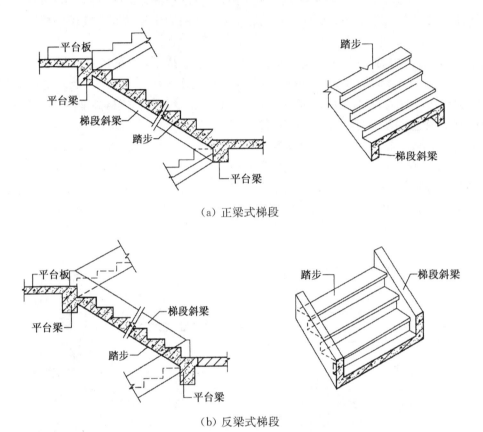

（a）正梁式梯段

（b）反梁式梯段

图 2.4.47　现浇钢筋混凝土梁板式楼梯

（5）台阶与坡道

① 形式　台阶由踏步和平台组成。其形式有单面踏步式、三面踏步式等。台阶坡度较楼梯平缓，每级踏步高为 100～150 mm，踏面宽为 300～400 mm。当台阶高度超过 1 m 时，宜有护栏设施。坡道多为单面坡形式，极少三面坡的，坡道坡度应以有利推车通行为佳，一般为 1/10～1/8，也有 1/30 的。还有些大型公共建筑，为考虑汽车能在大门入口处通行，常采用台阶与坡道相结合的形式（图 2.4.48）。

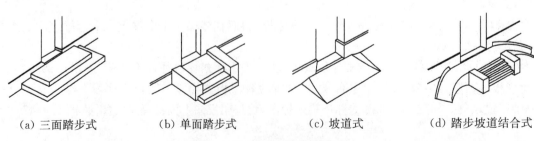

（a）三面踏步式　　（b）单面踏步式　　（c）坡道式　　（d）踏步坡道结合式

图 2.4.48　台阶与坡道的形式

② 构造　台阶构造与地坪构造相似,由面层和结构层构成。结构层材料应采用抗冻、抗水性能好且质地坚实的材料,常见的台阶基础有就地砌造、勒脚挑出、桥式三种。台阶踏步有砖砌踏步、混凝土踏步、钢筋混凝土踏步、石踏步四种(图 2.4.49)。坡道材料常见的有混凝土或石块等,面层亦以水泥砂浆居多,对经常处于潮湿、坡度较陡或采用水磨石作面层的,在其表面必须作防滑处理(图 2.4.50)。

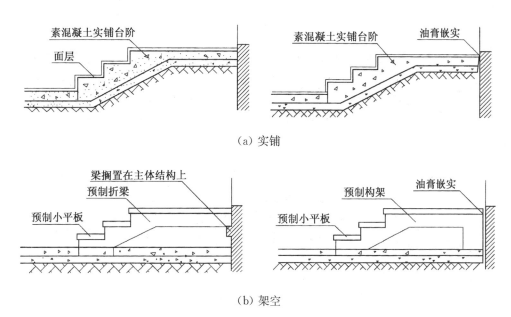

（a）实铺

（b）架空

图 2.4.49　台阶构造示意

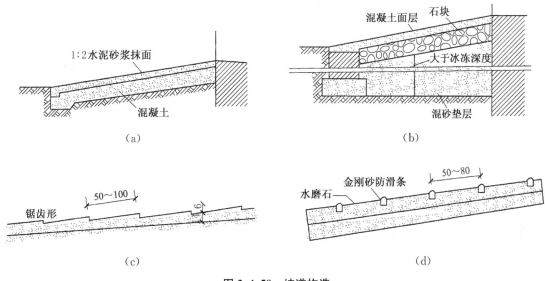

（a）　　　　　　　　　　　　　　（b）

（c）　　　　　　　　　　　　　　（d）

图 2.4.50　坡道构造

■ **推荐阅读书目**

1. 张青萍主编.建筑设计基础[M].北京:中国林业出版社,2009

2. 彭一刚.建筑空间组合论[M].第3版.北京:中国建筑工业出版社,2008

3. [英]A.彼得.福西特著;林源译.建筑设计笔记[M].北京:中国建筑工业出版社,2004

4. 刘永德.建筑空间的形态·结构·涵义·组合[M].天津:天津科学技术出版社,1998

5. [以]阿里埃勒·哈瑙尔著;赵作周,郭红仙等译.结构原理[M].北京:中国建筑工业出版社,2003

6. [日]斋藤公男著;季小莲,徐华译.空间结构的发展与展望——空间结构设计的过去·现在·未来[M].北京:中国建筑工业出版社,2006

7. [英]安格斯.J.麦克唐纳著;陈治业,童丽萍译.结构与建筑[M].第2版.北京:中国水利水电出版社,知识产权出版社,2003

8. [美]穆尔(Fulier Moore)著,赵梦琳译.结构系统概论[M].沈阳:辽宁科学技术出版社,2001

9. [德]海诺·恩格尔著,林昌明,罗时玮译.结构体系与建筑造型[M].天津:天津大学出版社,2002

10. [以]玛格丽丝,[美]罗宾逊著;朱强等译.生命的系统:景观设计材料与技术创新[M].大连:大连理工出版社,2009

11. 布正伟.结构构思论:现代建筑创作结构运用的思路与技巧[M].北京:机械工业出版社,2006

12. 张楠.当代建筑创作手法解析:多元+聚合[M].北京:中国建筑工业出版社,2003

13. 同济大学等四校合编.房屋建筑学[M].第4版.北京:中国建筑工业出版社,2005

14. 刘昭如.建筑构造设计基础[M].第2版.北京:科学出版社,2008

15. 李必瑜等.建筑构造(上册)[M].第4版.北京:中国建筑工业出版社,2008

■ **讨论与思考**

1. 建筑创作与建筑本身的哪些因素有关?

2. 房屋的构造组成与建筑的形式和空间有什么关联?

3. 材料的选择对于建筑设计有哪些影响?

4. 墙承重结构和框架结构分别有哪些特点?

5. "材料""构造""结构"和"建造"之间的区别和关联是什么?

3 园林建筑设计过程

3.1 设计过程与方法

园林建筑兼具使用、观赏双重特性，是工程与艺术的融合体，其不仅要满足使用的便利性、坚固性，亦要满足受众的精神需求。随着科学技术的进步以及生活方式的转变，其对艺术性、社会性、文化性等精神层面的追求已远远超出其基本的坚固、美观、实用、经济等要求。可见，对环境与景观的深入考量是园林建筑不同于其他建筑的根本所在，园林建筑设计实质即是在人与环境关系中，通过协调生态、经济、技术、适用、美观等诸多关系，反复推敲立地环境并不断提升其景观功能，以塑造景观优美、环境协调、结构安全、功能适用的建筑物。

园林建筑工程项目从无到有的实践过程可分为以下四个阶段：

（1）立项阶段　该阶段主要任务是提出设计的具体要求以及落实项目资金与选址，通过委托或招标的形式发布立项信息，寻找合作伙伴。

（2）设计阶段　该阶段主要以设计方为主，针对项目立地条件与使用需求寻找最佳设计方案。在与使用方、投资方（即设计任务的甲方）的反复斟酌中确立最终多方认可的设计方案，而后根据设计方案组织深化设计，并最终完成施工图设计。

（3）施工阶段　该阶段主要是根据施工图纸组织施工队伍进行严密的施工，以保证项目如实、如期的竣工。

（4）使用阶段　该阶段主要是满足使用，并在使用的过程中进行必要的改进与维护。

以上四个阶段中与我们设计者最为紧密的就是设计阶段，亦是设计创作从无到有，设计思维由立意到达意的过程。设计阶段的实践过程通常分为准备阶段、构思阶段、完善阶段这三个主要过程，每个过程又可根据思维的时序不同分成相对独立的几个阶段。这些设计过程就实践而言，虽可依据不同性质划分成不同的时间与操作顺序，但这些过程与顺序并非是简单而机械式的、步步严密的隔离式生产程序，而是任意两个过程甚至全部的三个过程之间始终存在随机性的双向渗透与调整，从而构成一个由不清晰到逐渐清晰的非线性的循环往复的设计过程。

3.1.1 准备阶段

准备阶段是设计过程的最初阶段，原则上从项目立项并接受设计任务开始，到对项目有一个全面的、整体上的认知为止。但不能排除在设计和深化过程中，甚至是施工过程中重新加以修正抑或调整的可能。该阶段设计师的主要任务是理解并消化设计任务，要求设计师对设计任务的项目背景、使用需求、立地环境等设计条件有深刻而全面的整体理解和把握，做好前期准备，为下一步的设计奠定坚实的基础。该阶段资料收集是否翔实充分，现场勘查是否细致，综合考量设计要素是否全面，直接关系到设计的成败。

3.1.1.1 资料收集

在资料收集的过程中，设计师关键是要把握收集的内容与方向，才能事半功倍。这是因为园林建筑存在于自然环境之中，依存于环境，园林建筑与自然环境之间是一个由各类自然和人工要素相互关联、相互依存、相互制约构成的系统。系统中园林建筑不再是单纯的个体，而是环境的构成要素之一，其中任何一个要素发生改变，均会牵一发而动全身，并会引起其他要素和环境的重新整合。因此，在设计初始准备阶段必须对设计资料有全面的了解，才能做到心中有数，有的放矢。从某种程度而言，设计者对项目与环境的理解和把握是设计合理与否、成功与否的首要条件，其理解程度则取决于资料收集准确性及信息容量的多少。即对拟建园林建筑的使用需求、市场定位、功能性质、技术条件、工艺流程、环境状况、生态保护、经济基础等信息资料的收集与分析,具体可依据下面几个步骤进行。

1) 对项目背景资料的收集并整理

主要是通过对项目背景资料的了解,为设计师进一步全面把握设计的方向与重点做好准备。这就要求设计承托方即设计者通过与委托方的多渠道沟通,全面了解项目的投资主体、投资额度、项目性质、建筑类型、使用主体、功能需求、用地范围、建筑红线以及容积率、建筑高度、建筑密度等背景条件,做到心中有数,以了解设计任务的重点在何处、客观状况怎样、需要解决怎样的关键问题,并根据需要提出切实可行的合理化建议,供委托方参考。

2) 对设计任务资料的收集并整理

主要是对设计任务的消化,为设计师理解并把握具体的设计任务做好准备。这就要求设计师一方面整理并分析设计任务的相关信息,也就是我们常说的设计任务书;另一方面注意收集同类性质的项目设计资料加以比对,以供参考。只有通过以上两方面设计资料的收集,设计者才能对设计任务进行合理的消化、吸收,并细化具体任务安排,以提供满足未来建筑使用过程中所应具备的各项美观、使用等要求。

3) 对立地条件资料的收集并整理

主要是对设计项目所处环境的自然与人文要素的收集与整理,这些信息资料与设计任务息息相关的至少有以下几方面的信息:

(1) 场地自然肌理特征:包括气候、地形、地貌、植物、土壤、水文、日照、温度、降雨、风向等(图3.1.1)。

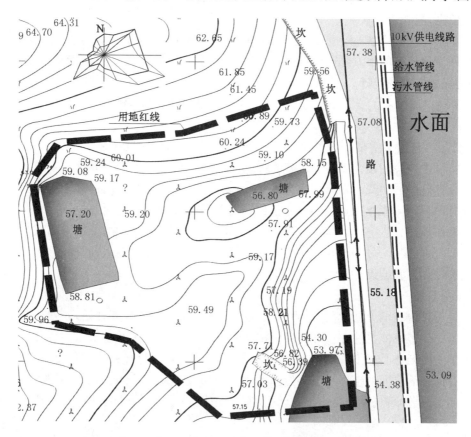

图3.1.1 某拟建地块所表达出的自然肌理与立地条件信息

(2) 场地人文肌理特征:物质形态的文化遗存、非物质形态的文化遗存、民风、民俗、地域文化、时代特征等。

(3) 立地条件特征:地质状况、周边建筑与构筑物、内外部交通、给排水、电力电讯等状况(图3.1.1)。

(4) 视觉景观环境特征:景观通道、景观视域、周边景观状况、基地景观风貌(图3.1.2)。

图 3.1.2 某拟建地块视觉景观环境特征

（5）经济技术条件：可适用技术、工程经济估算、市场能提供的材料、施工技术和装备等可能性比较。

（6）可能影响设计工程的其他因素。

3.1.1.2 现场踏勘

现场踏勘主要是对立地条件进行实地勘查，以修正、补遗前期收集的基础资料，并通过感受现场，增进设计师的直观感知，为下一步的设计阶段做好准备，此过程包含以下两方面内容。

1）对部分收集的立地条件资料在场地内进行现场核查与比照

具体而言就是在现场感受场地内的自然肌理条件特征，体验人文肌理条件特征，并复核立地条件特征。这是因为在收集资料的过程中，我们仅能通过全息航拍图和比例详细、信息详尽的地形图对地形有初步的认知，但无论这些资料所包含的信息如何详尽，都与现场信息存在或多或少的差异，只有通过现场的实地踏勘才能对我们掌握的信息进行修正和补充。在这个过程中，现场陡坎的位置、高度和坡面地质状况，植被情况与保留树种的姿态，现场拟建建筑基址的地质状况是主要复勘的对象。在某公园内纪念馆的设计过程中，院内的一棵名贵古树是保留的目标，设计者依据资料信息最初拟定了"L"形布局的建筑形态，而通过现场踏勘古树独特的姿态使"L"形布局根本无法实现，设计者最终依据现场的古树姿态将建筑形态改成了"C"形布局（图 3.1.3）。

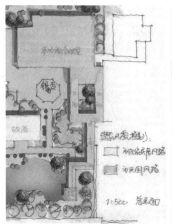  

图 3.1.3 某公园纪念馆现场踏勘过程中古树姿态对建筑布局的改变

2）感受现场空间与环境

虽然经验丰富的设计者通过详尽的地形图与航拍图的辅助可以对现场有整体的空间感知，但这样的感知仍然与现场的直观视觉感受存在着差异，而这些差异有时将影响设计的方向。因此，设计者必须复勘现场，现场复勘是设计准备阶段必不可少的感知过程。只有通过现场复勘才能以直观的视觉感受领悟现场，感受现场环境带给我们的设计启发和制约。某盆景馆的设计中对基地选址的过程，设计者即是通过现场的反复踏勘所确立的。通常情况下山地建筑的选址并不会选择山脊线的位置，但设计者在现场的踏勘过程中，通过对周边山势、环境的感知，以及多方位视觉信息的考量，发现选址在较为平坦的山脊上建设盆景馆,将凸显山势特征,并使盆景园的园区在文化特征和景观特征上得到显著的提高,顾而大胆地将选址确立在这块上坡之上,得到了相关专家的肯定(图3.1.4)。

图 3.1.4 某盆景馆实地空间环境

3.1.1.3 综合考量设计要素

园林建筑依据不同的性质有各种不同的建筑类型和不同的使用要求。尽管不同类型的园林建筑在功能上有各自的特殊性,但是也包含了矛盾的普遍性,存在着某些共同的功能要求。这就需要我们对所设计的园林建筑的设计要素进行全面、综合的考量。

这个过程甲方通常会提出具体要求,但多数时并不很明确。因此,在获取设计任务书的同时,需要与甲方进一步探讨沟通、相互启发、归纳整理,明确园林建筑的具体明细的使用性质和功能,从而为下一步的设计做好准备。有关综合考量设计要素的方向可归纳为以下几个方面。

1) 园林建筑的具体性质

具体性质即拟建园林建筑的使用需求,以及不同需求对设计任务最为突出的需求性质:景观性、服务性、功能性。如:亭、台、楼、阁、厅、轩、茶室、酒吧等公共休憩类型建筑的景观性要求最高;入口、游人服务中心、售票、码头、交通站点等公共服务类型建筑的功能标志性的需求最强;艺术馆、书画馆、纪念馆等文化类园林建筑要求具有较强的文化标志性;商店、温室、花房、盆景园等经营类建筑对生产、经营的使用需求最大;园区办公用房、配电房、设备用房等辅助用房要求功能使用的便利性和景观上的隐蔽性;等等诸如此类的对园林建筑不同性质的不同考量。

2) 建筑造型、空间的使用性质及特点

不同类型的园林建筑对建筑外部体量、造型,以及内部空间大小、通风状况均有不同的技术要求。如茶室、景亭以及供游人休憩的厅、轩等公共休憩类型建筑要求空间具有最佳的景观视域和景象,因此其建筑造型及空间较为开敞、轻灵、通透;入口、游人服务中心、售票、码头、餐厅、交通站点等公共服务类型建筑要求空间与环境结合能够满足游人的使用和识别的需求,因此其造型与空间较为简洁、开阔(图3.1.5);艺术

图 3.1.5 某公园茶室效果图

馆、书画馆、纪念馆等文化类园林建筑的空间要求能够充分满足内部展品的陈设,其造型和空间多封闭且雕塑感较强(图3.1.6);商店、温室、花房、盆景园等经营类园林建筑对建筑的采光、通风、购物、观赏、运

输等空间要求,需从内部商品、植物的有利环境来综合考虑,造型与空间多以高空间、大跨度来解决……

图 3.1.6 某盆景园效果图

3)建筑物内部各功能区块的考量

内部各功能区块的考量即要求设计人员依据园林建筑的性质与使用需求对其内部进行合理的划分:一方面,可依据不同功能区对通风、采光的需求安排其在建筑中的具体的方位,如茶室中的饮茶区需具有最佳的景观面,开水间与服务台多数景观要求不高但需与饮茶区最为便利的服务;餐厅的厨房需布置在通风状况优良的下风向(图 3.1.7);另一方面,可依据不同区域对动与静、主与次、内与外的需求划分功能区块,对建筑横向(即同一楼层平面)、纵向(即不同楼层平面)的功能划分做出大体的安排。如艺术馆的展示区要求有整体的墙面以供布展,而创作室则要求有较高的私密性和景观性,储藏空间则要具有较高的安全性和独立性便于藏品的储藏和保护(图 3.1.8)。此一阶段可以功能简图的图示形式(即我们常说的泡泡图)加以表达。

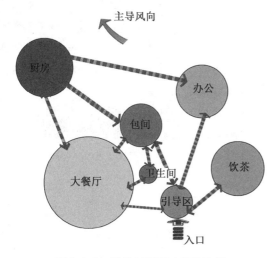

图 3.1.7 某公园餐厅功能泡泡图

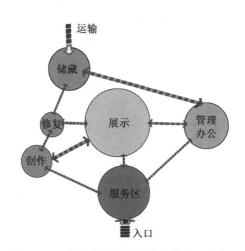

图 3.1.8 艺术馆展示与储藏功能关系泡泡图

3.1.2 设计阶段

园林建筑设计阶段是多学科交叉互动并向着满足诸多要求的综合目标反复推敲、深入、不断完善的复杂的创作过程。此一阶段是设计过程的重中之重,亦即设计的立意和达意过程。这就要求设计者对园林建筑的特殊性有明确的认识,具体而言可归纳为以下几点:

(1)景观艺术要求更高。爱美之心人皆有之,园林建筑作为观景的主要场所和主要的景观物,兼具陶冶受众性情提升受众审美的精神性格,人们往往更加注重其美学价值,对其建筑艺术和景观美学的需求远远超出了普通的民用建筑。

(2)承载更多的灵活性。休憩游乐生活多样性造成了其物质载体之一的园林建筑在使用和观赏上承

83

受更多的需求多样性,这就要求其在面积、形式、功能的选择与组织上不拘一格、灵活多变,在有限中创造无限的可能。

(3)关注地域文化。园林建筑个性化需求使设计者更多地关注地域文化与建筑的融合,这是因为地域文化对于园林建筑唯一性的创造更为有效,对地域文化的有效诠释是园林建筑确立唯一性的主要途径之一。

(4)契合自然环境。园林建筑与其存在之环境要素山、水、植物、动物、气候、光线等组合成了整体的空间环境,形成了丰富多彩的园林景观。对自然环境的映射与反馈是其成功与否的关键所在。

3.1.2.1 设计立意

1)立意的价值

设计活动本身是一种受外部条件限制的思维活动,是一个从无到有、反复循环、逐步完善的过程,是一个设计思维逐步发展、完善并最终物态化的过程。设计立意可以说是这一复杂过程的起点也是设计的生命所在,是设计的灵魂。园林建筑景观价值的突出地位,使设计立意在园林建筑创作过程中的灵魂地位愈发显著。

2)立意的构建

(1)文化肌理入手 以文化肌理为出发点,确立设计基点,构建契合文化的立意。这样的立意多以地域文化为主要研究对象,因为地域文化内涵具有与生俱来的排他性,是契合园林建筑本身的灵魂,最有利于创造设计的唯一性。而唯一性正是园林建筑的独特性,也是园林建筑的生命力之所在。如浙江天台山风景名胜区赤城景区的济公西院,由八盖阁、葫芦斋、袈裟门等组成,设计者以济公文化为切入点,以济公的袈裟、酒葫芦、薄扇为文化象征,彰显了瑞霞洞宗教文化的丰富内涵,成为赤城景区文化核心景点(图3.1.9)。

(2)自然肌理入手 园林建筑场所范围内一切地势、地貌、植被、水文等自然条件均是其创作设计的限制,也是其创作灵感的源泉之一。因此,以其场所范围内的自然肌理条件为设计出发点,构建契合场所自然肌理的设计立意有事半功倍的绩效。如新昌大佛寺佛心广场设计中,设计者在合理解读环境自然肌理特征基础上,因借原有地势地貌,通过景亭、牌坊、照壁、摩崖石刻、净水莲花、无字照壁等景点的精心布局,赋予其文化特征,营造出契合环境、独具匠心的佛心广场(图3.1.10)。

图3.1.9 济公西院

图3.1.10 大佛寺风景区佛心广场整体鸟瞰

图3.1.11 温室独特通风需要产生的建筑形式

(3)使用需求入手 园林建筑的使用带来不同的空间要求、不同功能布局形式,因此可以根据其不同的使用功能进行创作。如山东环翠公园的温室设计(图3.1.11),设计者通过顶部采光以及自动控制的开

图 3.1.12　福建长乐县海螺塔

启式通风系统,解决了温度、湿度的控制难题,形成了独具特色的建筑形式。

（4）景观需求入手　由于园林建筑景观要求的突出地位,因此也可以以其景观要求为出发点,确立设计基点,构建契合环境景观需求的园林建筑。如建于 1989 年的福建省长乐县的"海螺塔",其独特的建筑风格和醒目的地理位置,在海、空、礁、堤的景观格局中获得了和谐,成为长乐下沙海滨度假村的重要景观标志(图 3.1.12)。

以上手法多数并不是单独使用,而是以一种为主,其他为辅的形式来进行创作的。如济公院的创作。

3.1.2.2　达意手法

虽说园林建筑设计有法无式,即设计应该依据不同的立地条件和设计要求进行不拘一格的创作,但仍然可以根据设计达意方式的主次不同分为传统和非传统两大类型。传统类型的达意多以美学、功能为创作的主要出发点,而非传统类型的达意多以生态、技术为创作的出发点。虽然具体的达意手法不可能一一尽列,但通过对几种较为常见方法的解释仍然可以为设计者打开创作之门。

1）均衡

园林建筑的各个组成部分,在形体、色彩、空间和风格上具有一定程度的一致性,会给人带来均衡的建筑体验,并形成统一、整齐的感受。此种方法需要掌握韵律的节奏,以克服呆板、单调质感,力求统一中富于变化的均衡美。

在设计过程中大可不必担心为多样化而担心,园林建筑的各种功能在满足需求的同时,建筑本身的复杂性势必会造成形式的多样化,即使一些功能要求简单的设计,也需要不同的设计要素,因此设计的首要任务是把握这些多样化的节奏,将其纳入统一的均衡美之中。

（1）对称与非对称　对称以设计中心为基准左右布局,中心明确给人以稳重、安定的均衡美。我国传统园林建筑单体大多采取此种手法,整体布局仅在古典官式园林建筑群中使用(图 3.1.13)。非对称均衡手法,多围绕设计中心巧妙布局。此种手法多给人形散神不散的美感,我国传统园林布局多采用此种手法(图 3.1.14)。

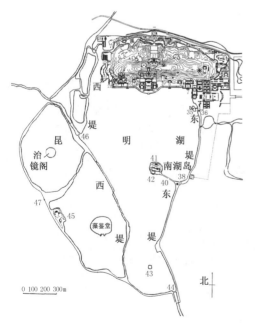
图 3.1.13　颐和园平面

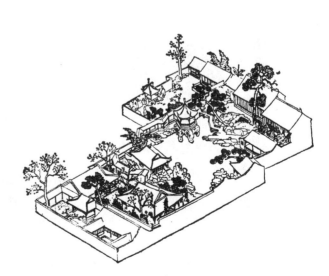
图 3.1.14　苏州网师园鸟瞰

85

（2）空间轴线的均衡　建筑布局中空间轴线是最为常见的均衡控制手法,根据空间轴线确立主次关系,强调位置,主要部分置于中轴线上,从属部分置于轴线两侧或周围。空间轴线的合理安排可使建筑的各组成部分形成整体,等量的二元体若没有空间轴线的控制将无法构成均衡的整体(图3.1.15)。

（3）突出主体　同等体量难以突出主体,利用体量差异、特征差异的衬托才能强调主体。在空间组织上,同样可以以空间大小的差异衬托主体。以高大或明显的主体统一全局,构成均衡,这是此类设计较为常见的设计手法(图3.1.16)。

图 3.1.15　颐和园鸟瞰的轴线布局

图 3.1.16　颐和园万寿山的主体建筑佛香阁

2）对比

对比是以强烈的差异寻求美学平衡的表达方法,通过建筑的虚实对比、空间对比、方向对比、色彩对比、材料对比等把握节奏的常用设计手法,通过对比可使人们对物体的认识得到夸张。

（1）虚实对比　建筑的虚实通常是指实墙面和洞口,以及由此带来的光影变化。在设计过程中,虚实对比通常会给人们带来强烈的视觉感受。当然虚实并非是一成不变的,可以根据创作的需要进行有效的转换。例如,展览馆需要大面积的实体墙面、屋面,但创作过程中一旦感觉这样的实体墙面会给人带来压抑、沉闷的感受,则可以通过出挑、加设外廊的形式,或者局部开启洞口,以光影的变化变实为虚,反之亦然。如杭州西湖边上的历史博物馆,其大面积屋面原本在建筑体量中显得极为厚重,通过屋面上的局部开启,使实与虚发生了转换(图3.1.17)。

图 3.1.17　杭州历史博物馆屋顶的虚实化解

（2）色彩对比　色彩对比主要通过色彩的属相(色相)来完成的,互补色的对比、色彩的明暗对比、同一色系的色相对比是最为常见的表现手法,优秀的色彩对比对设计有事半功倍之效。这一点在中国古典园林建筑中较为常见,通常所见的粉墙黛瓦(图3.1.18)、红墙碧瓦虽有等级制度的规制,但其中的色彩差异所取得的美学功效是毋庸置疑的(图3.1.19)。

图 3.1.18　传统园林建筑的色彩搭配——粉墙黛瓦

图 3.1.19　泰州望海楼的色彩搭配

3)韵律

韵律即节奏,是任何物体组成系统不可或缺的一种属性。在重复中变化、在变化中重复是韵律的本质,而节奏的突然改变是设计取得美学特征的常用手法。

(1)连续　连续的韵律是通过三个以上的重复单元,取得大小、距离、形式的统一而获得韵律,通常采用以下几种手法获得连续的韵律:

① 因距离相等、形式相同的单元重复产生的韵律,如柱廊、展窗等传统园林手法(图3.1.20)。

② 因不同形式的交替出现产生的韵律,如花窗的交替出现(图3.1.21)。

③ 竖向上的连续变化形成的韵律,有相互对比和衬托的效果。

图 3.1.20　扬州何园中回廊的韵律之美

图 3.1.21　扬州何园中花窗在韵律中的变化

(2)渐变　即在变化的过程中通过节奏的递增和递减而形成的规律,其带来的心理感受是一种逐步衰减或递增的演变,相对较为温和。

(3)突变　即韵律节奏在横向、纵向的发展、变化中取得的韵律,因而此种手法看似无序,实则无序中仍需把握节奏的秩序,因此此种变化形式最为复杂。通常以某种节奏为主,以次要节奏为辅,加以变化,丰富空间效果。

4）象征

象征是艺术创作的基本艺术手法之一,指借助于某一具体事物的外在特征,寄寓设计者的思想,或表达某种富有特殊意义的事理的创作手法。象征的本体意义(建筑)和象征的意义(被象征事务)之间本没有必然的联系,但通过设计者对本体事物特征的突出描绘,会使欣赏者产生由此及彼的联想,从而领悟到设计者所表达的含义。另外,根据传统习惯和一定的社会习俗,选择人民群众熟知的象征物作为本体,也可表达一种特定的意蕴。如红色象征喜庆、白色象征哀悼、喜鹊象征吉祥、乌鸦象征厄运、鸽子象征和平、鸳鸯象征爱情等。

象征这种建筑设计手法,可使抽象的概念具体化、形象化,可使复杂深刻的事理浅显化、单一化,还可以延伸描写的内蕴、创造一种意境以引起人们的联想,增强表现力和艺术效果。通常采用的具体的象征手法是直接性的拟生手法和间接性的隐喻手法。

(1)拟生　设计者多对某种植物、动物甚至是商品等事物较为钟爱,或者觉得这样的事物特征能够有效表达园林建筑的内涵与趣味,往往采用直接复制的手法,按照一定的比例以建筑语言复制象征意义的特征,以求得设计的有机美感和形体的生动性。如某园林建筑设计者以海螺为象征意义,借以展示生物的自然美(图3.1.22)。

(2)隐喻　在明确象征意义的具体特征后,设计者以一种较为隐晦的设计手法抽象出具体的建筑语言以局部传达的手法,暗示象征意义。如某拟声建筑,设计者从腔肠生物中得到启发,进而提炼出柔滑、平软的建筑语言,创造出梦幻般的内部空间(图3.1.23)。

图3.1.22　某海螺造型的园林建筑

图3.1.23　法国某住宅拟仿腔体生物的内部空间

5）生态

当今全球环境问题愈演愈烈,在严峻的现实面前,人们不得不重新审视和评判我们现时奉为信条的功能主义、美学至上等建筑设计价值观,节能、环保、低消耗的生态建筑设计观念日益成熟。园林建筑设计中采用的生态手法,要求建筑以主动的方式节约能源,充分利用大自然的光能、风能、水能等天然能源,根据当地的生态环境条件,运用合理的生态技术组织安排能源、环境、建筑及其他相关因素之间的关系,使建筑和自然之间成为一个同命运、共呼吸的有机生态结合体。建筑在满足功能需求的同时具有良好自我净化能力和生态调节能力,人、建筑与环境之间形成一个良性生态循环系统。

大别山度假村是大别山主峰景区内以全新的生态理念设计的绿色生态建筑群,这组建筑并没因影响生态平衡而与环境格格不入,反而因超越了单一文化限制而成为文化差异体验的代表性建筑(图3.1.24)。生态化园林建筑的设计观念,可通过低碳建筑材料的普及使用,设置庭院改

图3.1.24　大别山度假村的生态建筑

善园林建筑的自然采光、通风状况以降低能耗,种植花草树木为建筑提供阴影和富氧环境空间,合理设置窗洞开启面积,有效利用太阳能(如安装太阳电池板解决电能),消除没有自然通风和采光的暗房间等等,这些设计上的主动措施,为园林建筑降低能耗、减少污染、增进自净化能力的生态化转型提供了帮助。

6)技术

这是一种在设计过程中较为注重建造技术,并以此为出发点进行设计的方法。园林建筑建造技术大体可分为三类:古典建筑技术、现代建造技术、新型建筑技术。

古典建筑技术是以建筑材料进行区分的,分为木构技术和石构技术。这是因为古时木和石是人们能够掌握并了解材料性能的主要建筑材料。我国木构建筑技术独树一帜,形成成熟的建造体系,其本质是利用木材的柔性特点,以杠杆原理进行设计,并在不断地发展过程中通过化整为零的方式,以木构各分部件的巧妙组合解决了木构建筑大空间的难题(图3.1.25)。石构建筑则是利用石材的刚性特点,以合理的受力形式进行设计,并在不断地

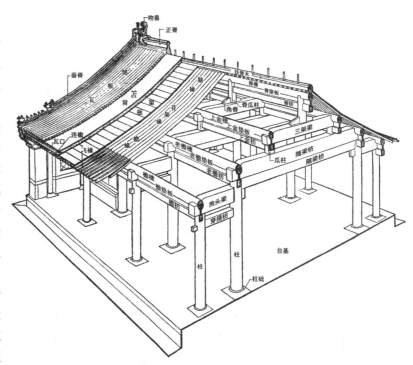

图 3.1.25　中国建筑木构架各部名称(清代七檩硬山大木小式)

发展过程中通过化零为整以券的形式,解决了石构建筑大空间的难题。二者都体现了古人的聪明智慧,并在材料性能与建筑美观上达到完美境界。

进入现代工业发展后,人们发现了新型建筑材料,这就是钢和混凝土。这两种材料也是现代社会最为普遍的建筑材料。钢和混凝土的使用迅速解决了全球快速发展对建造周期、建造数量和使用要求上的诸多难题,并使建筑形式和建造技术发生彻底的改变。随着技术的日渐成熟,人们又拓展了这两种材料的使用性能,创造了许多巧妙的结构形式,如钢结构、悬挂结构、壳体结构(图3.1.26)、牵拉结构、预应力结构等等,结构技术形式层出不穷,为建筑形式与功能的发展提供了广阔的空间(图3.1.27)。

图 3.1.26　伊东丰雄设计中采用的壳体结构形式

图 3.1.27　瑞典卡尔卡瑞斯考古博物馆的听之亭,采用了厚达 15 mm 的耐候钢板,静谧饱和的红色整体显出历史的沉淀感

随着科技的发展，人们发现了更多的建造材料，如：橡胶、塑料、膜、纤维、陶瓷、化工产品、再生材料等新型材料，以及传统材料的创新使用（图3.1.28）。并依据材料的不同性能发展了不同材料的建造技术，为园林建筑提供了更加广泛的创作空间，如充气结构形式的出现使建筑第一次完成了由气体进行承重的创举，碳素纤维使建筑在坚固的同时第一次轻盈了许多，拉索结构使园林建筑的支撑方式发生了改变（图3.1.29）。如

图3.1.28 上海陆家嘴中央绿地内的膜结构入口，自由的造型在比较规则的几何的建筑环境中成了调节气氛的元素

今随着能源危机的日益临近，各种节能、环保、可再生型材料发展迅速，各种新颖独特的建筑形式应运而生，为园林建筑的创作提供了史无前例的可能（图3.1.30）。

图3.1.29 德国慕尼黑奥林匹克运动场，以拉索支撑结构点支PMMA板，达到空间与环境的融合

图3.1.30 北京长城脚下的公社——竹屋，传统建筑材料竹的创新运用，形成了建筑特殊的韵味

3.1.3 完善阶段

完善阶段是设计过程的最后阶段，是指设计方案基本确定后，在具体安排、细部设计及配套技术等方面做最后的调整使建筑意象更加具体化，并用专业图示思维表现出来，形成最终的设计成果。此阶段是设计师通过详细的设计安排对园林建筑进行深加工的过程，通过对设计方案的不断完善，使设计成果能够如实反映前期的设计思维和创意，使建筑更加具体化、形象化。这一过程大致可分为以下两个方面：其一是设计明细化，即确定建筑与环境的密切关系，确定建筑各功能布局的比例与组织，细化建筑体量、虚实等使用和美观上的具体做法，以及彼此的衔接和各部件的具体尺寸；其二是技术明确化，即协调各配套工种：结构、水、电、暖，选择恰当的设备和技术完善设计。以上两个方面的完善，反映在设计上需以具体的专业图纸进行表达，即不断深化建筑设计的同时与各专业相互协调、反复推敲，如实表达在建筑的总图以及平面、立面、剖面图之中。

1）总体平面的完善

根据园林建筑内部不同的功能和使用要求，反复推敲建筑、环境、交通三者之间的统一布局，主要就建筑入口、停车、交通组织与分流、室内外的过渡、室外活动场地、景观、服务区、设备场地进行统筹规划和安排，以满足场地整体景观格局的塑造，及各项使用功能的完善。

2）平面深化

每一幢园林建筑均由不同性质、内容、形态的房间组成，房间是构成建筑的基本空间。优秀的平面组织是设计深化的基础，深化平面即是对各个房间的尺寸、形状、比例、朝向、采光、通风、设备以及空间形态进行具体的安排与协调，其目的在于完善功能使用和空间形态，满足技术经济要求，使单个房间自身得到设计深化，同时也反作用于全局，最终使整体设计得到提高。

平面的深化主要包含两方面的组织：其一，是对平面空间的形态、大小和比例的设计，这主要取决于房

间的实用功能、技术要求、使用者的人数及其活动范围、家具与设备的数量和布置方式。其中房间的三维比例以及开洞大小和位置是房间设计的关键,这就需要设计者关注使用者行为模式、人体工学尺度、行为心理感受、景观需求以及设备的详细尺寸,综合权衡以上因素,塑造一个合理引导行为、使用方便、尺度宜人、景观优良的空间形态。其二,是对建筑整体平面的组合完善。在方案阶段,尽管已对建筑大的平面布局做了合理地安排,把握了设计的方向。但各空间之间的相互关系仍然需要做进一步的确认。在保持和强化原有功能安排和空间形态的基础上,设计者需从以下几方面来思考和调整:

(1)从生活规律和工艺流程等既定秩序关系方面深化房间的安排。如茶室的房间组织必须以引导→饮茶→服务的流程进行设计,而餐厅的厨房则要从运输→粗加工→洗涤→精加工→配菜→烹调→备餐的工艺流程进行设计。

(2)从结构布置逻辑的要求来推敲平面空间。在完善平面设计时,若有房间布局、面积、层高需要变动,都应在统一的结构体系中进行调整,一般需把握上大下小(即大空间置于小空间之上)、内大外小(即大空间置于小空间以里)的有利原则,以确保原有的结构逻辑关系。

(3)从空间序列变化的要求来调整平面组合。在满足功能秩序以及结构逻辑要求的前提下,园林建筑平面组合还要进一步完善若干房间的衔接与过渡,以使人们在使用过程中行为方式不被打断,并能充分感受建筑空间的艺术感染力。如通过将大小悬殊、差别显著、开敞程度不同的空间巧妙地组织在一起,使空间的强烈对比在人的心理中产生特殊的效果。也可通过庭院、连廊等过渡空间的使用,增进不同空间彼此间的贯穿、渗透,从而增强空间的层次感和流动感。

3)剖面深化

剖面是反映建筑空间竖向关联、结构支撑、技术要求以及建筑与外部环境关系的主要手段,其深化的主要内容包含以下三个方面:

(1)对基地地形的推敲。园林建筑大多构筑在具有一定高差的坡地上,其室内外高差关系要依地形而定,切忌与地形不符。虽然坡地对设计有所限定,但如果巧于利用地形,不但能使建筑与环境有机结合,而且对于内部空间的形态也起到丰富的作用。

(2)空间塑造的完善。由于功能要求的层高不同或地形存在高差时,园林建筑常会有多个功能区标高不同的情况。在剖面深化设计的过程中可通过错层的方式,利用踏步或者楼梯段把不同标高的建筑空间联系起来,此时竖向交通方式成为丰富空间的关键所在。此外,对于空间顶层界面形式、材料的推敲同样能够创造丰富的内部空间。

(3)技术要求与空间的巧妙结合。剖面设计深化的过程常常会遇到相关技术的特定要求,虽然各种结构厚度,通风、防水、抗震、抗变等构造形式,管道、消防、设备等综合管线具有特定的距离、尺寸、安全规范等技术要求,但这些并不与剖面相矛盾,通过合理的规避和引导仍可巧妙地将其组织在空间的塑造中,使其成为空间的一部分,变不利为有利进行积极的设计创造。

4)立面深化

在设计构思阶段,虽然我们对建筑的体量、组合、空间安排、形态处理做了大量的思考与设计,并为建筑立面形态确定了框架,但这一切尚不能完全代替立面深化推敲的设计任务。立面深化就是以三维时空的反复推敲,遵循建筑使用需求以及美学原则与规律,详细考量建筑体量、造型、虚实、美观、采光、通风的表皮(立面)表达。明确虚实、比例、材料、轮廓、细部、色彩、个性化的表达等具体的设计形式,使立面映射建筑的性质、内涵、特征,达到与设计思维、技术条件、平面内容、空间构成的完美结合。

虚实处理。立面的虚实是针对行为或视线是否可以通过而言的,虚即是行为可以通过或视线可以穿透的部分,如洞口、廊、檐、玻璃面、透明材料等;实则是行为不能通过或视线不可以穿透的部分,如墙、柱、梁、非透明材料等。立面虚实比重的不同会带来不同的建筑效果,立面虚实设计就是结合建筑的功能需求(通风、采光、景象的要求),通过虚实的对比与组合取得最能完美表达设计思维的建筑效果。通常而言,虚实比例在一个立面中不宜均等布置,更不能彼此毫不相干,需有主次之分,兼顾功能,彼此渗透,虚中有实,实中有虚。

比例推敲。立面比例包含了立面外轮廓的整体比例、立面内各形式要素的自身比例关系,以及二者相互之间的比例关系。立面的比例很大程度上受到建筑功能、空间、形体、平面与剖面设计的制约,如园林建筑多规模较小、空间要求较为开阔,因此常常产生立面比例过于短粗的感觉,这就需要对立面进行调整,适当增加立面中虚的比例,以打破立面过于短粗带来的臃肿之感。通常采用一些出挑、叠加、重复(如飘窗、片墙等)细部处理手法,有时甚至会采用一些墙外有窗、窗外有墙的虚实变换的伪装手法进行整体调整,修正比例,以使立面达到设计思维中的建筑意境。

材料深化。建筑外墙材料主要反映在立面之上,因此综合处理立面材料的质感、色彩、肌理、图案等,是塑造建筑的主要设计手段。材料并非一定要使用贵重的,关键在于使用的恰到好处,才能达到和谐之美。很多情况下,反而是一些乡土的、生态的建筑材料的选择和运用,给园林建筑带来了地域和文化的独特性。

3.1.4 思维特征

综上所述,整个设计过程中的思维特征,其感性与理性思维因工作内容的不同而彼此交织、各有侧重。在准备阶段,设计者对立地环境的第一直观感受对设计构思而言具有重要的地位,而在资料收集的过程中则要求设计者以理性的思维对资料进行科学、严谨、详细的分析和取舍,才能为设计做好充足的准备。在设计阶段,设计者应该以感性思维为主,着重园林建筑的创造性设计,不拘泥于结构、技术的限制,追求设计构思的最大化和建筑意境的最大化。而在完善阶段,设计终将落入实处,这也是园林建筑工程性、真实性的体现,此时设计者往往要受到很多法规、规范条例的制约,也会被一些固定的标准或现有的条件所限制,这就要求设计者以理性思维的分析、综合为主,着重解决设计理想与现实的协调。因而从思维特征上看,它的理性成分比较大,往往要做很多较客观和理性的分析、综合和评价,使园林建筑既要富于真实性,满足工程性的要求,又要富于表现性,表现出设计者的构思意图,反映出设计者所追求的建筑意境,从而使人们真正体会到设计者匠心之所在。总体而言,理性思维与感性思维在设计的过程中无时不在,二者并非是二元对立的矛盾体,而是解决问题的不同侧重点。在设计中彼此共存、相互转换,随着设计的不断深入,创造性思维相对有所减少,而机械性、重复性的理性工作不断增加。

3.2 场地概述

场地,又称 site。狭义的场地指建筑设计时的基地,即在一定环境中,具有地形特征和某些地物的有限空间范围。广义的场地除了建筑基地外,还包括自然条件、地理地质、地域文脉等内容。建筑场地选址和设计是重要的建筑设计前期工作,主要体现在如下的三个方面。

第一,场地对于建筑设计,起着既制约,又引导的双重作用。大量优秀的建筑设计方案,例如美国建筑师赖特设计的流水别墅[①](图 3.2.1)、贝聿铭的卢浮宫改造设计(图 3.2.2)[②]、中国古代建筑杰作悬空寺

图 3.2.1　流水别墅

图 3.2.2　卢浮宫改造设计

图 3.2.3　悬空寺

①　http://www.flickr.com/photos/photosbyfontaine/4050608517/sizes/l/
②　http://www.flickr.com/photos/74103693@N00/4072684282/sizes/l/

（图 3.2.3）①、依山就势的吊脚楼民居②（图 3.2.4）等都是建立在对场地及周边环境精确解读基础上的。中国传统园林瑰宝之一的拙政园香洲更是一处建筑与环境良好对话的典范③（图 3.2.5）。园林建筑设计第一步就是要做好场地的解读和分析。

图 3.2.4　吊脚楼民居

图 3.2.5　拙政园香洲

作为园林建筑，场地范围很大，有时几乎没有限制，例如公园中偶尔出现的小品建筑。但这并不等于园林建筑设计不需要考虑场地，而是场地条件从不同于城市中建筑基地限定的方向影响建筑设计。例如园林中有很多具有观赏价值的植物，这就会对邻近植物建筑的朝向和尺度提出要求，如苏州拙政园中的待霜亭④（图 3.2.6）；园林中往往具有明显的地形高差变化，这就会对建筑的形式和室内空间处理提出要求，其优秀代表例如杭州西湖西泠印社的山地群体建筑组合⑤（图 3.2.7）。简言之，园林建筑最大的特色就是和场地环境的协调关系。目前逐渐盛行的生态观念，体现在建筑领域，最主要的特征就是建筑和场地、环境的和谐共处而不仅仅是对建筑进行生态化处理。

图 3.2.6　拙政园待霜亭

图 3.2.7　西湖西泠印社的山地群体建筑组合

---

① http://upload. wikimedia. org/wikipedia/commons/c/c4/Hanging_Temple. jpg
② http://www. flickr. com/photos/uib/2769677541/sizes/o/
③ http://www. flickr. com/photos/chen_cao/3813867631/sizes/o/
④ http://ganzhi. china. com. cn/chinese/ch-czyl/htm/images/4. jpg
⑤ http://www. flickr. com/photos/peter-ling/4038103627/sizes/o/

第二，场地设计衔接了上位规划和具体建筑设计方案。根据我国《城市规划法》规定，建筑方案向上受到规划(城市规划工作包括城镇体系规划、城市总体规划、分区规划和详细规划等，详细规划又分为控制性详细规划和修建性详细规划)的影响，向下衔接施工组织。其中，控制性详细规划对场地设计的控制最为具体，它以总体规划或分区规划为依据，详细规定建设用地的各项控制指标和其他规划管理要求，或直接对建设作出具体安排。任何一个项目都必须经过"两证一书"的法定程序[1]，即：

- 核发选地意见书的程序；
- 审批建设用地、核发建设用地规划许可证的程序；
- 审批建设工程、核发建设工程规划许可证的程序。

只有符合法定程序的建筑项目才能合法施工、验收、交付使用。而场地的选址和规划是这些步骤中的第一步。在风景区和公园等类型的园林建筑建设过程中，上述程序略有变化，但大体类似。园林建筑设计师应具有明确的依法依规进行场地规划的意识。

第三，场地选址设计是建筑设计必做的前期工作。深入准确的建筑设计工作的第一步，就是对场地进行调查，获取设计所需要的必要信息，表3.2.1罗列了一些主要的内容：[2]

表 3.2.1　场地的调查内容和调查方式

调查项目	调查内容	调查方式
场地范围	场地方位、面积、朝向、道路红线与建筑控制线位置、是否有发展余地等，以及与现状地形、地物关系	需现场实测并记录一些尺寸；注意地形图中表达不清或与实际有出入处
规划要求	当地城市规划的要求，如用地性质、容积率、建筑密度、绿化率、后退红线、高度限制、景观控制、停车位数量、出入口等	结合控制性详细规划设计条件，需到当地城市规划主管部门走访
场地环境	场地在城市中的区位、附近公共服务设施分布、空间及绿化情况，道路及停车等交通设施状况，附近有无水体、"三废"等污染源以及军事或特殊目标等	实地踏勘、访问、观察并记录、核对现状图，了解有无可利用或协作的设施与条件
场地地形及地质、水文等	场地地形坡向、坡度，有无高坡、洼地、沟渠；场地岩脉走向、承载力情况，有无不良地质现象；附近水源、洪水位和地下水状况；有无古迹古物等	实地踏勘、访问、观察并记录、核对地形图；进行地质初勘；走访当地地质、水文部门
当地气象	当地雷雨、气温、风向、风力、日照及小气候变化情况等	实地调查、访问，必要时走访当地气象台(站)
场地建设现状	原有建筑物、构筑物、绿地、道路、沟渠、高压线或管线等情况，可否保留利用，场地建设是否占用耕地	实地踏勘，核对建筑拆迁及青苗赔偿情况，记录绿化及其他可利用现状
场地内外交通运输	毗邻道路的等级、宽度及交通状况，场地对外交通、周围交通设施情况，人流、货流的流量、流向，有无过境交通穿越，有无铁路、水运设施及条件	现场调查、记录，必要时走访交通、公路、铁路、航运等部门
建筑材料及施工	有哪些地方性建筑材料，距场地运距，施工技术力量情况等	实地访查、访问，记录、查阅有关资料
市政公用设施	周围给水、排水、电力、电信、燃气、供暖等设施的等级、容量及走向，场地接线方向、位置、高程、距离等情况	实地调查，走访有关部门，详细了解电源的电压、容量，水源的水量、水质等
人防、消防要求	当地人防、消防部门的有关规定与要求，现有设施是否足够可以利用等	实地调查，走访当地有关人防、消防部门等

---

① 刘磊.《场地设计》.中国建材工业出版社.2009:8-9
② 刘磊.《场地设计》.中国建材工业出版社.2009:14

只有在充分调查场地后,才能够建立场地概念,进而进行准确的判断分析。

需要指出的是,场地分析结果必须和建筑设计内容结合,并具备一定的灵活性。例如建筑基地上有必须保留的大树。方案一为结合大树,形成室外入口广场,方案二为结合建筑,成为中庭一景。两个方案都可以进一步发展,哪个可以做得更好,则取决于建筑自身的需求、设计者的创意和设计功力了。

场地选址和分析的好坏对建筑设计质量高低,尤其是园林建筑设计起着举足轻重的作用,而其相关的知识也是非常丰富的。下面将分述场地分析的专项内容。

3.2.1 场地读图

园林建筑师业务涉及很广。在设计过程中,设计师要多次和各种图纸接触。因此,一个合格的园林建筑设计师应该清楚了解需要哪种图纸并能够读懂这些图纸。

3.2.1.1 图纸比例

首先必须知道,在设计的不同阶段需要不同比例的总图。总规的图纸比例往往高达 1:50 000～1:100 000 甚至更高。这类图纸对于了解建筑基地的区位特征很有帮助,可以获知所在场地周边的用地类型,空间形态,和城市或周边地区的关系。但是对于具体场地认知基本没用[①](图 3.2.8)。场地调查前期,不需要非常精确的总图,视建筑的规模和场地大小差异,从 1:2 000 甚至 1:500 都有可能。在这种比例的图纸上,场地的大概走势,基本地物,周边环境关系都足够清晰,对于初期调研非常方便(图 3.2.9)。但是其精度不足以进行建筑设计,故在进入建筑设计的阶段时,必须要求至少 1:500 以下的地形图和 1:1 000 以下管线图。如果是旧建筑改造,则至少要有 1:250 以下的建筑平面图。表 3.2.2 罗列了部分常用图纸的常规比例[②]。

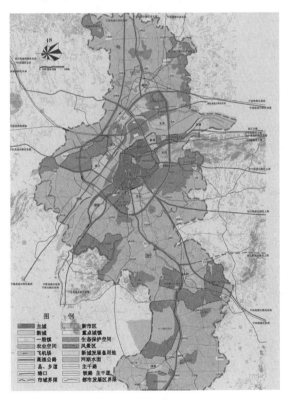

图 3.2.8 区位图

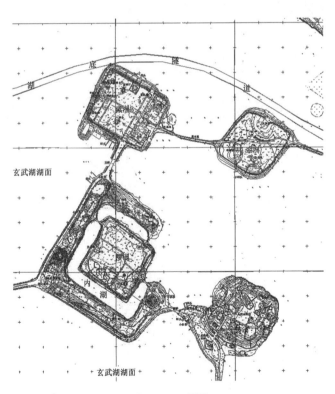

图 3.2.9 总图

① http://glgs.njgl.gov.cn/picture/0/061231101645781.jpg

② 《总图制图规范》

表 3.2.2 常用图纸常规比例

图 名	比 例
地理、交通位置图	1:25 000～1:200 000
总体规划、总体布置、区域位置图	1:2 000、1:5 000、1:10 000、1:25 000、1:50 000
总平面图、竖向布置图、管线综合图、土方图、排水图、铁路、道路平面图、绿化平面图	1:500、1:1 000、1:2 000
铁路、道路纵断面图	垂直:1:100、1:200、1:500 水平:1:1 000、1:2 000、1:5 000
铁路、道路横断面图	1:50、1:100、1:200
场地断面图	1:100、1:200、1:500、1:1 000
详图	1:1、1:2、1:5、1:10、1:20、1:50、1:100、1:200

3.2.1.2 图例

场地认知一般从两个方向着手,即图面认知和场地踏勘。在场地踏勘之前和之后,设计师都要反复读图。对一个园林建筑师来说,必须具备阅读各类总图的能力。这就要求设计师必须熟悉国家颁布的《总图制图标准》,能够读懂总图。总图由于要供很多专业使用,在基本的制图规则上,增加了一些必要的图例。此处节选了某些园林建筑设计中重要、常见的图例,如表 3.2.3①:

表 3.2.3 总平面图例

序 号	名 称	图 例	备 注
1	新建建筑物	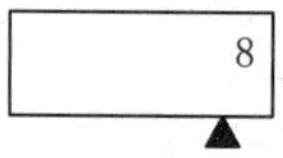	① 需要时,可▲用表示入口,可在图形内右上角用点数或数字表示层数 ② 建筑物外形(一般以±0.00 高度处的外墙定位轴线或外墙面线为准)用粗实线表示,需要时,地面以上建筑用细虚线表示
2	原有建筑物	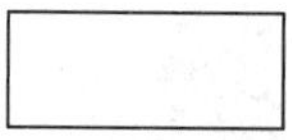	用细实线表示
3	计划扩建的预留地或建筑物		用中粗虚线表示
4	拆除的建筑物	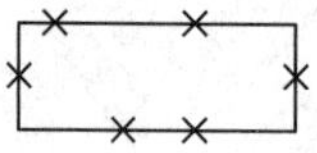	用细实线表示
5	散状材料露天堆场	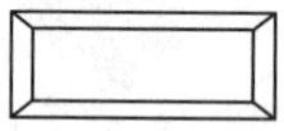	需要时可注明材料名称
6	铺砌场地	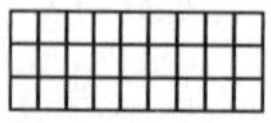	
7	敞棚或敞廊	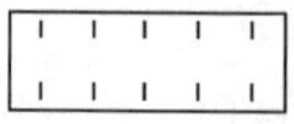	

---

① 《总图制图规范》

96

序 号	名 称	图 例	备 注
8	冷却塔（池）	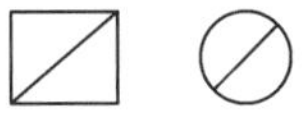	应注明冷却塔或冷却池
9	水塔、贮罐	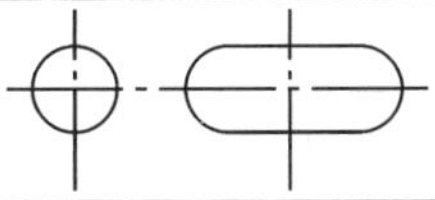	左图为水塔或立式贮罐 右图为卧式贮罐
10	水池、坑槽		也可以不涂黑
11	围墙及大门	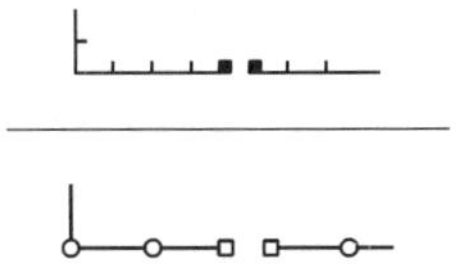	上图为实体性质的围墙，下图为通透性质的围墙，若仅表示围墙时不画大门
12	挡土墙		被挡土在"突出"的一侧
13	台阶	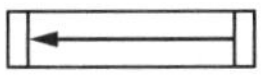	箭头指向表示向下
14	坐标	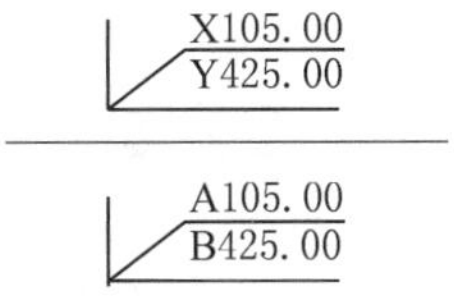 X105.00 Y425.00 A105.00 B425.00	上图表示测量坐标 下图表示建筑坐标
15	方格网交叉点标高	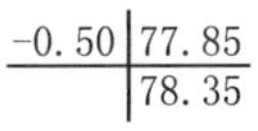 -0.50 | 77.85 78.35	"78.35"为原地面标高 "77.85"为设计标高 "—0.50"为施工高度 "—"表示挖方（"+"表示填方）
16	填方区、挖方区、未整平区及零点线	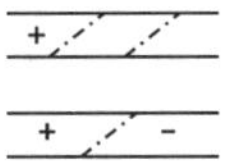 + — + —	"+"表示填方区 "—"表示挖方区 中间为未整平区 点划线为零点线
17	填挖边坡	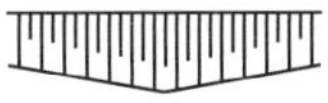	① 边坡较长时，可在一端或两端局部表示
18	护坡	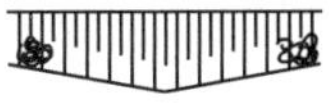	② 下边线为虚线时表示填方
19	分水脊线与谷线	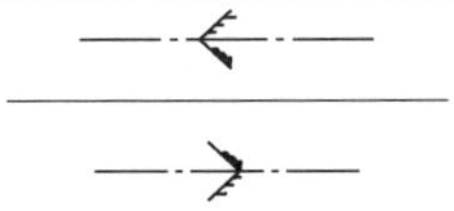	上图表示脊线 下图表示谷线
20	洪水淹没线		阴影部分表示淹没区（可在底图背面涂红）
21	地表排水方向		

97

序　号	名　称	图　例	备　注
22	截水沟或排水沟	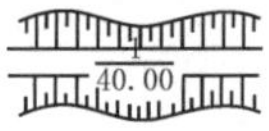	"1"表示 1‰的沟底纵向坡度,"40.00"表示变坡点间距离,箭头表示水流方向
23	排水明沟	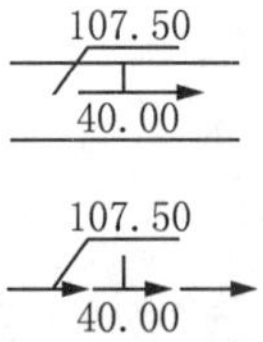 107.50 40.00 107.50 40.00	① 上图用于比例较大的图面,下图用于比例较小的图面 ② "1"表示 1‰的沟底纵向坡度,"40.00"表示变坡点间距离,箭头表示水流方向 ③ "107.50"表示沟底标高
24	雨水口		
25	消火栓井		
26	急流槽		箭头表示水流方向
27	跌水		
28	拦水（闸）坝	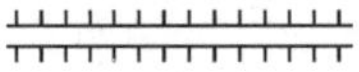	
29	透水路堤	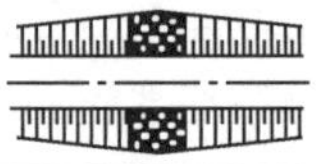	边坡较长时,可在一端或两端局部表示
30	室内标高	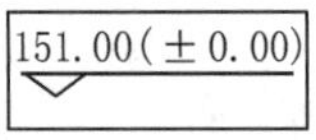 151.00(±0.00)	
31	室外标高	●143.00▼143.00	室外标高也可采用等高线表示
32	涵洞、涵管	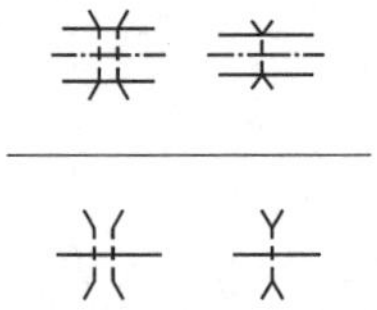	① 上图为道路涵洞、涵管,下图为铁路涵洞、涵管 ② 左图用于比例较大的图面,右图用于比例较小的图面
33	桥梁	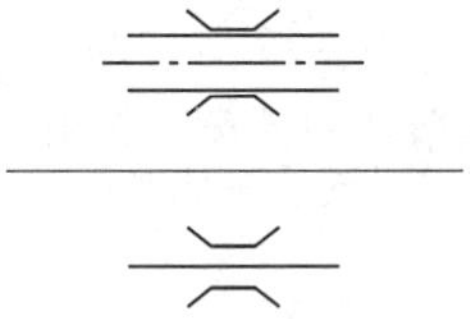	① 上图为公路桥,下图为铁路桥 ② 用于旱桥时应注明
34	跨桥线	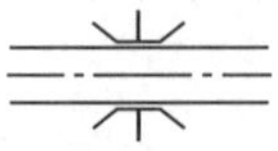	道路跨铁路
		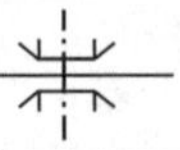	铁路跨道路
		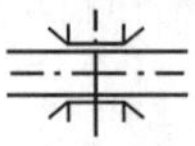	道路跨道路
		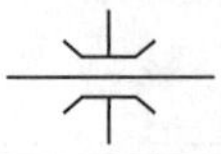	铁路跨铁路

序　号	名　称	图　例	备　注
35	码头	 	上图为固定码头 下图为浮动码头
36	管线	——代号——	管线代号按国家现行有关标准的规定标注
37	地沟管线	——代号—— ├—代号—┤	① 上图用于比例较大的图面，下图用于比例较小的图面 ② 管线代号按国家现行有关标准的规定标注
38	管桥管线	——代号——	管线代号按国家现行有关标准的规定标注
39	架空电力、 电讯线	—○代号○—	① "○"表示电杆 ② 管线代号按国家现行有关标准的规定标注
40	草坪	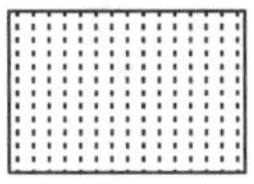	
41	花坛	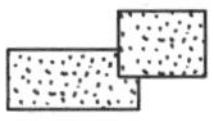	
42	绿篱		
43	植草砖 铺地		

3.2.2　地形地貌分析

在场地设计中，地形是场地中最重要的特征。不仅仅是由于其直接制约着园林建筑的选址、方位、尺度等，还因为它与其他各种自然条件如植被、日照等有着密切的联系。园林建筑设计师在读图和现场踏勘时，首要任务就是抓住地形特征，进而帮助勾勒建筑的选址、造型和内部空间组织的轮廓。

3.2.2.1　等高线的定义和基本特点

地形认知的第一步就是阅读等高线。等高线就是一组垂直间距相等，平行于水平面的假想面与自然地貌相交切所得到的交线在平面上的投影。等高线图就是用等高线来表示三维地形的图纸。

对地形等高线的认知，不能仅仅停留在等高距、等高线密度等基本概念上，还要能够通过阅读等高线图，获得对地形的三维想象能力。图 3.2.10 显示了一些典型的地貌场所和对应的等高线图[①]。有很多初学者对于建立这种三维想象能力颇感困难，这除了与其自身读图较少，缺少经验有关外，也和是否掌握正确的读图方法有关。表 3.2.4 总结了若干读图的经验方法[②]。

---

① 刘磊. 场地设计[M]. 第 2 版. 北京：中国建材工业出版社，2009：36
② 闫寒. 建筑学场地设计[M]. 北京：中国建筑工业出版社，2006.9：24

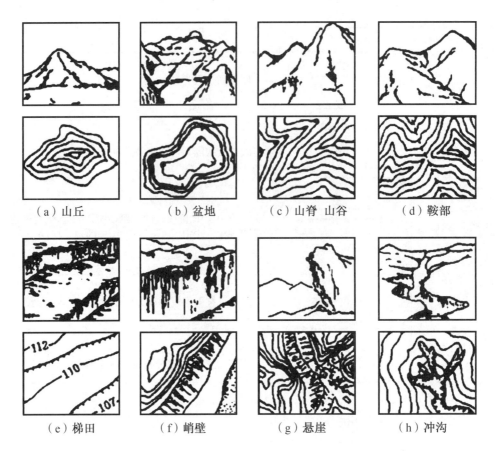

（a）山丘　　　　（b）盆地　　　　（c）山脊 山谷　　　（d）鞍部

（e）梯田　　　　（f）峭壁　　　　（g）悬崖　　　　（h）冲沟

图 3.2.10　一些典型的地貌场所和对应的等高线图

表 3.2.4　读图的经验方法

图　　形		读 图 方 法
地形凸起	地形凹下	当等高线环围的方向和字头朝上的方向一致时,表现的是地形凸起状态;当等高线环围的方向和字头朝上的方向相反时,表示的是地形凹下状态
地形凸起	地形凹下	当等高线环围的是下坡方向,则此时表现的是地形凹下状态;当等高线环围的是上坡方向,则此时表现的是地形凸起状态
地形凸起	地形凹下	使高程高的等高线置于眼前,等高线的曲线形态就好比竖向的剖断图

3.2.2.2 等高线的抽象理解

在了解场地基本地形特征后,首先要合理选址。园林建筑选址时首要考虑建立建筑和环境的良好对话关系。但是,自然地形是丰富多变而有机的,建筑往往是几何化的,这就要培养抽象看待地形的能力。自然形态下的地形虽然千变万化,但并非没有规律可循。通过抛弃细微变化,并将山体复杂的形态分解成若干基本构成部分,就可以发现,这些山体可以用接近几何的方式来描述。①

原型:等高线的线形大致有接近平直形、凸拐形和凹拐形等几种类型。(图3.2.11)平行直线段表示基本上没有凹凸变化的山体部分,部分椭圆表示凸形的山体部分或凹形的山体部分,而椭圆则可看做山丘顶部地段的原型。线和线的疏密表示了坡度的缓急。

有时山顶地段纵向较长,两侧就有可能出现接近平直的等高线。与此相对应,描述地段原型的等高线可以概括为平直直线段、椭圆或部分椭圆。如果是凸拐点,那么它们所代表的地段原型就是凸形

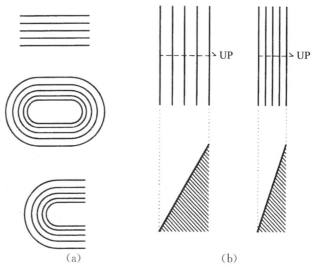

图 3.2.11　等高线线型(a)和等高线与山体坡度(b)

山体部分。如果是凹拐点,那么它们所代表的地段原型就是凹形山体部分(图3.2.12)。由于地形被简化为几何形体,则面积、体积也很容易推算,在很多情况下具有足够的描述精度。但是,这种模型对于局部空间描述能力好,对于山体走势的概括性则不够强,需要配合坡轴线来综合应用。

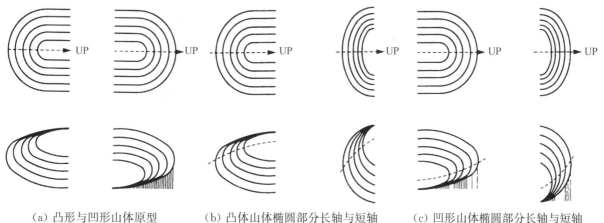

(a) 凸形与凹形山体原型　　(b) 凸体山体椭圆部分长轴与短轴　　(c) 凹形山体椭圆部分长轴与短轴

图 3.2.12　凸形与凹形山体的等高线

坡轴线:坡轴线即等高线各主要凸拐点的连线。这种方法可以更好地把握地形的走势。主要坡轴线的曲回与延伸,暗示"气脉"。坡轴线不仅在平面弯曲,也在空间中起伏。等高线凸拐点的间距对于主要坡轴线的动势起着十分重要的作用。若等高线凸拐点的间距较长,坡轴线在空间的状态就较为舒缓,从主体部分伸出的山翼平缓地伏下,显得十分流畅;等高线凸拐点的间距突然缩短,坡轴线在空间的状态则急剧下倾,山翼有戛然而止之势;在山体坡轴线上等高线凸拐点变换了方向,就意味着坡轴线在空间中呈起伏状。坡轴线的种种变化可以与复杂多变的形态对应起来(图3.2.13)。

除了坡轴线之外,在水岸地带,岸线的形态也是一种重要的线索。其基本线形则可以抽象简化为平直岸线、凹形岸线、凸形岸线三种类型(这里的凹凸都是指陆地相对于水体而言)。不同的基本线形对应着不同的水陆关系。平直岸线是陆地和水面在一个方向上延伸,彼此间没有凹进和凸出。严格说来,自然状态

①　郑炘,华晓宁.山水风景与建筑[M].南京:东南大学出版社,2007:14-19

图 3.2.13 坡轴线

下不存在完全平直的水岸线,只要在一定的长度内,岸线线形的凹进和凸出小到足以忽略的程度,就可以将这段岸线抽象为一段平直线。凸形岸线表示陆地伸入水体中,同时也意味着水面对陆地部分边界的围绕。当凸形岸线形成封闭的环状,水体位于岸线的外部,陆地就成为四面为水体环绕的岛屿。凹形岸线则是陆地对水面大部分边界的围合,同时也意味着水面伸入陆地之中。凹形岸线同样能形成封闭的环形,描述一片完整的面状水体(图 3.2.14)①。

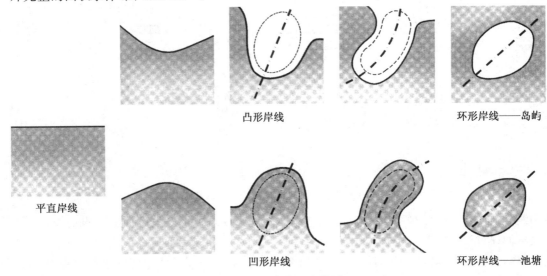

图 3.2.14 岸线形态类型

  将山体的特征简化为坡轴线,坡原型;将水体的特征简化为岸线形态和水岸原型,可以快速有效对地形有一个整体的把握。建筑选址和布局时就可以依照这些线索进行。

  3.2.2.3 选址与布局

  园林建筑的选址与布局不同于一般建筑。一般建筑总会选在易于建设的场所,如中国传统民居选址时会考虑适宜人居的日照、气候、水源等因素。常选在山水之间,既近水,又保证汛期不被山洪淹没的场

① 郑炘,华晓宁. 山水风景与建筑[M]. 南京:东南大学出版社,2007.6:27-28

所,还常避开山谷底部,择处溪流的扇形冲积地或坡度较小的山之南坡。并经历千百年积累了一整套规则和范式——风水[1]。在现代,选址完成后,还会按照经济技术指标推算布局方式。在很多建筑设计相关规范中,都会给出建设的适宜坡度。如表3.2.5[2]。

表 3.2.5 建筑的适宜坡度

项　　目	坡　　度
工　业	0.5%～2%
居住建筑	0.3%～10%
城市主要道路	0.3%～6%
铁路站场	0～0.25%
对外主要公路	0.4%～3%

这些经验对园林建筑选址是一个重要的参考。但园林建筑往往会选择在有视觉特点的地点,起到点景、观景作用。所以园林建筑师还应能快速地抓住地形中的"景观特质点"及其相应特征,才能正确地引导后续建筑设计的选址工作。建立前述各种地形抽象模型,就是为了帮助理解地形,突出其主要特征,更好的选址。结合前述的轴线和简化地形模型,一般建筑布局时可选在如下的位置:

(1)沿地形坡轴线方向或水岸线方向。

(2)地形体积的特征点,如顶部、切线位置。

(3)地形体积变化明显或相交处,如水陆边界、陡壁,坡度突变位置。

(4)体积上具有完形需要的位置,如山坳、平坦小丘靠近顶部位置。

例如南通狼山上的组群建筑,其建筑群体布局时的基本特征就是沿山体坡轴线和水岸线布置。具体选位时,要么选在有特征的顶部,要么藏在特征不明显得山腹,以达成高者显、低者隐的良好建筑环境对话关系(图3.2.15)[3]。各个场所地形特征差别很大,不存在统一的规则。图3.2.16[4]概括了山麓、山体中部和山顶;水岸平直段、外凸段、内凹段等几种典型地形的基本特征,可以作为后续建筑设计的参考。总体而

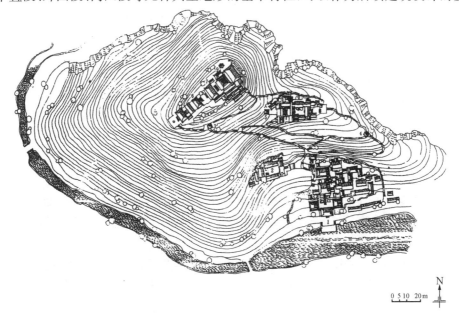

0 5 10 20m

N

图 3.2.15 南通狼山的组群建筑

① 郑炘,华晓宁.山水风景与建筑[M].南京:东南大学出版社,2007.6:32

② 刘磊.《场地设计》.中国建材工业出版社.2009:41

③ 郑炘,华晓宁.山水风景与建筑[M].南京:东南大学出版社,2007.6:52

④ 郑炘,华晓宁.山水风景与建筑[M].南京:东南大学出版社,2007.6:19-29

言,建筑选址和布局与地形的关系应是"顺势而为,因势利导,主次分明,显山露水"。即顺应地形坡轴线的基本走势,突出地形的主要特征或局部特点,建筑体积与地形的局部或整体体积关系要主次分明,尽可能使优美的山水成为建筑的一部分。其选址建设的具体策略分述如下:

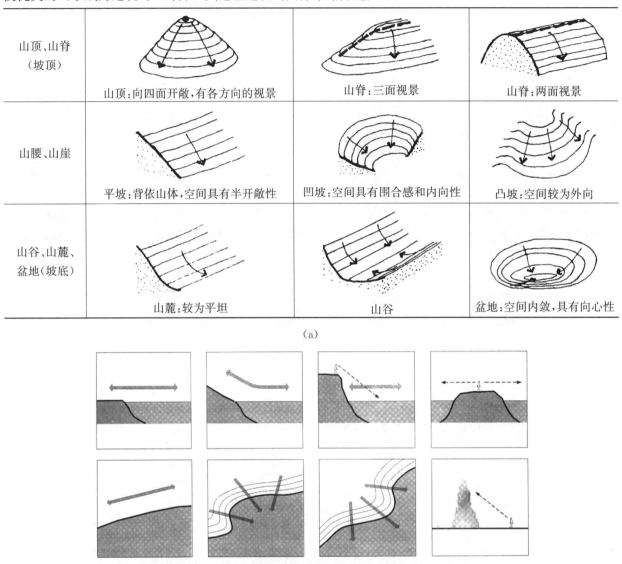

山顶、山脊（坡顶）	山顶:向四面开敞,有各方向的视景	山脊:三面视景	山脊:两面视景
山腰、山崖	平坡:背依山体,空间具有半开敞性	凹坡:空间具有围合感和内向性	凸坡:空间较为外向
山谷、山麓、盆地(坡底)	山麓:较为平坦	山谷	盆地:空间内敛,具有向心性

(a)

(b)

图 3.2.16　山地地段的空间属性(a)和水岸地形与空间指向(b)

1) 山体下部,山谷、山麓地带

山麓地带地面坡度较小,地势也较为开阔,地段包容度大,有利于建筑的展开。但另一方面,地形的体积和坡轴线方向不明显。建筑一旦出现,容易成为视觉焦点,故必须严格控制高度体量,不能过度遮挡山体。建筑轴线或序列方向应顺应坡轴线。其中,凸型地段有利于建筑物的展现,而凹型地段则易于建筑物的隐藏[①]。比较特别的是盆地和山谷这种具有明确向心性的体积,建筑的布局如果能够加强这种围合式的空间关系,则能大大提高场所的魅力。但是由于其几何形心位置排水不畅,很少将建筑放在盆地中央。

2) 山体中部

在山坡地带,地形体积感强烈,坡轴线方向明确。这一区域的建筑体积往往会和山体冲突,故具有一定的包容度的凹型地段比较适合作为建筑用地。从一定角度看去,建筑常可被山石、树木遮掩一部分,有利于山体轮廓线的维持。中国古代山地建筑就熟谙此道,所谓"深山藏古寺""曲径通幽处",表达了人们对

---

① 郑炘,华晓宁.山水风景与建筑[M].南京:东南大学出版社,2007.6:32

于这种选址方式的倾向。至于现存的实例,南通狼山的葵竹山房在接近途中被山石、树木遮掩了一些,使得建筑施加于山体中段的唐突感得到了缓和(图3.2.17)。明智的建筑位置的选择使得利用山体形态、地段形态特征的有利面成为可能。此外,凹型地段往往使山体在此处仿佛是缺失了一部分。从完形的角度看,山体缺口的天际线上,存在着连接缺口两点的潜在连线。在这样的山坡地带进行适度的建造,不但没有强加之嫌,还起着一定的补充山体形态的作用。除了凹形地段外,山坡地带的建筑选址大多是在那些体积上特别明显或山体走势特别显著的区域,用建筑来点出或者突出地形上有特征的部位,往往以前伸的山翼、突起的陡崖等为依托。但这时建筑体量控制往往和功能之间发生矛盾。如苏州灵岩山东南山翼上的印公塔院。灵岩山翼自东南麓拔地而起,坡度较陡,至山体中部转而变缓,逶迤而与山峰主体相接。由于建筑的群体体量较大,印公塔院没有选择坡度突变的边缘部位营造,而是退向北部,前面留出较大的开阔地带[1],如图3.2.18[2] 所示。

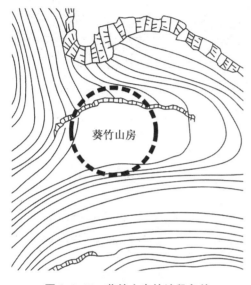

图3.2.17　葵竹山房的地段条件

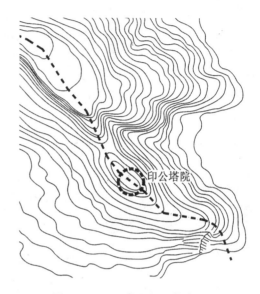

图3.2.18　灵岩山印公塔院位置

3）山顶部位

山体顶部具有视线上一览无余的天然优势。此外,山顶也是重要几何位置所在。当我们观察山体形态时,由于山体的竖向肌理以及轮廓线的作用,常可感觉到某种上升的趋势,山顶部位则是这种上升力的结束部分。故其一般均为重要的建筑基址。但是由于其基地狭小,所以尤其要控制好建筑的总体量,绝对不能出现超过或压制山体体积的感觉,一般以对山体顶部点缀或完形居多。中国古代的塔作为最常见的地标性建筑,常常建造于山顶部位(图3.2.19)[3]。尤其是对于一些不大的山丘而言,与山体高度相差不是太大的塔如果设置在山麓或山体中部,成为另一个足以和山体相抗衡的视觉刺激物,显然不如将塔设在山顶部位与山体形成一个整体为好[4]。

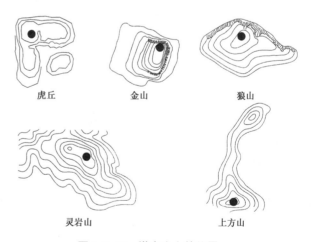

图3.2.19　塔在山上的位置

①　郑炘,华晓宁.山水风景与建筑[M].南京:东南大学出版社,2007.6:33
②　郑炘,华晓宁.山水风景与建筑[M].南京:东南大学出版社,2007.6:33
③　郑炘,华晓宁.山水风景与建筑[M].南京:东南大学出版社,2007.6:34
④　郑炘,华晓宁.山水风景与建筑[M].南京:东南大学出版社,2007.6:33

4）平直岸线地段

在平直岸线地段，沿岸线伸展方向，水体与水岸之间没有明显的凹进与凸出，尤其是在地形较为平坦的情况下，水陆关系缺乏对建筑定位有意义的参照，建筑定位往往受外部景物影响。而在岸线纵深方向，地段包容度的大小对建筑定位有直接的影响。

在平直岸线地段营造建筑，建筑易于沿岸线方向展开。在倾斜的坡地上，坡顶部位的建筑能够获得对水面的俯瞰视角，而坡底部位的建筑则能够达到与水面尽可能的亲近。欧洲莱茵河畔，河道两岸的山坡崖岸上矗立着中世纪的城堡，山坡下散布着乡村集镇，两者呈现奇妙的衬托、对比之美。泛舟而

图 3.2.20　莱茵河沿岸风景

下，风景如同画卷般展开，为著名的胜景（图3.2.20）①。平直岸线的主要问题是岸线僵直造成沿水立面造型呆板，布局时要充分利用进深，并争取立面上的变化（图 3.2.21）②。

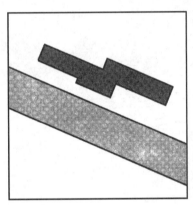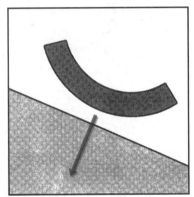

图 3.2.21　平直水岸地段建筑外廓

5）凸形岸线地段

岸线的凸出部分，水岸大部分为水体环绕，水体对陆地起到了很好的背景和烘托作用，因而凸形岸线地段（当地段包容度足够大时）是滨水建筑常见的选址位置。在半岛形的地段上营造建筑，能够获得面向水面的多方向视角。同时建筑自身形象也能够在水面上得到充分的展示，并对整个水面空间界域具有较强的控制性。东南大学建筑研究所设计的福建长乐海螺塔就坐落于海岸边一块伸入水面的岩石之巅。建筑位于坡面中段，凸出的坡面起到建筑的基座和背景的双重作用，水岸的伸展方向也有利于建筑体量的展开。山东蓬莱的瞭望塔就建造在山坡的坡面而非坡顶。在获得俯瞰感的同时，后部的山坡和建筑物又能对建筑本体衬托。此外，中国传统建筑对于水体中的岛屿也比较重视。江河湖泊中的岛屿点缀于碧波之中，本身就具有很强的标志性。在其上营造建筑，可依托周围水面纯净均匀的基底，获得开阔舒展的空间界域，最终形成视觉兴趣中心。

6）凹形岸线地段

凹形的岸线，陆地对水体呈现合抱之势。当建筑沿岸线展开时就具有对水体的向心趋势，这种向心趋势使得建筑与水体的关系更为紧密，同时有利于建筑对水体的烘托与突出。尤其是在较为狭窄的地段，当

---

①　http://www.flickr.com/photos/pjink11/2251182634/sizes/

②　郑炘，华晓宁.山水风景与建筑[M].南京：东南大学出版社，2007.6：49

水岸有坡度时,地段就更具有幽奥、隐僻、内向的属性①。

除了前述几种外,水岸岸线和建筑之间还可以有更为丰富的关系,即建筑远离、顺应或突出岸线,一般来说,顺应是大趋势,只有当岸线过于平直时,才宜用建筑的形体打破岸线走势。如图 3.2.22②。

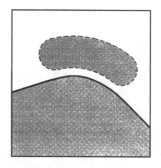

图 3.2.22　岸线形态与建筑发展范围

3.2.2.4　断面研究

在初步确定建筑在山地上的平面布局方式后,还要进一步研究剖面关系,以确定是否可以采用这种方式。首先要根据建筑选址的大概平面位置画出剖面。如图 3.2.23③。

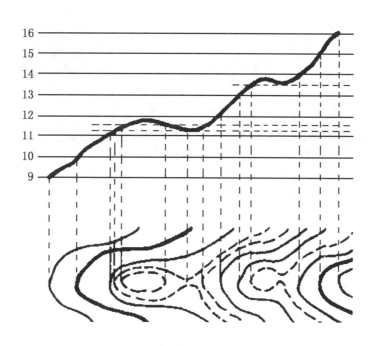

图 3.2.23　剖面图

在作出剖面后,要根据建筑的需要,调整其位置、高低和关系,以获得较好的立面和空间组织效果。例如在威海茶室设计中,整体地形左高右低,坡轴线也为左高右低。故其建筑选址在水陆交界的边界,建筑的总体朝向也为左右向,但是建筑的尺度如何,应采用何种布局方式呢?在绘出剖面后,可以看出,最好的景象就是建筑前的水面,道路到建筑基地的高差约 3 m,基地两端的高差为 4 m。所以如果建筑布局时置于基地两端,充分利用高差,则既可以使在景区环路上的人看不到建筑凸显的形体,又可以使后侧建筑的视线不至于被前侧建筑遮挡。如图 3.2.24。

---

①　郑炘,华晓宁.山水风景与建筑[M].南京:东南大学出版社,2007.6:36
②　郑炘,华晓宁.山水风景与建筑[M].南京:东南大学出版社,2007.6:49
③　刘磊.场地设计[M].第 2 版.北京:中国建材工业出版社.2009:35

边线

混7

砖

林带　　　背景林带　　　景观茶室

景区环路　　　　　　　　　　水面折桥

植物造景　　　背景墙

驳岸　　挡土墙

图 3. 2. 24

3.2.2.5　灾害地段的初步判断

　　除了上述的分析与认知外,建筑师还应能判别出地形图中有利的建设位置和容易发生地质灾害的区域。例如一般而言平地适合建设,而某些坡地容易发生地质灾害(图 3.2.25)[①]。

　　① 黄世孟主编,王小璘等著.场地规划[M].沈阳:辽宁科学技术出版社,2002.4:131

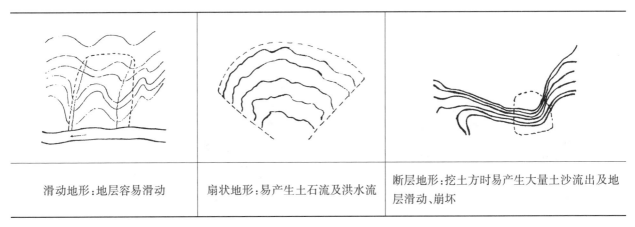

| 滑动地形:地层容易滑动 | 扇状地形:易产生土石流及洪水流 | 断层地形:挖土方时易产生大量土沙流出及地层滑动、崩坏 |

图 3.2.25　某些坡地容易发生的地质灾害

3.2.2.6　结合 GIS 空间分析模块的辅助分析

在等高线的基础上,还可以利用 GIS 软件进行一系列如坡度、坡向、高程的综合分析,来帮助建筑选址、选型。如图 3.2.26,显示了一个植物园内选择展览场馆和服务设施时所做的相关地形分析。分析图的综合用法详见下节。

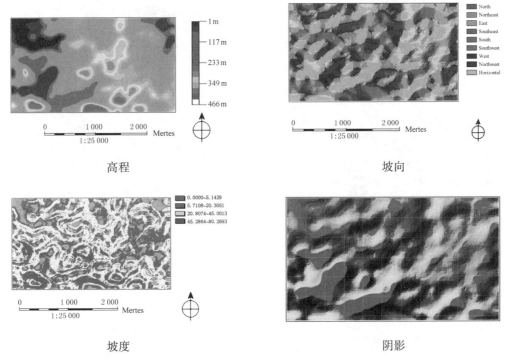

高程　　　　　　　　　　　　　坡向

坡度　　　　　　　　　　　　　阴影

图 3.2.26　地形分析图

3.2.3　其他自然条件分析

在自然环境中,地形是最显著但并非唯一的特征。园林建筑师和一般建筑师不同,相比城市等高度人工化的空间,自然环境非常复杂,因此必须把原来建筑师考虑不到的问题也纳入建筑设计和场地分析的框架中来。如地质、水文、植被、动物栖息地、土壤等。此外,一些不会直接反映在一般总图上的内容,如气候(降雨、风)、噪音等也会对建筑设计产生直接或间接的影响。某块场地从地形上看或许非常合适,但是却有可能由于某一上述要素有重大缺陷。这就要求在调查和收集资料的基础上,绘制成相应的分析图,利用叠图法帮助选址。

例如在上一节中,通过分析,了解了某地块的基本地形特征,并制作了地形分析图。在此基础上,可以进一步分析其他影响要素,根据条件确定为适宜建设、控制建设或者不准建设,并绘制在相应的分析图中,最终叠加成果,缩小选址的范围。如图 3.2.27。一般来说,有哪些需要考虑的要素,这些要素又是怎样制约园林建筑设计的呢?

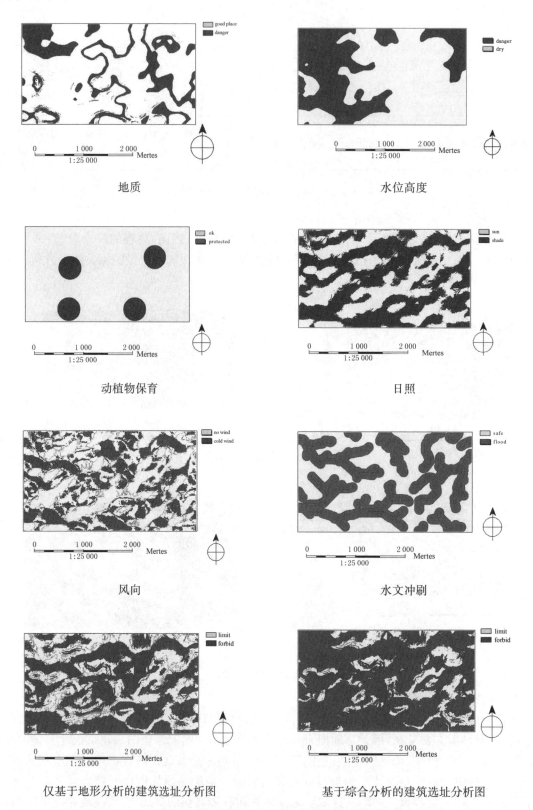

仅基于地形分析的建筑选址分析图　　　基于综合分析的建筑选址分析图

图 3.2.27 (深色为不适宜,浅色为适宜)

3.2.3.1　地质
地质特性不适宜发展的潜在灾害地区是考虑地质作用下发生灾害及潜在灾害地区,共有十一项划定地区准则,包括新填土区、近代泥岩地质区、活动断层地带、膨胀性土壤区、地下水补注区、火山灰地质区、潜在崩塌地、崩积土区、河系侵蚀区、地盘下陷区及强震且频繁地区等。具体如下[①]:

新填土地区,山坡地开发建筑的区位宜为挖方区,因填土地区常因地质不良或土壤流失,而产生严重的地质灾害,故于填土地区应以配置开放空间为宜。但夯实确实者数年后可考虑有条件使用之。

近代泥岩地质区,泥岩是由粉砂及黏土所组成,形成年代较新,呈厚块状,胶结较弱,泥岩裸露区易受侵蚀而形成地形学上通称的恶地地形,其透水性低,但易于受水冲蚀,促使表面布满冲蚀沟,而且边坡不易保持稳定。唯加强水土保持、边坡稳定及岩层防水设施以达到安全标准限制,方可开发建筑使用,并宜以低密度发展为宜。

活动断层地带,是因岩体内破裂,其两边岩层已产生位移者,依其相对位移的方向可分为正断层、逆断层及平移断层;属于地质危险区,规划时宜适度隔离之。例如美国加州圣马特奥县于1973年开始实施的活动断层带的禁建规定,在确定断层线两旁各15 m禁止兴建住层;15～38 m间的条带内只能建立独户、单层木屋或相似的防震结构物。推论断层线两旁各30 m禁止兴建住层;从30～53 m的条带内只能兴建独户、单层木屋或相似的结构物。

膨胀性土壤区,因为土壤中所含黏土矿物,有吸水膨胀、干燥收缩的现象,遇水后土壤体积持续膨胀而产生上举力而破坏地上物。最易发生于水分变化带内,其变化又随着季节性而改变。

地下水补注区,地下含水量的多寡,受到地层的孔隙率及渗透性两个因素所影响。而地下水含量,并非遍及每一块土地,而是具有区域性,或多、或少、或有、或无,取决于地层的状况。地下水补注区的重要性乃在于防止受压含水层被超抽利用而失去地层结构的稳定性,因为受压含水层的地下水只有从补注区获得补注量。

火山灰地质区,其地质特性乃在于本身一方面为岩体物理性的不连续外,一方面亦容易使地下水渗透而破坏地质结构。另一方面由于重力的影响促使坡地产生块体运动,即斜坡的土石不断地向下坡方向移动的现象。可能产生崩塌作用,如坠落、前倾、滑动、侧滑与流动等地质灾害地区。虽非绝对不能开发,但有可能的情况下,要尽可能避让,如果必须建设,必须完善工程加固措施。

崩积土区,由于崩塌后,坡地塌方堆积地区其土石组成杂乱无章,其分布地区的边坡亦会发生旋滑的现象,但于旧崩积土较不易辨认,故为一潜在危险地区,但经工程技术的防固加强措施可保证安全无虞之后,可适度的开发使用。

河系侵蚀区,主要包括河岸侵蚀、向源侵蚀、海岸侵蚀。

• 河岸侵蚀 主要发生于河道转弯处,于弯曲河道外侧河岸受到河水强烈的侵蚀及切割,若于被侵蚀河岸从事开发建筑,则常因基础被侵蚀挖空而遭受破坏,导致结构物的塌陷或龟裂而倒塌。

• 向源侵蚀 因河流的下切作用会使河道逐渐向上游延伸,促使源头处不断崩塌土石淤积于下游处而造成汤匙形的凹坡地形。

• 海岸侵蚀 因海水终年冲击侵蚀而造成地盘不稳,其侵蚀作用除海水冲击外,尚因海水成分产生化学作用而腐蚀地盘结构,对于海岸侵蚀的破坏现象如河岸侵蚀作用一般,唯其侵蚀乃属于全面性的破坏现象。

地盘下陷区,地盘下陷可能由自然因素或人为因素所造成,诸如:于石灰岩地区潜伏在地下的溶洞因经不起地面上的负载而塌陷(如高雄某些地区);或地下采矿及废弃的矿坑区所引起的下陷现象,英国National Coal Board(1975)指出:煤矿上面的最大下陷量大约可达煤层厚度的90%,而下陷水平影响范围比采煤宽度还大,因此煤矿上方及其外围多少都潜伏着危险性。

强震且频繁地区,配合过去地震资料的记录,综合划定强震且频繁地区,以限制建筑使用或加强耐震设计要求。

3.2.3.2 水文

水文即江、河、湖、海与水库等地表水体的状况,这与较大区域的气候特点、流域的水系分布,市、区域

① 黄世孟主编,王小璘等著.场地规划[M].沈阳:辽宁科学技术出版社,2002.4:42-43

的地质、地形条件等有密切关系。自然水体在供水水源、水运交通、改善气候、排除雨水及美化环境等方面发挥积极作用的同时,某些水文条件也可能带来不利的影响,特别是洪水侵患。毫无疑问也对建筑选址有重要影响,这主要表现在三个方面,即水面高程、地表径流、地下水深度。

水面高程　水对于人类生活是必不可少的元素,但是离水面过近则可能会带来不便或危险,天然的水系会随着季节和年份变化水面高程,在建筑选址时如果忽略这一条件,则可能造成室内进水的窘况。在进行场地的用地选择与布局时,需首先调查附近江、河、湖泊的洪水位、洪水频率及洪水淹没范围等。按一般要求,建设用地宜选择在洪水频率为1‰～2‰(即100年或50年一遇洪水)的洪水水位以上0.5～1m的地段上;反之,常受洪水威胁的地段则不宜作为建设用地,若必须利用,则应根据土地使用性质的要求,采用相应的洪水设计标准,修筑堤防、泵站等防洪设施。在城市基地中,可以查阅防洪标准和蓝线规划,在没有上述资料的风景区等,则要设计师与测绘、水利部门合作,确定水面高程[①]。

地表径流　地表径流是天然降水后各种形态中的一种,在一般的测绘图纸中,会标出明显的地表径流(水系)。建筑选址应以不阻断天然地表径流为前提,在确实无法避免的场所,要设置排水沟、涵洞等工程措施。但是仅仅做到这样对于一个园林建筑师是不够的。园林建筑不仅应该是视觉上作为园林环境的一部分,在生态系统上也应该是园林环境的一部分。这就要求减少建筑排水对原有场地的径流状态过大的改变。如图3.2.28[②],在山坡上某场地,为避免场地流水冲刷,原本以排水沟引走从本场地流下的水,在对暴雨径流量和速率进行计算后,发现完全可以用凸起的小坡挡住流水并引走,这样既可以使整个场地景观上比较柔和,避免生硬,而且还没有完全挡住水流,有利于区域场地的水土保持,更进一步,还可以和生态建筑中提出的雨水收集利用结合。

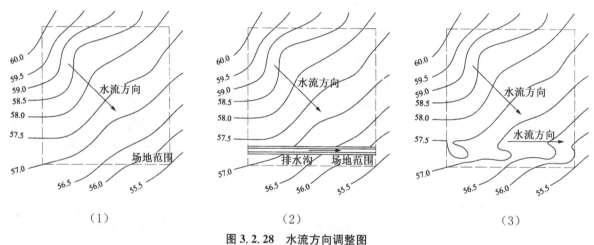

（1）　　　　　　　　　　　（2）　　　　　　　　　　　（3）

图3.2.28　水流方向调整图

要正确计算暴雨径流量和速率,有几个步骤:首先要了解当地的水文地质,其次要划分正确的场地汇水流域,计算汇水面积,最后才能推算径流量和速率。汇水面积又称流域面积或集水面积,是汇合的降水覆盖的排水区域的面积。首先要找出山脊的分水线,然后将这些分水线和与之相关的山顶最高点连接,以形成半围合的状态。再根据河流边线、排水渠位置线或者桥梁涵洞的位置线来连接山脊的分水线,形成闭合的区域范围,这个区域范围的面积就是本场地的汇水面积。应当注意的是,汇水面积是闭合区域的投影面积,因为在降雨时,某地域降水的多少与地形的地貌构造如何影响关系是很小的。至于分水线的划定、径流量、速率计算内容,由于过于专业,这里就不深入介绍了。

径流可能造成的另一种影响就是径流侵蚀,由于水体的侵蚀和搬运能力,可能造成某些场地的地质不稳,尤其是建筑建造在砍伐地表植被后的场地。

在径流侵蚀这一问题上,很多人误认为场地坡度越陡侵蚀越严重,这是很不全面的。场地上坡度越陡,坡面水流的流速越大,土壤颗粒受地面径流的冲刷力也越大,土壤侵蚀量也越多。尤其是在陡坡上开

① 黄世孟主编,王小璘等著.场地规划[M].沈阳:辽宁科学技术出版社,2002.4:146-149
② 闫寒.建筑学场地设计[M].北京:中国建筑工业出版社,2006.9:24-29

荒、伐木活动,更人为地加大了这种侵蚀量。但随着坡度的继续增大,人类的活动也变少,在陡坡上将会长满各种植物,这些植物的根系使土壤表层密实,加之坡度很陡,径流在坡面上滞留时间短,这些因素都增强了坡面表层土的自身抵抗径流侵蚀的能力。场地坡面径流侵蚀随坡度的变化规律还与坡面径流和泥沙运动的肌理有关。坡面径流往往是挟沙水流。当坡度较小时,水深相应较大,坡面水流表现为缓流;当坡度增大,则水深减小,流速增大,水流对坡面的剪切力也随之增大,坡面与水流挟带的泥沙相互作用加剧,有效切应力增大,因此坡面径流侵蚀量增大。当坡度达到某一临界坡度时,坡面流的速度达到临界速度,水深达到临界水深,这种作用达到最大,其有效切应力最大;当坡度超过临界坡度时,表现为急流,挟带的泥沙对坡面的作用反而减弱,有效切应力也随之减小。这时坡度的增大主要将坡面径流的势能转化为径流动能,致使坡面水流流速增大,坡面径流侵蚀强度反而减小。因此,在临界坡度之内,坡面水流为缓流,坡面径流侵蚀量随坡度的增大而增加,超过临界坡度之后,坡面水流为急流,坡面径流侵蚀量随坡度的增大而减小。园林建筑师在建筑选址时,如果遇到植被状态不佳的地形,无论坡度如何,要耐心向相关领域专家请教,认真分析[1]。

地下水　地下水除作为城市生产和生活用水的重要水源外,对建筑物的稳定性影响很大,主要反映在埋藏深度和水量、水质等方面。

当地下水位过高时,将严重影响到建筑物基础的稳定性;特别是当地表为湿性黄土、膨胀土等不良地基土时,危害更大,用地选择时应尽量避开,最好选择地下水位低于地下室或地下构筑物深度的用地,在某些必要情况下。也可采取降低地下水位的措施。地下水质状况也会影响到场地的建设。除作为饮用水对地下水有一定的卫生标准以外,地下水中氯离子和硫酸离子含量较多或过高,将对硅酸盐水泥产生长期的侵蚀作用,甚至会影响到建筑基础的耐久性和稳固性[2]。

3.2.3.3　土壤

土壤是场地的另一重要特性。一方面,土壤的类型是决定动植物生态链的一个主要影响要素,会间接影响到建筑的选址;另一方面,不同的土壤具有不同的工程性质,会直接影响建筑设计工作。

首先,土壤的一个重要性质是安息角,安息角是指土壤自然堆积,经沉落稳定后的表面与地平面所形成的夹角[3],超过安息角的土壤在没有外在因素影响前提下是不稳定的,不同的土壤具有不同的安息角,表3.2.6罗列了部分土壤的安息角[4]。

表3.2.6　土壤安息角　　　　　　　　　　　　　　　　　　　　　　　　　　（单位:度）

土壤名称	含水量		
	湿	干	中
砾石	40	40	35
卵石	35	45	25
粗砂	30	32	27
中砂	28	35	25
细砂	25	30	20
黏土	45	35	45
壤土	50	40	30
腐殖土	40	35	25

在对场地进行坡度分析后,凡是大于安息角且植被不良的地区都是较危险的。由于土壤安息角还受

① 闫寒.建筑学场地设计[M].北京:中国建筑工业出版社,2006.9:24-29
② 刘磊.场地设计[M].第2版.北京:中国建材工业出版社,2009:49
③ 王浩主编,陈蓉等.园林建筑与工程[M].苏州:苏州大学出版社,2001.5:80
④ 王浩主编,陈蓉等.园林建筑与工程[M].苏州:苏州大学出版社.2001.5:80

到含水率的影响,因此若水文分析中显示有较高的地下水可能,则会更加危险,在选址时应争取避开。

其次,土壤的密实度不同,其承载能力、排水能力也不同。如能在选址时选择承载力优良的区域会为后期工作带来极大的便利。在方案前期,最好能获得地质钻探报告,将建筑布置在承载力较高的区域。

3.2.3.4 气候与气象

气候要素包括气候带、季风、降雨、气温、气象灾害等[1]。我国地域广袤,南北从热带到寒温带跨越纬度47度;东西也因距海远近而气候差异悬殊。气候条件对建筑的影响有着有利与不利两方面。它的作用往往通过与其他自然环境条件的配合,而变得缓和或是加强。此外,还应注意到场地所在小地区范围内还可能存在着地方气候与小气候。气候在创造适宜的工作和生活环境、防治环境污染等方面更有直接的影响,正日益为人们所重视。

1)太阳辐射——日照

太阳辐射具有重要的卫生价值,也是取之不竭的能源。日照的强度与日照率在不同纬度和地区存在着差别,分析研究太阳的运行规律和辐射强度,可以帮助确定建筑的间距、荫向及遮阳设施、各项工程热工设计。由于太阳与地球之间的相对运动变化,在地球上某一点观察到的天空中太阳的位置,是随着时间有规律地变化的。在这种变化过程中,主要由太阳高度角和方位角的改变,引起建筑北面阴影的变化。园林建筑不像医院、住宅或者是学校,不必保证一定的日照时间,其朝向也未必南北向。但考虑到园林建筑所起的或多或少的服务作用,其选址位置应尽可能是冬暖夏凉的设计,这时可通过计算机分析,绘出自然地形或植被的阴影区,帮助选址工作。如图3.2.29所示。在建筑布局时,也应考虑到建筑之间庭院的尺寸,避免南侧建筑对北侧建筑过多的影响。在中国的传统园林中,园林建筑之间的庭院大多与建筑进深维持着0.75:1～1.2:1之间的比例,这和日照是有关系的。

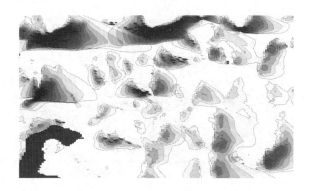

图3.2.29　(深色区域出现阴影概率高,浅色区域低)

2)风象

风对园林建筑的利用有着多方面的影响,如防风、通风,以及特殊情况下的工程抗风设计等,风是以风向和风速两个量来衡量的。风向一般是分成8个或16个方位进行观测。累计某一时段(如一月、一季、一年或多年)各个方位风向的次数,累计各风向风的次数可得该时期内风的总次数,再求出各个风向上风的次数占该时期风的总次数的百分比值,即为各个方向的风向频率。为了直观起见,通常以风向频率玫瑰图表示。如图3.2.30[2]所示。在根据观测统计所划分的方位坐标系中,按照一定比例关系,在各方位放射线上自原点向外分别量取一截线段,其长度分别表示自该方位指向原点的风向频率大小;连接各方位线段外端,形成闭合折线图形,即为风向(频率)玫瑰图。该图表达在特定的单位时间(如一年)内,各方向出现风的不同概率;其中线段最长方向风的概率最大,称为主导风向,或称盛行风向。根据统计与分类方法的不同,为表达不同季节或时间的风向分布情况,还可以分别绘制出冬季(12月至2月)或夏季(6月至8月)的风向玫瑰图,更清楚地表达出不同季节的主导风向。以同样的方法,在测得某一时期同

①　刘磊. 场地设计[M]. 第2版. 北京:中国建材工业出版社. 2009:41
②　http://www.chinabaike.com/article/316/327/2007/2007022259073.html

个方向上各次风的风速基础上,求出各风向的累计平均风速,并按一定的比例绘制成(平均)风速玫瑰图。如图 3.2.30 所示。

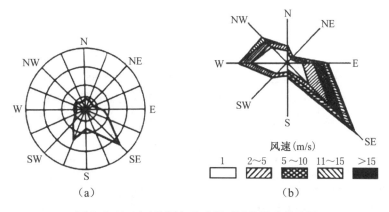

图 3.2.30 (a)为风向玫瑰图,(b)为风速玫瑰图

由于地理位置的巨大差异,我国的南方和北方地区受风象的影响迥然不同。北方地区需要考虑到冬季的防风保暖、道路走向、绿地分布、建筑布置等避开冬季的主导风向;南方地区则因夏季炎热,需充分考虑夏季主导风向的影响,有利于场地的自然通风。园林建筑,尤其是小区内的园林建筑也应注意合理利用风向。

3)气温

由于地球表面所受太阳辐射强度的不同,地表气温主要取决于纬度的变化,一般纬度每增加一度气温平均降低 1.5 度左右。此外,所处海陆位置及海陆气流的分布,也是影响气温的重要因素。衡量气温的主要指标有:绝对最高和最低气温、最高和最低月平均气温、常年平均气温等等。气温对园林建设的影响主要反映在:

气温长期影响着人们的行为方式,并形成不同的生活习惯,使得建筑具有鲜明的地方特色。

不同的气温条件对建筑提出了不同的要求,如:北方需处理好冬季的保温采暖,南方建筑则要解决夏季的防晒降温问题。这些反映在建筑本身的技术要求、设备配置、附属设施等方面,并影响建筑的布置与组合方式、空间形态等等。

当所处地区的气温日较差、年较差较大时,将影响到场地中建筑、工程的设计与施工,以及相应工艺与技术的适应性和经济性等问题。如北方寒冷地区冬季的冻土深度,就是建筑和工程设计的重要参数。

有关气候条件对场地设计与建设的影响,除上述日照、风象、气温和降水等方面因素外,还有气压、雷击、积雪、雾和局地风系、逆温现象等小气候特征。

虽然气候条件对园林建筑的影响方面很多,但主要集中在三个方面,一是建筑设计必须顺应气候条件,例如古代埃及的民居多使用平屋面,墙体厚而开洞小;中国南方的民居多用坡屋顶和干阑式,是与多雨潮湿的气候一致的。另一关系就是在建筑布局时要充分考虑日照、风向、降雨等的影响;建筑和气候的最后一层关系就是要在选址时避开易遭自然灾害侵袭的地点,例如台风登陆点,海啸淹没带等。这些场所有时会有规范限定,如百年一遇的洪水水位线等,但很多情况下,是相当隐蔽的。在《设计结合自然》一书中有很多这类案例,有兴趣的读者可以阅读参考。

3.2.3.5 植被、动物栖息地

植被和动物栖息地等之所以重要,首先是由于其自身为重要的自然资源,其次是基于其自身价值,进而有成为景观资源的潜力,值得保护。最后也是最重要的,对植被和动物栖息地的重视可以成为影响建筑选址和设计的重要因素。美国曾经发生多次改变童子军营地以避开灰熊觅食路线的案例。我国的青藏高铁为了保障动物迁徙路线而局部架空,都是设计者尊重动植物并影响设计的重要案例。在园林建筑设计选址阶段,并非一定要避开动物的栖息地或是动物迁徙路线。对于那些会对环境造成严重影响的服务类建筑如餐饮、聚会,应当避让;但某些以观赏动植物景观为特点的园林小品如观鸟亭、赏鱼亭或是观花厅,都应尽可能靠近对象,设计者要学会主动分析。

3.2.4 规划条例与场地

无论是在城镇建设中或风景区建设时,前述一系列的分析最终会落实在一定的空间范围内,即建筑基地。这时,上位规划的要求也会对建筑场地解读和后续建筑设计产生影响。无论是进行何种园林建筑设计,都应明确一点,即"先规划,再设计"。

3.2.4.1 相关规范

首先要明确的是场地自身的区位特点和对应的规划条例,以便查阅。例如场地位于城市中,总场地是公园用地,这就要求满足公园设计的规范要求和城市规划相关规范、条例。而若场地毗邻或是位于风景区内,就要满足风景区设计的相关规范。表3.2.7罗列了部分常用规范名称和适用范围。

表 3.2.7 部分常用规范名称和适用范围

规 范 名 称	适 用 范 围
《公园设计规范》	公园内建筑设计参考
《风景名胜区规划规范》、《风景名胜区条例》	风景区内建筑设计参考
《城市用地分类与规划建设用地标准》,城市规划相关条例	和城市有密切联系位置建筑设计时参考
《城市居住区规划设计规范》	居住区内园林建筑设计参考
《中华人民共和国文物保护法》,《历史文化名城名镇名村保护条例》,《古建筑消防管理规则》	设计范围附近有文物古迹时参考
《村镇规划标准》	和村镇有密切联系位置建筑设计时参考
《办公建筑设计规范》、《饮食建筑设计规范》、《博物馆建筑设计规范》、《旅馆建筑设计规范》、《商店建筑设计规范》、《住宅建筑设计规范》、《文化馆建筑设计规范》、《疗养院建筑设计规范》	涉及综合服务建筑部分时参考
《城市公共厕所规划和设计标准》	厕所设计参考
《城市公共交通站、场、厂设计规范》	码头,和公共交通衔接建设设计参考
《建筑设计防火规范(2006年版)》、《建筑工程消防设施施工及验收规范(征求意见稿)》、《人民防空工程设计防火规范》	所有相关建筑设计,设计范围内有人防工程时设计参考
《蓄滞洪区建筑工程技术规范》、《防洪标准》、《城市防洪工程设计规范》	设计范围位于蓄洪区、河道等或毗邻时设计参考
《城市工程管线综合规划规范》、《城市给水工程规划规范》、《城市给水工程规划规范条文说明》	设计管线组织时参考
《城市道路交通规划设计规范》、《城市道路交通规划设计规范条文说明》	设计交通组织时参考
《方便残疾人使用的城市道路和建筑物设计规范》	无障碍设计时参考
《城市用地竖向规划规范》	场地有较大坡度时重点参考
《城市区域噪声标准》	其他
《建筑气候区划标准》	

随着园林自身范围的拓展和内在功能的扩展,有越来越多规范变得与园林建筑设计密切相关起来。

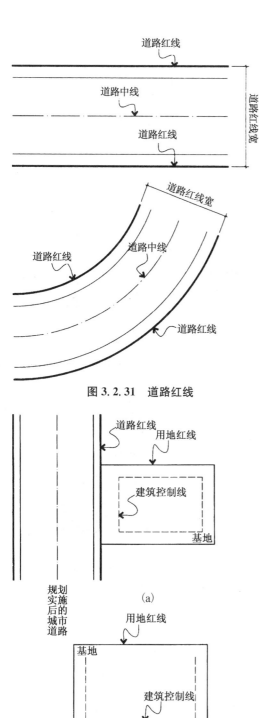

图 3.2.31 道路红线

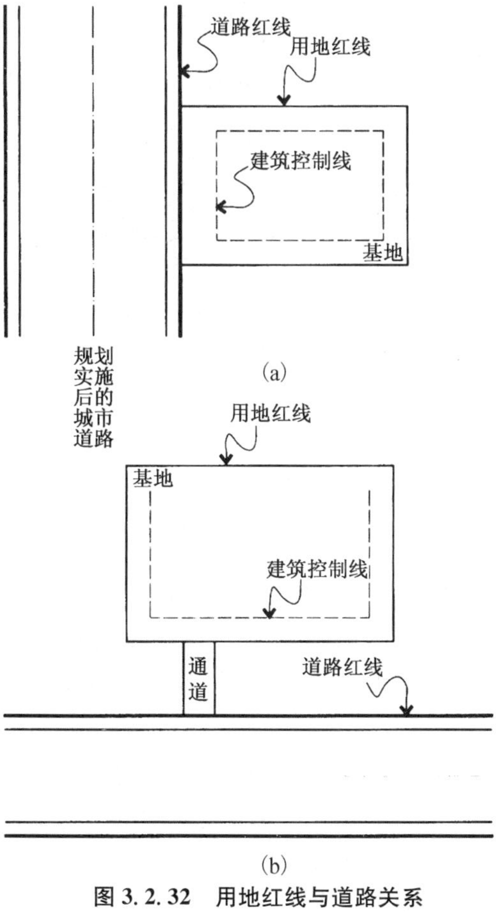

图 3.2.32 用地红线与道路关系

风景区中的园林建筑虽然受限相对较小,但同样有一系列的要求。

城市建设规范中与场地相关的条例非常多,但总结起来,不外乎避让、交通组织、间距控制或密度控制、建筑自身需求这四个方面。

3.2.4.2 避让

避让主要是指四线的避让,即城市建设红线、水系蓝线、绿化绿线和文物紫线①。

(1)红线 红线包括道路红线和用地红线。道路红线,即规划的城市道路(含居住区级道路)路幅的边界控制线。一般平行于道路中线。道路红线宽指两条红线的距离,而不是道路红线和道路中心线的宽度。如图 3.2.31② 所示。道路红线宽度中,道路的组成包括:机动车道宽度、非机动车道宽度、人行道宽度、道路侧向带宽度(敷设地下、地上工程管线和城市设施所需增加的宽度)、道路绿化宽度。其中道路绿化宽度根据道路红线宽度的多少决定。任何建(构)筑物不得越过道路红线。

在道路的不同部分,道路红线宽度有不同要求。比如,在道路交叉口附近,要求车行道宽,利于不同方向车流在交叉口分行;在设有公共交通停靠站附近,要求增加乘客候车和集散的用地;在公共建筑附近需要增加停车场地和人流集散的用地。这些场地都不应该占有正常的通行场地。所以道路红线实际需要的宽度是变化的,红线并不总是一条直线。

用地红线,也称征地红线,即规划管理部门按照城市总体规划和节约用地的原则,核定或审批建设用地的位置和范围线。也即是基地范围线。建筑控制线,也称建筑红线,即建筑物基底位置(如外墙、台阶等)的边界控制线。未实施的规划城市道路沿规划实施后的城市道路布置基地范围时,一般在道路一侧的用地红线和道路红线重合。而该规划道路还未实施时,用地红线有可能包含有道路红线。但最为常见的是基地与城市道路有一定的距离,在用地红线和道路红线之间有通路相连的情况,即建筑物后退道路红线的情况,这会为将来道路红线拓宽留有充分余地。如图 3.2.32③ 所示。看图时要仔细阅读红线之间的关系,并满足要求。

当用地红线和道路红线重合时,应按照当地规划要求建筑控制线后退道路红线若干距离。建筑后退道路红线距离的大小视建筑物的高度、规模、与周围环境的关系及道路性质而定。用地红线范围面积一般比建筑控制线范围面积大,用地红线范围面积除了包括建筑控制线范围外,有时还包括建筑物的室外停车场、绿化及相临建筑物的空间距离。这一区间

① 闫寒.建筑学场地设计[M].北京:中国建筑工业出版社,2006.9;281-282
② 闫寒.建筑学场地设计[M].北京:中国建筑工业出版社,2006.9;278
③ 闫寒.建筑学场地设计[M].北京:中国建筑工业出版社,2006.9;280

地带称为建筑后退道路红线地带。建筑后退红线地带可以看做是道路人行道的延伸,从人流集散考虑,应保证行人安全、方便。因此,后退红线地带应与人行道是一个整体,要求在同一个平面上。红线和建筑场地的关系如图3.2.33所示。

(2)蓝线 是指水域保护区,包括河道水体的宽度、两侧绿化带以及清淤路的边界范围线。设立蓝线有利于统筹考虑城市水系的整体性、协调性、安全性和功能性,改善城市生态和人居环境,保障城市水系安全。在蓝线内禁止如下行为:违反城市蓝线保护和控制要求的建设活动;擅自填埋、占用城市蓝线内水域;影响水系安全的爆破、采石、取土;擅自建设各类排污设施;特殊情况下,在城市蓝线内进行各项建设,必须符合经批准的城市规划。

(3)绿线 是指城市各类绿地范围的控制线。按建设部出台的《城市绿线管理办法》规定,绿线内的土地只准用于绿化建设,除国家重点建设等特殊用地外,不得改为他用。

(4)紫线 是指国家历史文化名城内的历史文化街区的保护范围界线,以及优秀历史建筑的保护范围界线。根据规定,在城市紫线范围内,禁止违反保护规划的大面积拆除、开发;禁止对历史文化街区传统格局和风貌构成影响的大面积改建;禁止损坏或者拆毁保护规划确定保护的建筑物、构筑物和其他设施;禁止修建破坏历史文化街区传统风貌的建筑物、构筑物和其他设施;禁止占用或者破坏保护规划确定保留的园林绿地、河湖水系、道路和古树名木等;禁止其他对历史文化街区和历史建筑的保护构成破坏性影响的活动。

3.2.4.3 交通组织要求

交通组织主要包括两类,一是建筑场地和外部干道的关系,另一就是场地内部的交通组织。对外关系可以归结为和道路关系,对内则可归结为是否需要设置广场,形成环线和停车场等问题。有部分设计师误认为园林建筑规模小,不需要考虑

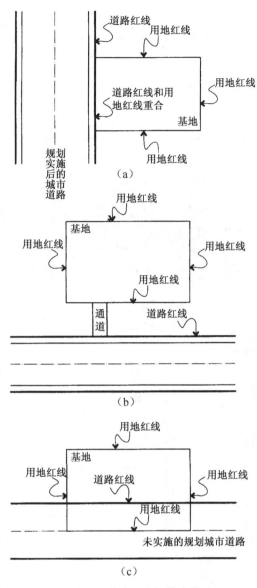

图 3.2.33 道路红线与基地关系

这类问题,这是非常错误的。虽然就某一个园林建筑自身而言,可能不必像大型公建那样组织交通,但是同时也应该做到至少不妨碍其他建筑或整个区域的安全。由于这种对规范的漠视,使得某些小区内的园林小品出现在了不应该的位置,如消防通道或疏散通道位置。

1)建筑场地和周边道路关系

由于建筑内可以容纳一定量的人数,故会对建筑外部的交通造成影响,一般来说,需要避让交通节点足够的距离。园林建筑设计在城市中或距离城市干道很近的位置设置出入口或达到一定规模时是要考虑其影响的。其要求包括[1]:

出入口距离机动车、人行道(包括引道、引桥)的最边缘线应≥5 m;距地铁出入口、公共交通站台边缘应≥15 m;距公园、学校、儿童及残疾人使用建筑的出入口应≥20 m。当基地通路坡度>8%时,为了行车安全,应设缓冲段与城市道路连接;人员密集建筑的基地应至少一面直接临接城市道路,该城市道路应相应于该基地情况而有足够的宽度,以减少人员疏散时对城市正常交通的影响;人员密集建筑的基地应至少有两个不同方向的出口。

---

① 闫寒.建筑学场地设计[M].北京:中国建筑工业出版社,2006.9:278-280

基地内应设通路与城市道路相连接,其连接处的车行路面应设限速设施,通路应能通达建筑物的各个安全出口及建筑物周围应留的空地。基地内车流量较大时应另设人行通路。通路的间距(道路中心线)宜≤160 m。沿街建筑应设连通街道和内院的人行通道(可利用楼梯),其间距宜≤80 m。车行通路宽度应≥4 m,双车通路应≥7 m。人行通路应≥1.5 m。长度超过 35 m 的尽端式车行路应设回车场。供消防车使用的回车场应≥15 m×15 m,大型消防车的回车场应≥18 m×18 m。

基地内车行通路边缘至相邻有出入口的建筑物的外墙间的距离应≥3 m,距托幼、小学校建筑应≥5 m。基地内设有室外消火栓时,车行通路与建筑物的间距应按符合防火规范的有关规定;基地内不宜设高架车行通路。当设置高架人行通路与建筑平行时应考虑私密视距要求。

2)停车场

随着汽车的数量增多,停车场也逐渐成为园林建筑设计时必须考虑的要素,一般情况下,大型的停车场应该配合园林规划设计要求进行,不属于建筑师的职责范围,但是,作为园林建筑设计师,应掌握基本的停车场设计知识。要设计停车位或停车场,至少应该知晓三个方面的知识,即车辆自身的尺寸、转弯半径和各种停车方式的不同尺寸。其中车辆自身尺寸见表 3.2.8。

表 3.2.8　车辆自身尺寸

车型	外廓尺寸(m)			车型的具体范围
	总长	总宽	总高	
微型车	3.50	1.60	1.80	包括微型客车、微型货车、超微型轿车
小型车	4.80	1.80	2.80	小轿车、6400 系列以下轻型客车、1040 系列以下轻型货车
轻型车	7.00	2.10	2.60	包括 6500～6700 系列轻型客车、1040～1060 系列轻型货车
中型车	9.00	2.50	3.20	6800 系列中型客车、中型货车、长 9 m 以下的重型货车。其中中型货车的总高为 4.00 m
	9.00	2.50	4.00	
大型客车	12.00	2.50	3.20	包括 6900 系列的中型客车、大型客车
铰接客车	18.00	2.50	3.20	铰接客车、特大铰接客车
大型货车	10.00	2.50	4.00	长 9 m 以上的重型载货车、大型货车
铰接货车	16.50	2.50	4.00	铰接货车、列车(半挂、全挂)

由于汽车驱动方式一般为后轮驱动,故车辆转弯时的半径不等于车长,见图 3.2.34。

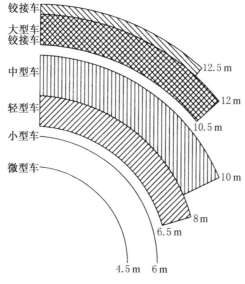

图 3.2.34　车辆的最小转弯半径

由于车辆自身尺寸和转弯半径的差异,导致不同车辆以不同方式停车时所要求的尺寸不同,见表 3.2.9。

表 3.2.9 车辆停车尺寸

垂直式

斜列式

平行式

L(m)

车型	停车方式		斜列式		
	垂直式	平行式	30度	45度	60度
微型车	2.2	4.7	4.4	3.1	2.6
小型车	2.4	6	4.8	3.4	2.8
轻型车	2.9	8.2	5.8	4.1	3.4
中型车	3.5	11.4	7	5	4
大货车		12.4			
大客车		14.4			

W(m)

车型	停车方式		斜列式		
	垂直式	平行式	30度	45度	60度
微型车	4	2.2	3	3.8	4.3
小型车	5.3	2.4	3.6	4.4	5
轻型车	7.7	3	5	6.2	7.1
中型车	9.4	3.5	6.2	7.8	9.1
大货车	10.4		6.7	8.5	9.9
大客车	12.4		7.7	9.9	12

(注:D由车道设计决定,可以以单、双车道,但不应小于单车道转弯半径)

3.2.4.4 间距和密度

间距主要考虑的是建筑的日照间距、防火间距和噪声间距。此外,还有一些控制密度的指标,如容积率:总建筑面积与用地面积的比率;绿地率:用地范围内各类绿地的总和与用地的比率。由于园林建筑一般密度不高,这几种间距对园林建筑设计的影响是比较小的。但是作为设计者,当其设计范围和城市直接接触或是建筑设计内容有这些方面的要求时,应该要注意相关内容。

3.2.4.5 建筑自身需求

建筑自身需求是指建筑内部功能对外部场地的要求,作为一个熟练的建筑师,应该在具体建筑设计前,就能对建筑的种种基本要求有所了解。例如商店、茶室等建筑需要后场,码头等交通建筑要有独立的出入流线,文化展馆的展览室基本柱网尺寸。餐饮类建筑的服务空间基本的面积比例。疗养或临时住宿时标间的基本尺寸等。这些内容虽然是建筑设计的内容,但是由于其会对场地造成影响,应当在场地设计阶段加以考虑。

3.2.5 建筑设计前期的场地解读组织

在完成了一系列的场地分析后,选定了建筑基址,并大体明确建筑和场地关系后,不宜立刻进入建筑设计环节,而是应首先进行场地内的规划组织,完成后才进入建筑设计的泡泡图环节。在这一阶段,场地规划组织方案是有很强弹性的,可以随时和后期的建筑设计互动。一般来说,这一阶段包括如下的内容:场地用地指标计算分析、建筑定位、交通组织和明确场地限定条件。

3.2.5.1 结合场地用地指标计算的建筑尺度分析

在进行园林建筑设计前,需要先根据其功能和服务对象及其他相关要求,大概估出建筑的建筑面积和占地面积及层数。某些小品级的如亭、榭等不需要这一过程。但具有明确功能的如小商店、厕所、服务点、茶室等最好先做这一步。这样才能在建筑设计前做到心中有数。

建筑用地指标计算完成后,应将建筑面积和建筑的占地面积与立体尺度对应起来,即确定建筑层数和基底面积。一方面应注意建筑的内部功能、柱网的要求:以功能而言,茶室、商店要求的开间、进深小,纪念馆要求空间大;另一方面应把握造型对建筑尺度的限制。现代造型如平屋顶的各方向尺寸较为灵活,中国传统的古建造型平面和立面比例则相对固定。风景区内往往有建筑高度限制,这些都会影响到建筑高度进而控制基底面积。

在明确了建筑体积的基本参数后,就可以基本确定建筑的布局形式。一般而言,建筑面积远小于场地面积时要牢牢抓住场地的特征点或者放在有轴线或对位关系的位置;建筑面积和占地面积较为宽松时可以优先考虑中庭或院落式的方式,如威海的茶室设计;建筑面积紧张的要密切结合地形,适当开挖,和地形紧密结合。

3.2.5.2 建筑定位

明确了基地的大小和建筑的占地面积后,应该明确建筑在场地内的位置,便于后期建筑设计时设置广场或者绿化,很多园林建筑的场地看似面积很大,但实际分析下来,其位置变化相当有限。造成这一情况的原因很多,归纳起来,大约有三种类型:其一是地形或其他条件限制,即基地面积很大,但有的位置有不能移动、砍伐的树木,有的位置为斗坎,场地被分割为若干小块,每块的面积非常有限;其二是建筑有明确的朝向或对位要求,例如观湖厅必须开间面向某一方向,又或者为了能够和场地内已有的园林建筑配合,必须成平行或垂直关系;其三就是建筑本身有一定的服务功能,必须设前后场,如小戏台的前场,咨询、服务建筑前的集散场地,商店的后场,厕所宜隐蔽等。如图 3.2.35 所示。

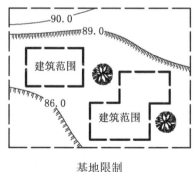
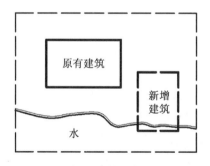
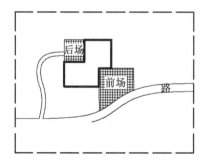

基地限制 新旧建筑呼应 建筑前后场

图 3.2.35 建筑定位设计示意图

这些要素往往数个综合出现。例如在威海茶室的设计中,整个场地虽然较大,建筑密度也较低,但是,建筑的选址位置和布局方式其实是相对固定的。由于其身处公园这一环境中,使其布局优先考虑小体量组合的庭院式。整个基地左高右低,呈台地状,建筑基址应优先选在较为平坦的台地位置,其方向应如前述的顺应坡轴线的走势。景观水面位于基地右侧,也进一步明确了建筑场地的大小和建筑的朝向。在初步估算出茶室的合理面积指标后,会发现其面积无法容纳在单栋传统形式的建筑内,否则屋顶就会高出路面。这么一分析,则其平面的形态可说是基本确定了。整个场地的周边有若干处有特色的景观,绘出对景线后,建筑单体的位置也基本固定了。见图 3.2.36。

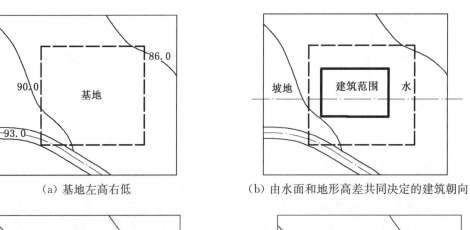

（a）基地左高右低　　　　　　　　　　（b）由水面和地形高差共同决定的建筑朝向

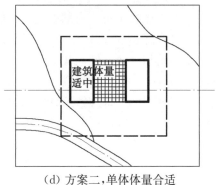

（c）方案一，单体体量过大　　　　　　　（d）方案二，单体体量合适

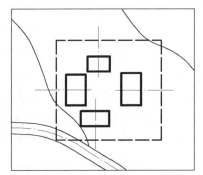

（e）深化，根据各个面的景观轴决定朝向和尺寸

图 3.2.36　设计演化示意图

3.2.5.3　交通组织

在图纸上大概确定建筑的位置和大小后，要先用道路将预备的出入口和场地外道路连接起来，这是非常基本但很容易忽略的一步。之所以要在场地设计阶段就设好出入口，是因为建筑的主要出入口所针对的是建筑和外部环境的关系，在场地设计阶段条件较为简单，容易作出结论。一旦进入建筑内部空间的组织设计，则可能因为很多要素共同出现反而导致出入口不合理。例如威海茶室设计中，外侧道路和建筑场地平行，显然场地入口应设在靠公园景区道路一侧，但是到底设在什么位置才好呢？如果单从建筑内部空间关系分析，则几乎每个位置都可能。但是从整个场地关系看，从中间庭院进入无疑是最好的选择，一来可以减少出入人流对建筑内部服务功能的影响，另一方面，庭院内直接毗邻山石和水体，有景可赏，使游人立刻萌生好感。

3.2.5.4　明确场地限定条件

在上述工作完成后，建筑设计前期的场地工作就结束了，但是最好绘制一张综合了各种信息如视线、建筑对位关系、主要高差、场地内必须保留的地物等信息的总图，以便后续建筑设计时随时查阅。

3.3 方案推敲与深化

这一阶段的主要设计任务是对经过全局性调整的可供发展方案在平面、剖面、立面几个设计方面展开进一步的推敲和深化工作。与前述各阶段的设计工作相比,两者是整体与局部的关系,对于设计目标的实现都是缺一不可的重要设计环节。因为,如果只有良好的整体把握却无局部的完善处理,方案也只能是一个粗糙的成果。因此,在可供发展方案基础上,尽可能对每一个细节设计反复推敲,仔细研究,使之达到完善的程度。这对于提高设计质量来说,具有重要的意义。

此外,方案的推敲与深化更着重于设计手法的运用。一个设计者尽管设计投入较多,但如果设计手法掌握不熟,则对于解决细部设计问题会感到心有余而力不足,甚至束手无策。因此,设计者要想提高设计能力,必须注重在方案推敲与深化阶段中对设计手法的学习。

深化过程主要通过放大图纸比例,由面及点,从大到小,分层次分步骤进行。首先应明确并量化其相关体系,构件的位置、形状、大小及其相互关系,包括结构形式、建筑轴线尺寸、建筑内外高度、墙及柱宽度、屋顶结构及构造形式、门窗位置及大小、室内外高差、家具的布置与尺寸、台阶踏步、道路宽度以及室外平台大小等具体内容,并将其准确无误地反映到平、立、剖及总图中来。该阶段的工作还应包括统计并核对方案设计的技术经济指标,如建筑面积、容积率、绿化率等等,如果发现指标不符合规定要求需对方案进行相应调整。

其次应分别对平、立、剖及总图进行更为深入细致的推敲刻画。具体内容应包括总图设计中的室外铺地、绿化组织、室外小品与陈设,平面图设计中的家具造型、室内陈设与室内铺地,立面图设计中的墙面、门窗的划分形式、材料质感及色彩光影等。

在方案的深入过程中,除了进行并完成以上的工作外,还应注意以下几点:

第一,各部分的设计尤其是立面设计,应遵循形式美的原则,注意对尺度、比例、均衡、韵律、协调、虚实、光影、质感以及色彩等原则规律的把握与运用,以确保取得一个理想的建筑空间形象。

第二,方案的深入过程必然伴随着一系列新的调整,除了各个部分自身需要适应调整外,各部分之间必然也会产生相互作用、相互影响,如平面的深入可能会影响到立面与剖面的设计,同样立面、剖面的深入也会涉及平面的处理,对此应有充分的认识。

第三,方案的深入过程不可能是一次性完成的,需经历深入—调整—再深入—再调整,多次循环过程,这其中所体现的工作强度与工作难度是可想而知的。因此,要想完成一个高水平的方案设计,除了要求具备较高的专业知识、较强的设计能力、正确的设计方法以及极大的专业兴趣外,细心、耐心和恒心是其必不可少的素质品德。

以下各节仅从完善方案设计的要求出发,阐述在平面、剖面、立面各部分设计中,进一步深化工作的内容和方法。

3.3.1 完善平面设计

3.3.1.1 图解思考方法

1) 图解思考

建筑设计在很大程度上依赖表现。初学者常常会说要等到有所决定后再动手画图,事实上,这是迟滞不进的办法,因为在动手画图之前是不可能决定什么的。犹豫不决常常是出自缺乏依据。决定本身包含有选择的意思,我们要认识到解决问题可以有多种可能性,不能有了一个好主意就拍板决定,而应该经过多种方案的图解比较,再比较选择最佳方案。图解思考加强了草图与思考之间的相互促进作用(图3.3.1)。

设计进程可以看成是从含糊通向明确的一个系列变化。在设计的最后阶段,设计师采用类如画法几何的严格图解语言。但是这种表现形式并不适用于各个阶段。在方案开始阶段,高度抽象的思维必须依赖有多种解释的、较随意的图解语言来表达。设计师应采用快捷的草图和图解方法。

草图必须简单、清晰才有效果。如果包含的信息太多以致无法一目了然,草图就失去其有效性。但必须能提供足够的信息,并能勾勒出具有特征的设想(图3.3.2)。

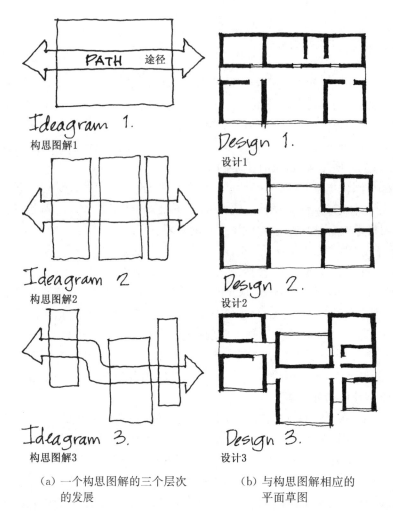

(a) 一个构思图解的三个层次
的发展

(b) 与构思图解相应的
平面草图

3. 3. 1　构思图解与平面草图

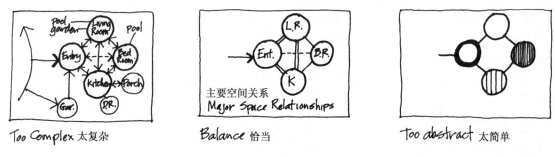

图 3. 3. 2　草图应包含恰当的信息量

图解最有用的特性之一是信息可以多层次地同时传递和接受。绘制框图(图 3. 3. 3)的基本过程如下：

(1) 在用简略的框图中表示各基本体及其相互关系。

(2) 应用图解语法的规律来简化框图至最简结构。

(3) 应用明暗色调或者粗线修正框图,表达第二层次的信息。

(4) 在基本框图上加添其他信息层,如贴上标签的方法。

(5) 如果框图变得过于复杂,可先分解,然后再组合成群体或者在同类基本体外围加上界框。

2) 从构思到方案设计

建筑师得善于简化问题,提炼出本质的要素。揭示整个体系的内在结构或者形式是抽象化的过程。而图解信息交流正是最适合于这种抽象任务(图 3. 3. 4)。

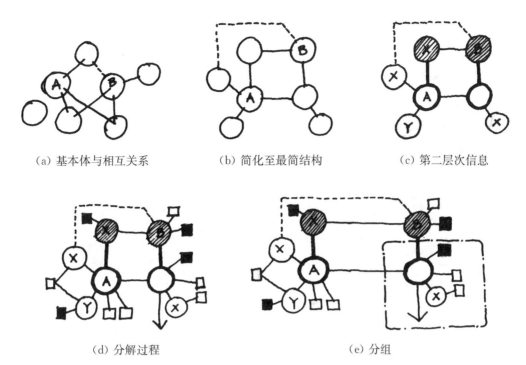

（a）基本体与相互关系　　　（b）简化至最简结构　　　（c）第二层次信息

（d）分解过程　　　　　　　　　　（e）分组

图 3.3.3　绘制框图的基本过程

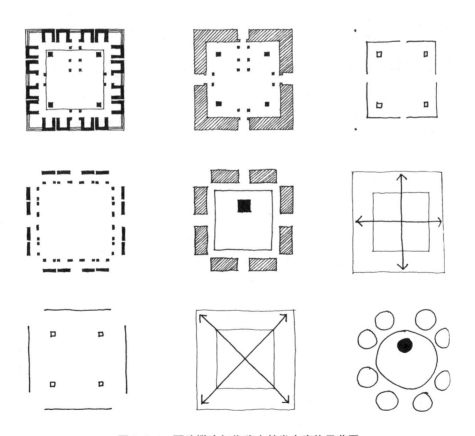

图 3.3.4　耶路撒冷何伐犹太教堂方案构思草图

图 3.3.5 所示为住宅设计从构思到方案设计各阶段的逐步具体化。

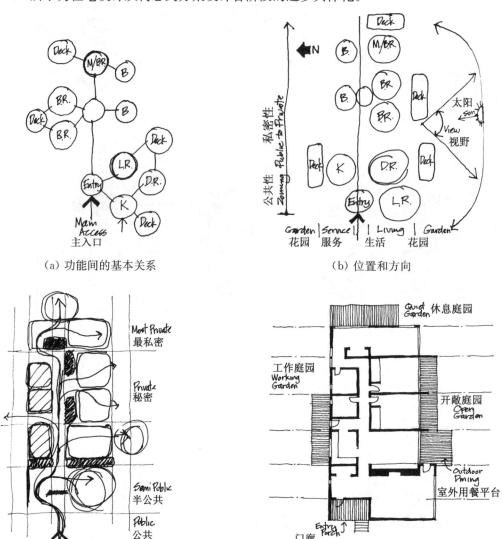

（a）功能间的基本关系　　　　　　　　　　（b）位置和方向

（c）空间的尺寸和形状　　　　　　　　　　（d）墙与结构

图 3.3.5　从构思到方案设计的图解

第一幅框图为住宅设计的抽象泡泡图。各项功能要求和功能间的相互关系均在图中标明。并且标出各功能与其相互关系的等级。主要入口清晰醒目，各"圆圈"都无方位，因为关系图并不包括这类信息。只要功能间的关系不变，圆圈可以移向不同位置并不会改变图面的基本信息。

第二幅框图则表示出位置和气候信息。确定各功能的朝向和位置，并且考虑了自然光和热、景象视野及各功能的分区。

第三幅图解反映出适应功能要求的空间尺度和形式。在这幅图中考虑了功能要求和设计网络。

第四幅图解着手确定结构、构造和围护物。图纸附有充分而正规的说明，从此进入了方案设计阶段。

3.3.1.2　功能分区

功能分区是脚踏实地着手建筑设计的第一步。对于相似功能的分群或分区是一个逻辑性很强、条理化程度很高的过程。通常我们将相互关联的建筑、部门、区域、空间作比较，依照紧密程度将其安排为毗邻或疏远关系（图 3.3.6）。

比如在上文提到的住宅设计中，首先可以将主人、客人活动进行内外分区，客房可以相对独立地规划在主人卧室区域之外；然后再根据主人活动事件的不同，在起居、餐饮、睡眠和养生休闲空间几大块中进行动静、主辅区分。餐饮空间中，厨房、餐厅关系紧密；起居空间中，书房、视听、会客应自成一组，至于户外球

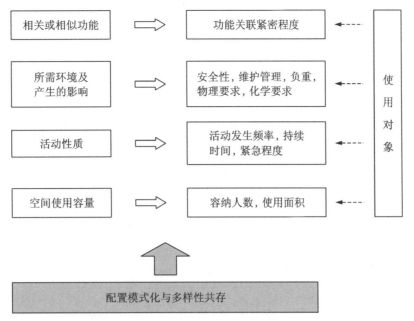

图 3.3.6　功能分区关系图

场、游泳池、平台等又应区别对待;而睡眠休息空间则可按照夫妇、子女、父母等进行单元化设置,每组除卧室外还包括盥洗、更衣、储藏等附属空间。

如图 3.3.7 所示是位于某风景区中的艺术工作室,由于绘画书法、雕塑、陶艺需经常维护管理,适合集中安排;对于研究室、演讲室及会议室等相对较洁净,可以与其他功能隔离;针对采光要求不同,模特摄影应有直射阳光,底片冲印应设暗房。

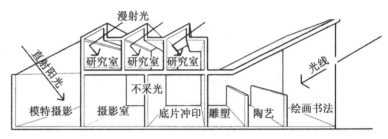

图 3.3.7　某艺术工作室功能分区

园林建筑中经常出现小型博览类建筑,博物馆是"对人类和人类环境的物质见证进行搜集、保护、研究、传播和展览"的机构,它具有采集保管、调查研究、普及教育三大基本职能(图 3.3.8)。

博物馆最基本的组成是展览陈列区、观众服务区、藏品保管区、文保技术区、行政管理区、学术研究区、设备后勤区七大部分(图 3.3.9)。在七个功能区中,展览陈列区是核心部分,并与观众服务设施部分构成对外开放部分;而藏品库区、技术用房、学术研究用房、行政用房、设备辅助用房构成了内部作业部分并服务于对外开放部分。在图 3.3.10 中,图形大小示意各用房面积的差别,线条的粗细表示它们相互联系的密切程度。根据这七个功能分区,我们应该注意到在方案设计过程中,应尽量使粗线条连接的功能区相对要靠近些,以免流线过长。

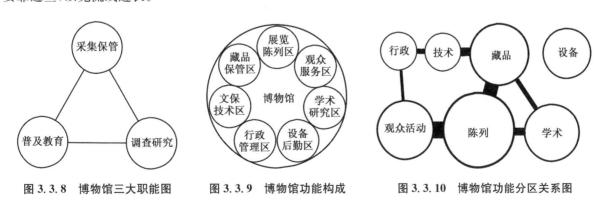

图 3.3.8　博物馆三大职能图　　图 3.3.9　博物馆功能构成　　图 3.3.10　博物馆功能分区关系图

3.3.1.3 流线组织

流线组织就是从活动或事件展开的时间顺序出发,在各个功能活动区域之间建立积极而合理的联系;空间感受也根据人的行走进程而同步变换,因连贯的交通而产生一定秩序。同功能分析图一样,我们可以根据人的行为习性,确定其在使用或体验空间的过程中可能性最大、最为便捷的程序,并以箭头方向指示分析,这就是流线图。

通常三种流线要素值得分析:首先是普遍存在的一般流线。无论何种建筑类型,我们都应考虑人、车、货分流,对外客流与内部服务供应流线分开。其次,还要考虑专业流线的差异,如车站、机场、码头分出发、到达、行包、上行、下行流线;医院分门诊、急诊、儿童门诊、隔离门诊不同流线;图书馆则应将读者流线、图书流线、工作流线等区分组织。第三点,紧急疏散流线是人流集中的建筑,出于防火需要等考虑的重要因素,应该设置专用出口。

以功能相对复杂的博物馆为例,如何将众多房间配置成一个有机整体,只能通过清晰的流线组织把各空间串联起来。因此,对博物馆功能的理解最重要的是把所有房间之间的关系搞清楚,这就是流线分析。我们来看一看图3.3.11所表述的博物馆流线分析图。

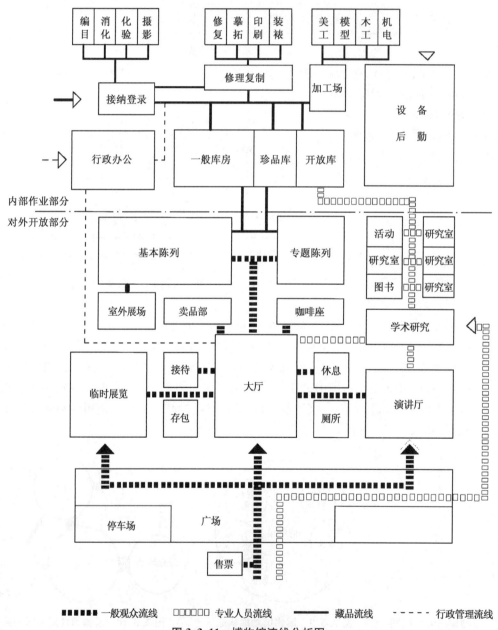

图 3.3.11　博物馆流线分析图

128

从图中我们可以看出：

（1）博物馆可分为一般观众流线、专业人员流线、藏品流线、行政管理流线。它们各自有单独的出入口与外界联系。

（2）一般观众流线和专业人员流线以及它们所联系的房间属于对公众开放的区域，应布局在博物馆建筑的前区，接近博物馆主要出入口。

（3）藏品流线和行政管理流线以及它们所联系的房间属于馆内作业区，应布局在博物馆建筑的后区，与观众流线隔开。

（4）前区的展览陈列与后区的藏品库应尽可能靠近，使藏品运输流线短捷。

（5）设备后勤区应与其他房间保持一定距离，没有直接的流线关系，并有单独的出入口。

3.3.1.4 交通空间

交通空间包括走廊、过厅、门厅、出入口、楼梯、电梯、坡道等。它的主要作用是把各个独立使用空间，有机地联系起来，组成一幢完整的建筑。在建筑物中，这部分空间所占的面积是较大的。交通联系空间的形式、大小和位置，主要取决于各部分的功能关系和建筑空间处理的需要。

交通空间是任何建筑组合中不可分割的一部分，并在建筑物的容积中占有相当的空间。如果把它仅仅看成是具有联系功能的设施，那么交通通道只不过是一些没有尽头的廊道式空间而已。但是，交通空间必须沿途向人们提供散步和停留、休息和观赏的活动场地。交通空间并非功能分区后的剩余图形，而可将它抽象为突出功能之上的完整"正形"，是一张由"线"和"节点"构成的网络（图3.3.12）。概括起来，交通空间可分为水平交通、垂直交通和枢纽交通三种基本空间形式。

1）交通空间类型

（1）水平交通空间

水平交通空间是公共建筑同层各部分空间联系的重要手段，主要呈走廊空间形态。走廊形态多样，可以采用弧线和折线，相互交错，分出岔道，或者形成回路。如将其图形化，则可归纳为线式、辐射式、螺旋式、方格式、网式或以上形式的混合。人们一旦了解了建筑物通道图形，就会对其空间布局及所处方位了如指掌。走廊尽量具备自然采光和通风条件，单面房间布局的走道可侧面采光；双面房间、走廊居中的则可在尽端设窗。

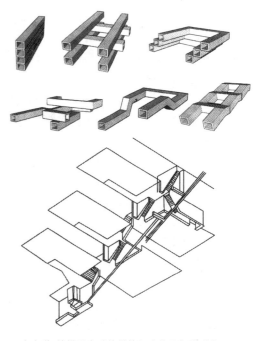

由走道、楼梯及自动扶梯等组成的叠加线形交通

图3.3.12 叠加交通系统

走廊的长宽主要由建筑类型和消防疏散要求决定。按照人体工学，900 mm宽的走道只够一人行走；若两人以上并肩行走则需1 200 mm以上的净宽。在完善平面设计时还需考虑走廊平面的变化及起始位置的处理。除功能、视觉上的考虑之外，走道长度还受消防要求影响，因此不能过长。根据国家规范，应该将从最远房门中线到安全出口之间的距离控制在安全疏散的限度内，具体视建筑类型与防火等级而定。

当建筑分散布局或地形变化较大，建筑结合地形布置时，往往用廊将建筑各部分空间联系起来，并可与绿化、庭院紧密结合，创造生动活泼的建筑空间。如图3.3.13为南京中山植物园时珍馆，该馆以一段敞廊作为入口，它将离陈列室仅10 m远的原有水泵房连成一体，敞廊北面以粉墙作为屏障，墙上设景窗三

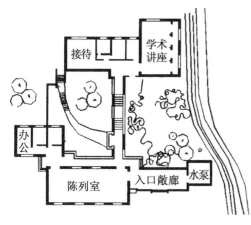

图3.3.13 南京中山植物园时珍馆

129

枫。景窗花饰图案展现了植物园的内容。敞廊将游人引至建筑主体——陈列室。陈列室与北面的接待室、学术交流厅高差 3 m,采用爬山廊引导人们于假山石笋之间。学术交流厅东面敞廊主要供人们饱赏大自然的美景,依石靠可俯瞰小溪,亦可仰首远眺中山陵。

(2) 垂直交通空间

垂直交通空间包括楼梯、电梯、自动扶梯、坡道等形式。在大量的公共建筑中,楼梯是最常采用的垂直交通手段,它不但起着各层之间的功能联系作用,而且以其独特的形态对室内外空间起着造型作用。在完善设计中应考虑如下问题:

楼梯有两种,一种是正常使用状态的公共楼梯,一种是消防楼梯。公共楼梯一般位于醒目的厅堂空间中,是联系不同水平层面与标高的纽带。它不仅是能够满足交通连接功能的"角落",而且它的这种空间"斜线"要素的飞跃视觉效果还带来"跨越"的心理含义。传统楼梯大多相对封闭对立,倚墙设立直跑、双跑或三跑等。随着空间设计的多元化,楼梯也越来越开放自由,平面有折线、螺旋、弧形等,平台可以放大为休息空间。当楼梯的"三维性"被发掘、强化时,就可以被塑造为点、线、面交错的立体构成或抽象雕塑,成为空间的转折点或标志。另一类消防楼梯的位置和数量则应视安全疏散要求而定。

(3) 枢纽交通空间

人们走到通道的相会点或交叉口时,往往需要决定继续前行还是转向,因而在此要留出充足的空间,供人回旋。这种联系衔接交通空间"线"要素的空间有前厅、过厅、电梯厅等。除此之外,还有另一些扩大的"节点",如门厅、大堂、中庭、内院等,它们不仅是活动枢纽,同时还担负接待、休息、等候、会客、洽谈等功能。

交通厅是空间句法中的"顿号",使其不至于因廊道过长而变得单调乏味。另外,垂直交通大都安排在水平交通的交接点、端点、角落、中心点等特殊位置,厅的设置也解决了从水平到垂直交通方向上的转换,为人流停留等候提供缓冲余地(图 3.3.14)。

3.3.14 交通系统中的点线要素

2) 交通空间形式

交通空间形式的变化根据下列几点:

(1) 交通空间的边界已被划分;

(2) 交通空间与被联系空间的形式关系;

(3) 交通空间的尺度、比例、采光及景观的特征已经明确;

(4) 交通空间的入口;

(5) 楼梯和坡道高程变化的处理方式。

交通空间可采用:

(1) 封闭式,形成一条廊道,通过墙上的入口与空间发生联系;

(2) 一边开敞式,在通道与其所连接的空间提供视觉和空间的连续性;

(3) 两边开敞式,通道成为所穿过空间的实际延伸部分。

交通空间的高度和宽度应当与交通量和交通方式成比例。狭窄的封闭式廊道能增强运动的意味。增加廊道的宽度不仅提高交通量,而且提供人们停留、休息和观赏的空间。廊道还可与空间合并而加宽。在一个大空间中,廊道可以是任意而不规则的,既无形状又无边界,完全由在空间里的活动方式来决定。(图 3.3.15、图 3.3.16)

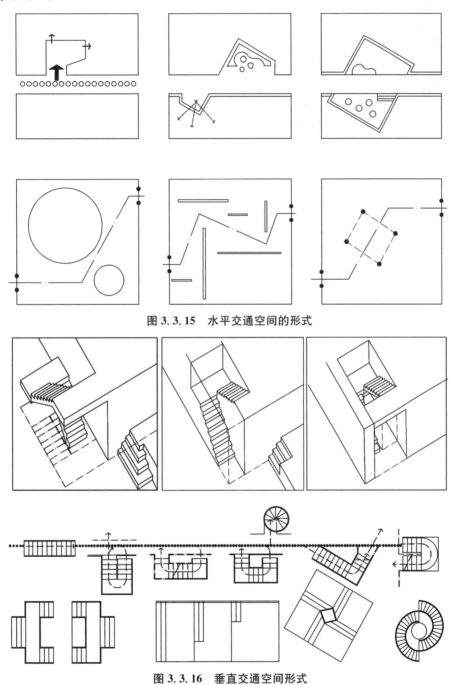

图 3.3.15　水平交通空间的形式

图 3.3.16　垂直交通空间形式

3) 人的动线设计

人在建筑物中的行动路线是路线越短,效率越高;越简单明快,动作便越轻松。所以,如何缩短人的动线,并且使之明快,可以说是评价交通空间功能性的指标之一。走廊、坡路,或是阶梯、电动扶梯、电梯等若

131

采取透明化的设计方法,可使其组合对比,或营造出故事性。人的动线宛如在透明的圆形管道中行走。在这种视觉化的廊道中,人们移动的姿态还可以给予建筑空间及城市空间以有趣的表演效果(图 3.3.17)。不仅是从外部看去的视觉效果,从内部向外部看的视觉效果也可以加以设计。看什么,如何看,等等。由此,可以给行走于廊道的人带来乐趣(图 3.3.18)。

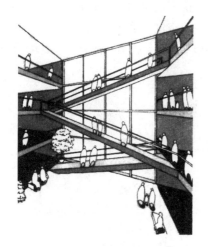

图 3.3.17 动线的视觉变化

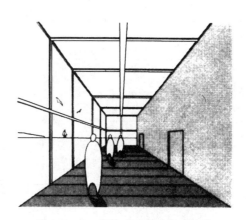

图 3.3.18 动线对周边的视觉变化

图 3.3.19 是弗兰克·劳埃德·赖特设计的古根海姆美术馆,入场者首先乘电梯到最上层,从那里沿着缓缓的坡道,边向下走,边观赏画,比例尺寸极为合适。虽然也有人指出坡道不适合观赏绘画,但自己在建筑物的什么地方走,十分明了,所以可以很专心地观赏。

图 3.3.20 是德赛尔德鲁夫美术馆,是英国建筑师詹姆斯.F.斯特林所设计,道路上下的电梯与缓缓的坡道左右两侧人的行动并列对比,十分有趣。

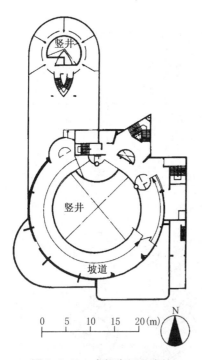

图 3.3.19 古根海姆美术馆

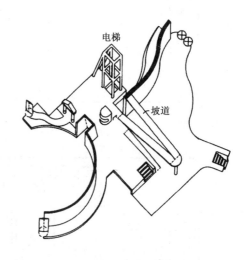

图 3.3.20 德赛尔德鲁夫美术馆

京都府立陶板名画庭园是安藤忠雄的作品。地上一层、地下两层,有绘画、7 个水池、大小瀑布 4 处、大小造园 3 处。它是世界上第一个回廊式绘画庭园方式,忠实地再现名画的造型和色彩的陶版画庭园。这与传统的庭园从根本上有所不同,传统的庭园平面构成多,而安藤忠雄强调的是动线的重叠。

3.3.1.5 空间序列

图3.3.21表现了几种常见的平面组合形式。组织空间序列,应沿主要人流路线逐一展开一连串的空间,能够像一曲悦耳动听的交响乐那样,既婉转悠扬,又具有鲜明的节奏感。其次,还要兼顾到其他人流路线的空间序列安排,后者虽然居从属地位,但若处理得巧妙,将可起烘托主要空间序列的作用,这两者的关系犹如多声部乐曲中的主旋律与和声伴奏,若能协调一致,便可相得益彰。单一空间是构成建筑最基本的单位,在分析功能与空间的关系时首先从单一空间入手。

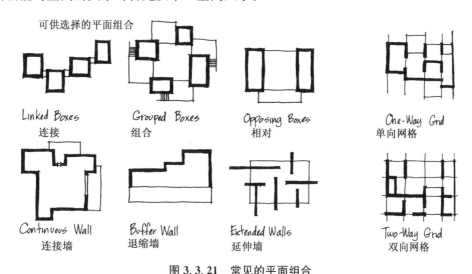

可供选择的平面组合

Linked Boxes 连接　　Grouped Boxes 组合　　Opposing Boxes 相对　　One-Way Grid 单向网格

Continuous Wall 连接墙　　Buffer Wall 退缩墙　　Extended Walls 延伸墙　　Two-Way Grid 双向网格

图3.3.21　常见的平面组合

1）单一空间形式

（1）空间的体量与尺度

在一般情况下室内空间的体量大小主要是根据房间的功能使用要求确定的。例如住宅中的居室,过大的空间将难以造成亲切、宁静的气氛。日本建筑师芦原义信指出:"日本式建筑四张半席的空间对两个人来说,是小巧、宁静、亲密的空间。"日本的四张半席空间约相当于我国 10 m² 左右,作为居室其尺度是亲切的,但这样的空间并不能适应公共活动的要求。

对于公共活动来讲,过小或过低的空间将会使人感到局促或压抑,这样的尺度感也会有损于它的公共性。出于功能要求,公共活动空间一般都具有较大的面积和高度,这就是说:只要实事求是地按照功能要求来确定空间的大小和尺寸,一般都可以获得与功能性质相适应的尺度感。而对于一些特殊的纪念性建筑,其异乎寻常高大的室内空间体量,主要不是由功能使用需求决定,而是由精神方面的要求所决定的。

人们从经验中可以体会到:在绝对高度不变的情况下,面积愈大的空间愈显得低矮。另外,作为空间顶界面的天棚和底界面的地面,如果高度与面积保持适当的比例,可以显示出一种互相吸引的关系,一旦超出了某种限度,这种吸引的关系将随之而消失。

（2）空间的形状与比例

最常见的室内空间一般呈矩形平面的长方体,空间长、宽、高的比例不同,形状也可以有多种多样的变化。不同形状的空间不仅会使人产生不同的感受,甚至还会影响到人的情绪。例如一个窄而高的空间,由于竖向的方向性比较强烈,会使人产生向上的感觉,如同竖向的线条一样,可以激发人们产生兴奋、自豪、崇高或激昂的情绪。哥特教堂所具有的又窄又高的室内空间,正是利用空间的几何形状特征,而给人以满怀热望和超越一切的精神力量。一个细而长的空间,由于纵向的方向性比较强烈,可以使人产生深远的感觉。借这种空间形状可以诱导人们怀着一种期待和寻求的情绪,空间愈细长,期待和寻求的情绪愈强烈。引人入胜正是这种空间形状所独具的特长。颐和园的长廊背山临水,自东而西横贯于万寿山的南麓,由于它所具有的空间形状十分细长,处于其中就会给人以无限深远的感觉和诱惑力,凭着这种诱惑力将可以把人自东而西一直引导至园的纵深部位(图3.1.13)。一个低而大的空间,可以使人产生广延、开阔和博大的感觉。当然,这种形状的空间如果处理不当,也可能使人感到压抑或沉闷。

除长方形的室内空间外,为了适应某些特殊的功能要求,还有一些其他形状的室内空间,这些空间也会因为其形状不同而给人以不同的感受。例如中央高四周低、穹隆形状的空间,一般可以给人以向心、内聚和收敛的感觉;反之,四周高中央低的空间则具有离心、扩散和向外延伸的感觉。弯曲、弧形或环状的空间,可以产生一种导向感,诱导人们沿着空间轴线的方向前进。

在进行空间形状的设计时,除考虑功能要求外,还要结合一定的艺术意图来选择。这样才能既保证功能的合理性,又能给人以某种精神感受。

(3) 内部空间的分隔处理

一个单一空间,不存在内部分隔的问题。但是由于结构或功能的要求,需要设置列柱或夹层时,就要把原来的空间分隔成为若干部分。

柱子的设置是出于结构的需要,首先应保证结构的合理性。但是也必然会影响到空间形式的处理和人的感受。为此,应当在保证功能和结构合理的前提下,使得柱子的设置既有助于空间形式的完整统一,又能利用它来丰富空间的层次与变化。列柱的设置会形成一种分隔感,在一个单一的空间中,如果设置了列柱,就会无形地把原来的空间划分成为两个部分。柱距愈近、柱身愈粗,这种分隔感就愈强。

室内夹层的设置也会对空间形成一种分隔感,以列柱排列所形成的分隔感是竖向的,而以夹层分隔所形成的分隔感则是横向的。夹层的设置往往是出于功能的需要,但它对空间形式的处理也有很大的影响,如果处理得当,可以丰富空间的变化和层次。有些公共建筑的大厅,就是由于夹层处理得比较巧妙,而获得良好的效果。

2) 多空间组合

建筑的空间感染力贯穿于人们连续行进的过程之中(图 3.3.22)。

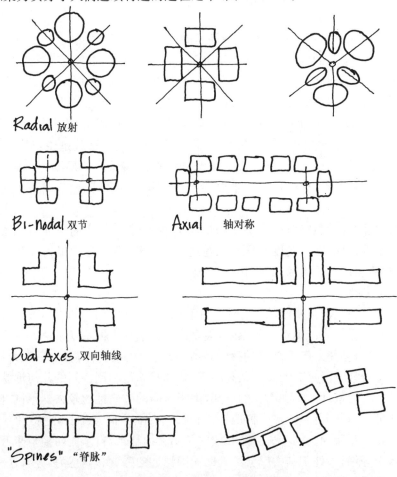

图 3.3.22　点和线的基本排序组合

因此,我们必须越出单一空间的范围,进一步研究两个、三个或更多空间组合中所涉及的问题,这些问题可以归纳成为下列几个方面。

(1) 空间的对比与变化

两个毗邻的空间,如果在某一方面呈现出明显的差异,借这种差异性的对比作用,将可以反衬出各自的特点,从而使人们从这一空间进入另一空间时产生情绪上的突变和快感。空间的差异性和对比作用通常表现在几个方面:

① 高大与低矮之间相毗邻的两个空间,若体量相差悬殊,当由小空间而进入大空间时,可借体量对比而使人的精神为之一振。我国古典园林建筑所采用的"欲扬先抑"的手法,实际上就是借大小空间的强烈对比作用而获得小中见大的效果。在现代建筑中,最常见的形式是:在通往主体大空间的前部,有意识地安排一个极小或极低的空间,通过这种空间时,人们的视野被极度地压缩,一旦走进高大的主体空间,视野突然开阔,从而引起心理上的突变和情绪上的激动和振奋。

② 开敞与封闭之间,就室内空间而言,封闭的空间就是指不开窗或少开窗的空间,开敞的空间就是指多开窗或开大窗的空间。前一种空间一般较暗淡,与外界较隔绝;后一种空间较明朗,与外界的关系较密切。很明显,当人们从前一种空间走进后一种空间时,必然会因为强烈的对比作用而顿时感到豁然开朗。安藤忠雄在真言宗本福寺水御堂的设计中,将寺堂的上部设计为浮现着莲花的池塘。连接阶梯大胆地降入到池塘中。人们在行进中可以感受到两种空间的强烈对比(图3.3.23)。

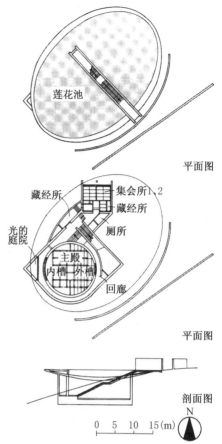

图 3.3.23 真言宗本福寺水御堂

③ 不同形状之间,不同形状的空间之间也会形成对比作用,不过较前两种形式的对比,对于人们心理上的影响要小一些,但通过这种对比至少可以达到求得变化和破除单调的目的。要注意的是,空间的形状往往与功能有密切的联系,为此,必须利用功能的特点,并在功能允许的条件下适当地变换空间的形状,从而借相互之间的对比作用以求的变化。

④ 不同方向之间建筑空间,出于功能和结构因素的制约,多呈矩形平面的长方体,若把这些长方体空间纵、横交替地组合在一起,常可借其方向的改变而产生对比作用,利用这种对比作用也有助于破除单调而求得变化。图3.3.24是池田20世纪美术馆,它的玻璃通路斜着插进四角形的展室,表现了强力的楔入效果。

⑤ 拓扑学式的变化。在数学中,"拓扑学"这一术语的定义为"几何形体特性的研究。这些形体甚至处于变形下只要表面不损坏依旧保持其原有的特征"。图3.3.25(a)所示实例为拓扑学上相似而外观截然不同的两个具体物体,如面团和杯子。从面团到杯子的变化显示物体基本表面关系如何保持完整,而其外形在捏压之后却完全改变了形式。图3.3.25(b)则演示了拓扑学上平面的演变,另一相同的拓扑

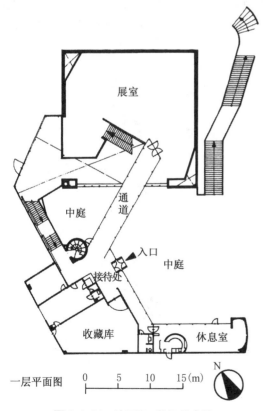

图 3.3.24 池田 20 世纪美术馆

135

学连续性对设计形象的处理手法颇为重要。建筑专业学生大多错误地把局部特定的处理当作局部之间的拓扑学或根本的关系。要是图解画中的真正拓扑学特征被确认了,那么就可发现各部分之间存在众多的其他布置方式。

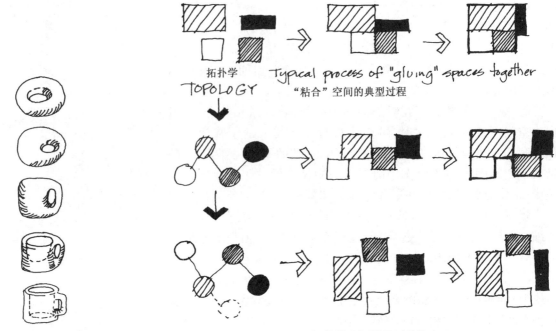

（a）面团与杯子间的拓扑学上的相似　　　　　　　　　　　　（b）拓扑学上相同平面的演变

图 3.3.25　拓扑学式的变化

　　从弗兰克·劳埃德·赖特设计的三幢住宅（图 3.3.26），可以看出拓扑学式连续性的潜力。赖特在三幢住宅中应用了一系列的"语法",起控制作用的几何图形布置平面并贯穿在细部中。三幢住宅看起来不同,其实存在一种拓扑学上的相同。要是每一功能空间以一个点表示,当两个空间相互连接时在它们的点之间画一条线,我们就会发现这三幢住宅的平面在拓扑学上是相同的,由此可见,一个拓扑学式的结构可以变化出三种完全迥异的表现。

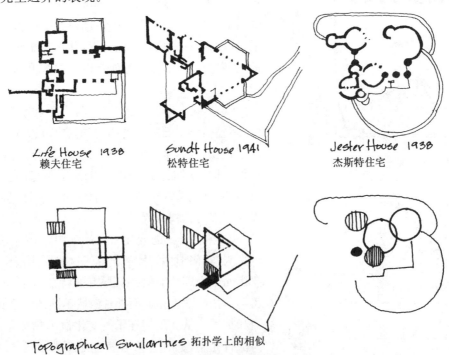

图 3.3.26　弗兰克·劳埃德·赖特所涉及的三幢住宅的拓扑学

（2）空间的重复与再现

在有机统一的整体中,对比固然可以打破单调以求得变化,作为它的对立面,重复与再现则可借协调而求得统一,因而这两者都是不可缺少的因素。诚然,不适当的重复可能使人感到单调,但这并不意味着重复必然导致单调。在音乐中,通常都是借某个旋律的一再重复而形成为主题,这不仅不会感到单调,反而有助于整个乐曲的统一、和谐。

建筑空间组合也是这样。只有把对比与重复这两种手法结合在一起而使之相辅相成,才能获得好的效果。例如对称的布局形式,凡对称都必然包含着对比和重复这两方面的因素。我国古代建筑家常把对称的格局称之为"排偶"。偶者,就是成双成对的意思,也就是两两重复地出现。西方古典建筑中某些对称形式的建筑平面,也明显地表现出这样的特点——沿中轴线纵向排列的空间,力图使之变换形状或体量,借对比以求得变化;而沿中轴线两侧横向排列的空间,则相对应地重复出现,这样,从全局来看既有对比和变化,又有重复和再现,从而把两种互相对立的因素统一在一个整体之内。

同一种形式的空间,如果连续多次或有规律地重复出现,还可以形成一种韵律节奏感。在建筑设计中,有意识地选择同一种形式的空间作为基本单元进行排列组合,借一定地重复来取得这种效果(图3.3.27～图3.3.29)。

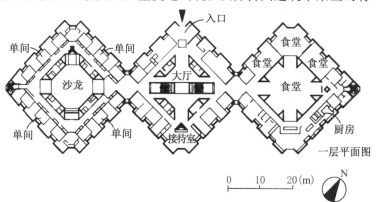

美国　可纳其卡特　1965
设计:路易斯·康

普林摩尔专科学生宿舍是现代派建筑六大巨匠之一的路易斯·康的代表作。学生宿舍是以单间围绕着食堂、大厅、沙龙,不设廊道,各自以角隅连接。

图 3.3.27　普林摩尔专科学生宿舍

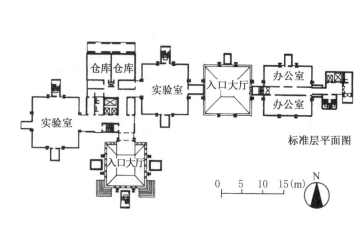

美国　宾夕法尼亚州费城　1961
设计:路易斯·康

医学实验楼各个正方形的建筑相互连接,宛如细胞增殖,根据需要还可以增建。

图 3.3.28　理查医学实验楼

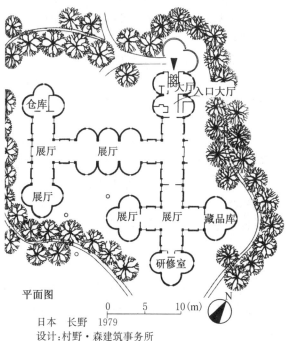

日本　长野　1979
设计:村野·森建筑事务所

八岳美术馆与周围地形、森林相协调,展示空间向四面延伸,八岳美术馆架设卷涡纹顶棚,其内部设计成为来访者内心希望回归的空间。八岳美术馆以单一组件的组合式建筑方法施工,降低了造价成本。

图 3.3.29　八岳美术馆

（3）空间的衔接与过渡

两个大空间如果以简单化的方法使之直接连通,常常会使人感到突然(图3.3.30),致使人们从前一个空间走进后一个空间时,印象十分淡薄。倘若在之间插进一个过渡性的空间,它就能够像音乐中的休止符或语言文字中的标点符号一样,使之段落分明并具有抑扬顿挫的节奏感(图3.3.31)。

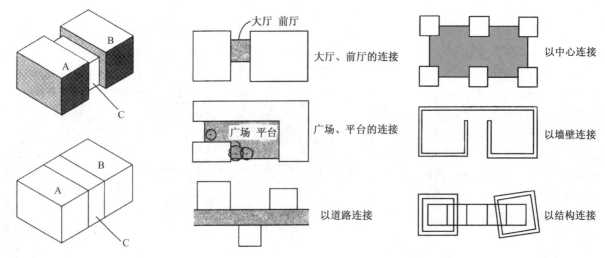

图3.3.30 "区分"与"结合"的
力的关系

图3.3.31 "连接方式"的变化

过渡性空间应当与主空间有所不同,使人们在行进中体验到由大到小,再由小到大;由高到低,再由低到高;由亮到暗,再由暗到亮等这样一些过程,从而在人们的记忆中留下深刻的印象。过渡性空间的设置不可生硬,在多数情况下应当利用辅助性房间或楼梯、厕所等间隙把它们巧妙地融合。

某些建筑,由于地形条件的限制,必须有一个斜向的转折,若处理不当,其内部空间的衔接可能会显得生硬和不自然。这时,如果能够巧妙地插进一个过渡性的小空间,不仅可以避免生硬并顺畅地把人流由一个大空间引导至另外一个大空间,而且还可以确保主要大厅空间的完整性。

过渡性空间的设置必须看具体情况,并不是说凡是在两个大空间之间都必须插进一个过渡性的空间,那样,不仅会造成浪费,而且还可能使人感到繁琐和累赘。

此外,内、外空间之间也存在着一个衔接与过渡的处理问题。我们知道:建筑物的内部空间总是和自然界的外部空间保持着互相连通的关系,当人们从外界进入到建筑物的内部空间时,为了不致产生过分突然的感觉,也有必要在内、外空间之间插进一个过渡性的空间——门廊(图3.3.32),从而通过它把人很自然地由室外引入室内。

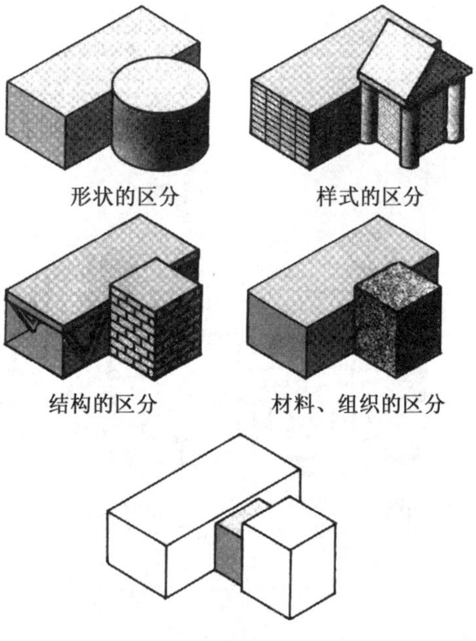

形状的区分　　　样式的区分

结构的区分　　　材料、组织的区分

（4）空间的渗透与层次

两个相邻的空间,如果在分隔的时候,不是采用实体的墙面

图3.3.32 衔接部分的设计

把两者完全隔绝,而是有意识地使之互相连通,将可使两个空间彼此渗透,相互因借,从而增强空间的层次感。

中国古典园林建筑中"借景"的处理手法也是一种空间的渗透。"借"就是把彼处的景物引到此处来,这实质上无非是使人的视线能够越出有限的屏障,由这一空间而及于另一空间或更远的地方,从而获得层次丰富的景观。"庭院深深深几许"的著名诗句,形容的正是中国庭园所独具的这种景观。

技术、材料的进步和发展为自由灵活地分隔空间创造了极为有利的条件,凭借着这种条件西方近现代建筑从根本上改变了古典建筑空间组合的概念——以对空间进行自由灵活的"分隔"的概念来代替传统的把若干个六面体空间连接成为整体的"组合"的概念。这样,各部分空间就自然地失去了自身的完整独立性,而必然和其他部分空间互相连通、贯穿、渗透,从而呈现出极其丰富的层次变化。所谓流动空间正是对这种空间所作的一种形象的概括。

巴塞罗那国际博览会德国馆是密斯·范·德·罗的代表作品,建成于1929年,在密斯看来,建筑最佳的处理方法就是尽量以平淡如水的叙事口吻直接切入到建筑的本质:空间、构造、模数和形态。这座德国馆建立在一个基座之上,主厅有8根金属柱子,上面是薄薄的一片屋顶。大理石和玻璃构成的墙板也是简单光洁的薄片,它们纵横交错,布置灵活,形成既分割又连通,既简单又复杂的空间序列;室内室外也互相穿插贯通,没有截然的分界,形成奇妙的流通空间(图3.3.33、图3.3.34)。

图3.3.33 巴塞罗那国际博览会德国馆立面

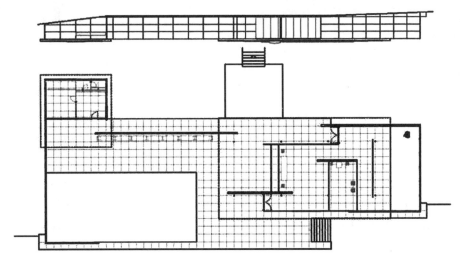

图3.3.34 巴塞罗那国际博览会德国馆平面

(5)空间的引导与暗示

某些建筑,由于功能、地形或其他条件的限制,可能会使某些比较重要的公共活动空间所处的地位不够明显、突出,以致不易被人们发现。另外,在设计过程中,也可能有意识地把某些"趣味中心"置于比较隐蔽的地方,而避免开门见山,一览无余。不论是属于哪一种情况,都需要采取措施对人流加以引导或暗示,从而使人们可以循着一定的途径而达到预定的目标。但是这种引导和暗示不同于路标,而是属于空间处理的范畴,处理得要自然、巧妙、含蓄,能够使人于不经意之中沿着一定的方向或路线从一个空间依次地走向另一个空间。

空间的引导与暗示,作为一种处理手法是依具体条件的不同而千变万化的,但归纳起来不外有以下几种途径:

① 以弯曲的墙面把人流引向某个确定的方向,并暗示另一空间的存在。这种处理手法是以人的心理特点和人流自然地趋向于曲线形式为依据的。通常所说的"流线型",就是指某种曲线或曲面的形式,它的特点是阻力小,并富有运动感。面对着一条弯曲的墙面,将不由地产生一种期待感——希望沿着弯曲的方向而有所发现,而将不自觉地顺着弯曲的方向进行探索,于是便被引导至某个确定的目标。

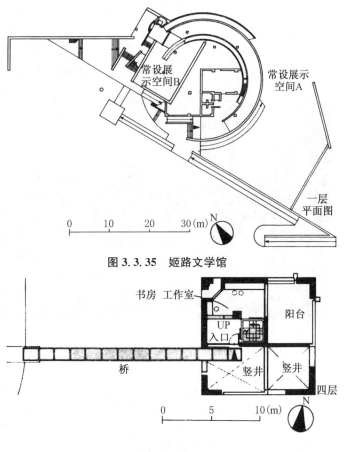

图 3.3.35 姬路文学馆

② 利用特殊形式的楼梯或特意设置的踏步,暗示出上一层空间的存在。楼梯、踏步通常都具有一种引人向上的诱惑力。某些特殊形式的楼梯——宽大、开敞的直跑楼梯、自动扶梯等,其诱惑力更为强烈,基于这一特点,凡是希望把人流由低处空间引导至高处空间,都可以借助于楼梯或踏步的设置而达到目标。图 3.3.35 是安藤忠雄设计的姬路文学馆,入场者是在步行之中被自然而然地引导进到内部的,并意识不到复杂的内部动线,而极为自然地在场内巡游起来。

③ 利用天花、地面处理,暗示出前进的方向。通过天花或地面处理,而形成一种具有强烈方向性或连续性的图案,这也会左右人前进的方向。有意识地利用这种处理手法,将有助于把人流引导至某个确定的目标。眺望路卡诺湖的住宅是建筑师马里奥·博塔的代表作(图 3.3.36)。以钢结构的空间格框的桥梁,作为通向斜面的砖结构房屋的通道直插进去,铁桥的前端可以眺望到鲁格瑙湖面。

图 3.3.36 眺望路卡诺湖的住宅

④ 利用空间的灵活分隔,暗示出另外一些空间的存在。只要不使人感到"山穷水尽",人们便会抱有某种期望,而在期望的驱使下将可能作出进一步地探求。利用这种心理状态,有意识地使处于这一空间的人预感到另一空间的存在,则可以把人由此空间而引导至彼空间。

(6) 空间的序列与节奏

在前五节中就空间的对比与变化、重复与再现、衔接与过渡、渗透与层次、引导与暗示等处理手法作了分析。这些问题虽然本身具有相对的独立性,但每一个问题所涉及的范围仍然是有限的。尽管这些处理手法都是达到多样统一所不可缺少的因素,但如孤立地运用其中某几种手法,还是不能使整体空间组合获得完整统一的效果。为此,有必要摆脱局部性处理的局限,探索一种统摄全局的空间处理手法——空间的序列组织与节奏。不言而喻,它不应当和前几种手法并列,而应当高出一筹,或者说是属于统筹、协调并支配前几种手法的手法。

与绘画、雕刻不同,建筑作为三度空间的实体,人们不能一眼就看到它的全部,而只有在运动中——也就是在连续行进的过程中,从一个空间走到另一个空间,才能逐一地看到它的各个部分,从而形成整体印象。由于运动是一个连续的过程,因而逐一展现出来的空间变化也将保持着连续的关系。从这里可以看出:人们在观赏建筑的时候,不仅涉及空间变化的因素,同时还要涉及时间变化的因素。组织空间序列的任务就是要把空间的排列和时间的先后这两种因素有机地统一起来。

沿主要人流路线逐一展开的空间序列必须有起、有伏,有抑、有扬,有一般、有重点、有高潮。这里特别需要强调的是高潮,一个有组织的空间序列,如果没有高潮必然显得松散而无中心,这样的序列将不足以引起人们情绪上的共鸣。高潮是怎样形成的呢?首先,就是要把体量高大的主体空间安排在突出的地位上。其次,还要运用空间对比的手法,以较小或较低的次要空间来烘托它、陪衬它,使它能够得到足够的突出,方能成为控制全局的高潮。与高潮相对立的是空间的收束。在一条完整的空间序列中,既要放,也要收。只收不放势必会使人感到压抑、沉闷,但只放而不收也可能使人感到松散或空旷。

在一条连续变化的空间序列中,某一种形式空间的重复或再现,不仅可以形成一定的韵律感,而且对于陪衬主要空间和突出重点、高潮也是十分有利的。由重复和再现而产生的韵律通常都具有明显的连续性。处在这样的空间中,人们常常会产生一种期待感。根据这个道理,如果在高潮之前,适当地以重复的形式来组织空间,它就可以为高潮的到来做好准备,由此,人们常把它称之为高潮前的准备阶段。处于这一段空间中,不仅怀着期望的心情,而且也预感到高潮即将到来。

从以上的分析可以看出:空间序列组织实际上就是综合地运用对比、重复、过渡、衔接、引导……一系列空间处理手法,把个别的、独立的空间组织成为一个有秩序、有变化、统一完整的空间集群。这种空间集群可以分为两种类型:一类呈对称、规整的形式;另一类呈不对称、不规则的形式。前一种形式能给人以庄严、肃穆和率直的感受;后一种形式则比较轻松、活泼和富有情趣。不同类型的建筑,可按其功能性质特点和性格特征而分别选择不同类型的空间序列形式。

3.3.2 完善剖面设计

建筑剖面主要反映建筑物竖向的内部空间关系和结构支撑体系,并涉及通风、采光、排水、隔热、装修等一列技术问题。完善剖面设计就是进一步推敲上述各问题的过程。下列所述是其主要研究内容。

3.3.2.1 高度方向的尺寸依据

一幢建筑各层应该有多高,它们相叠加总高度是多少,立面上门窗的位置如何考虑,室内外高差多少合适,屋顶檐口形式与尺寸怎样确定等等,上述问题只有在剖面设计的完善中得出相应标高与尺寸,才能为立面设计提供高度方向尺寸的依据。

1) 层高

各类公共建筑的各种使用房间,按各自设计规范都有一个最低净高要求。层高的确定还需考虑增加结构与设备所占的空间高度。这就需要在剖面中研究下列问题:

(1) 根据结构构造要求确定层高。

(2) 根据房间跨度,估算出梁高尺寸(一般为跨度的 1/12～1/10)或板厚尺寸。

(3) 如果需要在梁下走管道,并以吊顶遮盖起来,则需估算吊顶的高度。

(4) 初步考虑楼面所需厚度,如架空木地板需要 80 mm 左右。

上述若干项高度之和加净高即为层高。

2) 窗高尺寸

当层高确定后,可根据房间的开间或窗洞宽度估算出窗过梁或圈梁高度,再扣除根据功能所需的窗台高度即为窗洞口最大尺寸。至于立面上窗是否需要这样高,那是完善立面设计所要考虑的问题。

3) 屋顶形式与尺寸

最常见的屋顶有平顶与坡顶。平顶又分出檐和女儿墙两种形式。前者主要在剖面上确定出檐宽度和排水构造要求所规定的最小檐高,至于厚檐口那是立面设计的比例推敲问题。而女儿墙形式又分上人屋顶和不上人屋顶。两者对女儿墙的高度要求都有所不同。同时,女儿墙高度又与屋顶构造作法有关。如果有保温、隔热的要求,还需加上这些作法的构造高度,以此推算出女儿墙顶的标高即为建筑物的总高度。

坡顶可分两坡顶、四坡顶、单坡顶等形式,在剖面研究中共同考虑的问题是出檐宽度和屋面坡度。根据进深尺寸和坡度设计可得出屋脊的标高。有些坡顶是有组织排水,在剖面研究中就需要推敲檐沟的形式,这些因素都影响立面尺寸的确定。

除平顶、坡顶以外,中小型公共建筑也有可能采用折板、筒壳、网架、拱顶等屋顶形式,在剖面研究中,只有把它们的断面形式确定下来,才能给立面设计提供正确的尺寸依据。

3.3.2.2 空间的变化与利用

1)夹层

许多公共建筑的底层空间都比较高,但又附有一些小空间的辅助房间。若使这些小空间也占据大空间的面积,势必空间浪费很大。为了使空间得到高效利用,在剖面上可研究夹层的开发与利用。

处理好夹层高度、深度的比例关系,特别是与整体的比例关系,不仅影响到各部分空间的完整性,而且还影响到整体关系的协调和统一。在一般情况下,夹层的高度应不超过总高度的一半,这就是说应使夹层以下的空间低于夹层以上的空间,这一方面可以使人方便地通过楼梯登上夹层,另外还会使处于夹层以下的人获得一种亲切感。夹层的宽度也不宜太深,过深的夹层会使夹层以下的空间显得压抑,同时,也会形成整个空间被拦腰切断的感觉。总之,只有比例适当,才能使人产生舒适的感觉。

2)错层

一些公共建筑在平面组合或地形高差较大时,常产生两个功能区域的地面不在同一标高上,如何协调这种关系呢? 在剖面研究中可通过错层方式解决。对于一层建筑,两功能区的高差可采用踏步联系起来。对于多层建筑,可利用楼梯段把不同标高的建筑空间联系起来。甚至有三至四个空间不在同一标高上时,也可利用三跑、四跑楼梯的不同休息平台把它们和谐地联系在一起。当然,这种楼梯形式已经扩大到交通空间的形态。

3)中庭

随着现代都市生活的发展,在各类公共建筑设计中都相继出现了中庭空间形态,也称之为共享空间。它实质上是一个多用途的空间综合体,既是交通枢纽,又是人们交往活动中心,也是空间序列的高潮。无论小型还是大型的中庭都是以动态空间为特征的。空间互相流通,空间体互相穿插。顶界面有绚丽多姿的天窗,底界面有变化多端的小环境,所有这些空间变化只有在剖面设计中加以推敲,才能较全面地反映中庭空间设计的特征。

在1926年出版的《建筑五要素》中,勒·柯布西耶曾提出了新建筑的"五要素",它们是:① 底层的独立支柱;② 屋顶花园;③ 自由平面;④ 自由立面;⑤ 横向长窗。萨伏伊别墅正是勒·柯布西耶提出的这"五要素"的具体体现。别墅虽然外形简单,但内部空间复杂,如同一个内部精巧镂空的几何体,平面和空间布局自由,空间相互穿插,内外彼此贯通。它外观轻巧,空间通透,装修简洁。勒·柯布西耶提倡的屋顶庭院想法,在萨伏伊别墅得以实现,连接坡道上独特的庭院,创造出栩栩如生的居住空间(图 3.3.37~图 3.3.40)。

图 3.3.37 萨伏伊别墅外观

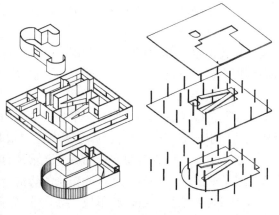

图 3.3.38 萨伏伊别墅分析图

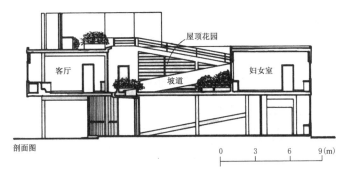

图 3.3.39　萨伏伊别墅剖面

图 3.3.40　萨伏伊别墅内部屋顶花园

3.3.2.3　对坡地的合理利用

在前述"断面研究"一节中,我们已涉及对地形的考虑。从中可知坡地对于建筑设计的自由度来说提出了种种限定。但是,如果巧于利用地形,不但使建筑与环境能有机结合,而且对于创造内部空间形态也起到丰富的作用。这两方面的结合在剖面设计中可以得到妥善解决(图 3.3.41、图 3.3.42)。

在坡度比较平缓的地形上,为了节省土方工程量,可依山就势采取错层方式进行平面布局,但在剖面上要研究错层高差应与地形坡度接近。伦佐·皮亚诺建筑工作室坐落在陡峭的梯形坡面上,可以俯瞰热那亚海湾,由联合国教科文组织资助的实验室也在这里进行研究活动。建筑与周围的环境完美和谐地融为一体,它呈阶梯状沿平缓的山坡向着大海铺展开来。室内阶梯状的地面和山坡的坡度一致。建筑物内部的玻璃顶和全玻璃的墙体模仿了利古里亚海滨传统样式的花房形式,建筑位于山岭与地中海交接之地,就像献给大海的一首赞美诗(图 3.3.43～图 3.3.47)。

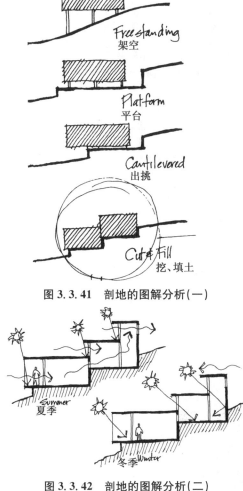

图 3.3.41　剖地的图解分析(一)

图 3.3.42　剖地的图解分析(二)

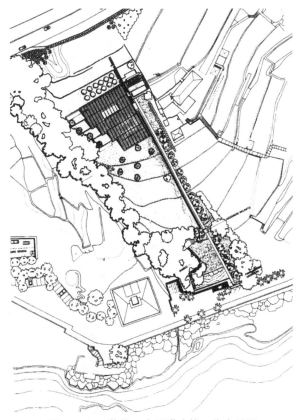

图 3.3.43　伦佐·皮亚诺建筑工作室总图

143

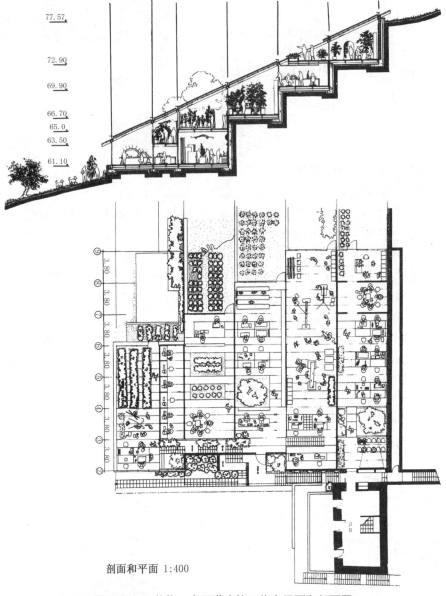

剖面和平面 1:400

图 3.3.44　伦佐·皮亚诺建筑工作室平面和剖面图

图 3.3.45　伦佐·皮亚诺建筑工作室室内空间

144

图 3.3.46　伦佐·皮亚诺建筑工作室环境－1

图 3.3.47　伦佐·皮亚诺建筑工作室环境－2

3.3.3　完善立面设计

　　完善立面设计就是以三度空间的概念审视立面诸要素的设计内容。诸如立面的轮廓、立面的虚实、各部分的比例与尺度、色彩与质感、比例与尺度的表达等等。这些内容都涉及建筑美学问题,而建筑形式美的创作规律经过人类长时期的实践与总结,已形成约定成俗的美的法则,如对比律、同一律、节韵律、均衡律、数比律等。在完善立面设计时,我们要善于运用这些形式美的构图规律,体现出所追求的立面意图和效果。但是,建筑立面的形式美法则不是纯艺术的创作,它不能像其他艺术形式那样再现生活,它只能通过构成空间的物质手段而实现。因此,它要受到平面内容、结构形式、材料技术的制约。不同功能的建筑是由不同用途的空间组成的,它们在形状、尺寸、色彩、质感等方面是各不相同的(图 3.3.48)。因而,在立面上也应得到正确反映。这就是说,形式与内容应该是一个有机的整体。我们可以竭力追求美的形式,但却不应该不顾建筑内容而陷入形式主义之中。立面形式与平面布局、空间构成的完美结合是我们完善立面设计的指导思想。

Weight & Permanence
沉重与坚固感

（a）传统砖石结构

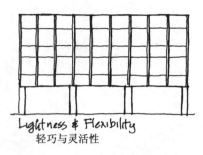

Lightness & Flexibility
轻巧与灵活性

（b）幕墙结构

Balance in asymmetrical facade composition
不对称立面构图的平衡

（c）怀特住宅
建筑师：米切尔/朱尔戈拉

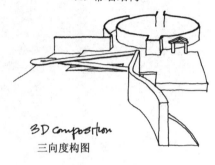

3D composition
三向度构图

（d）德国杜塞尔多夫市格拉贝广场
建筑师：詹姆斯·斯特林

图 3.3.48　构图均衡的立面

3.3.3.1　立面轮廓

形状主要通过建筑物的边缘轮廓表现出来，在园林建筑设计中，轮廓线造型是最直接的造型方法。设计一个完整的轮廓，也就是创造了一个形状。

建筑物的边线包括屋顶轮廓线、平面轮廓线、竖向边线和地面线。

屋顶是建筑中最引人注目的部位，屋顶的形象有史以来一直受到建造者的重视。不同文化区域的传统建筑都有突出表现屋顶的杰作，风采各异的屋顶以强烈的感染力吸引着人们的注意。建筑物两侧的轮廓线反映端部的形态，有时可以利用端部形成特殊的效果。建筑边线的形状变化突出表现在转角处的设计上。

平面的外缘轮廓线反映建筑体态的特征，是决定建筑外观造型的根本因素，现代建筑以后，为使简单的几何体富有变化，往往在平面设计中形成富有变化的外缘轮廓线。

地面线的设计也不应被遗忘。地面的高低起伏，为建筑底面轮廓的变化提供了机遇，建筑师应该有意识地利用坡地创造富有变化的地面轮廓。地面轮廓的变化会使建筑具有特色。

建筑外围有一定的空间，可使建筑形象在得以全面展示的情况下，建筑形状的表现力得到充分的发挥。当人们审视建筑时，着眼点往往落到建筑的内部轮廓线上，建筑内轮廓反映建筑的面目。建筑的内轮廓指建筑边线以内的轮廓线，它反映建筑局部和构件的形状，如门窗洞口、楼梯间、台阶、雨篷、柱廊、局部装饰构件等等。

3.3.3.2　立面虚实

立面的虚是指行为或视线可以通过或穿透的部分，如空廊、架空层、洞口、玻璃面等。立面的实是指行为或视线不能通过或穿透的部分，如墙、柱等。

虚和实虽然缺一不可，但在不同的建筑物中各自所占的比重却不尽相同。决定虚实比重主要有两方面因素：其一是结构；其二是功能。古老的砖石结构由于门窗等开口面积受到限制，一般都是以实为主。现代技术的发展打破了这种限制，为自由灵活地处理虚实关系创造了十分有利的条件。

在体形和立面处理中，为了求得对比，应避免虚实双方处于势均力敌的状态。为此，必须充分利用功能特点把虚的部分和实的部分都相对地集中在一起，而使某些部分以虚为主，虚中有实；另外一些部分以实为主，实中有虚。这样，不仅就某个局部来讲虚实对比十分强烈，而且就整体来讲也可以构成良好的虚实对比关系。

除相对集中外,虚实两部分还应当有巧妙的穿插。例如使实的部分环抱着虚的部分,而又在虚的部分中局部地插入若干实的部分;或在大面积虚的部分,有意识地配置若干实的部分。这样就可以使虚实两部分互相交织、穿插,构成和谐悦目的图案。

如果把虚实与凹凸等双重关系结合在一起考虑,并巧妙地交织成图案,那么不仅可借虚实的对比而获得效果,而且还可借凹凸的对比来丰富建筑体形的变化,从而增强建筑物的体积感。此外,凡是向外凸起或向内凹入的部分,在阳光的照射下,都必然会产生光和影的变化,如果凹凸处理有当,这种光影变化,可以构成美妙的图案。

3.3.3.3　色彩与质感

在各种视觉要素中,色彩是敏感的、最富表情的要素。色彩可以在形体表现上附加大量的信息,使建筑造型的表达具有广泛的可能性和灵活性。

1)色彩的感觉

色彩能有力地表达情感,其中冷暖感、远近感、轻重感,在建筑造型设计中具有广泛的实用意义。

冷暖感:不同的色彩引起不同的温度感觉。一般来说,红色、黄色给人们以温暖的感觉,青紫、蓝色给人以寒冷的感觉。

远近感(空间感):色彩有向前、后退的空间感觉。一般暖色有接近感,冷色有远离感。由于色彩的远近感差别,同一平面上的色彩可以在感觉上拉开距离,形成不同的空间层次。色彩的远近感还与明度及彩度有关,一般明色显得近,暗色显得远;彩度高的色显得近,彩度低的色显得远。

轻重感:色彩的轻重感主要由明度决定,明度越低越有重量感。

2)色彩的作用

(1)表现气氛

色彩表现气氛与基调色有很大关系。基调色反映色彩表达的基本倾向,它相当于音乐的主旋律,建筑色彩表现气氛,很大程度上借助于基调色的感染力。

色彩诱人的魅力是在相互比较和衬托之中显现的。

色相对比时,差别越大,色彩越显得艳丽夺目。相近色并置则显示含蓄、柔和的气氛。

纯度对比使色彩鲜明、纯正。建筑中常用灰色或白色与某一单纯色彩对比的形式而取得鲜明、清新的效果。

明暗对比可以使建筑面目清晰、爽朗。

建筑色彩表现气氛与环境色有关。建筑与背景呈色彩对比时,可以使建筑形象色彩鲜明;建筑与背景色调适度的差异使二者既能融为一体,又可相映成趣。色彩可以为建筑增添难以言表的生机和活力。

(2)区分识别

色彩具有区分作用。色彩区分可以给人以清晰的印象。区分可以传达多种信息,如区分功能、区分部位、区分材料、区分结构等都具有实际的意义。

(3)重点强调

对特别的部位施加与其余部分不同的色彩,可以使该部分由背景转化为图形,从而得到有力的强调。

各种色彩对比是重点强调的有效方法,如纯度对比、明度对比、色相对比等。

在建筑设计中重点色一般是小面积的。

(4)色彩对建筑形象的调节与再创造

建筑的形体造型由于受到实用、经济等多种条件的制约,往往难以实现人们的审美理想。

色彩具有从多方面调节建筑造型效果的功能。对于建筑形体的某些不尽完善之处可以通过色彩的应用进行调节,还可以在已有建筑形体的基础上对建筑形象做进一步的加工以至于再创造。

3)质感的性质

色彩和质感都是材料表面的某种属性,很难把它们分开来讨论。就性质来讲,色彩的对比和变化主要体现在色相之间、明度之间以及纯度之间的差异性;而质感的对比和变化则主要体现在粗细之间、坚柔之间以及纹理之间的差异性。在建筑界面处理中,除色彩外,质感的处理也是不容忽视的。

当俯视地面时,我们看到草坪、砂地、石板路、水磨石、木地板、地毯等,这一切天然的和人工的地面构成了无数的质感,当我们环顾四周,砖墙面、石墙面、抹灰面、油漆面、金属面、镜面、大理石、壁纸、各种纹理的木材面、织物的表面等这种细腻的、粗糙的、坚硬的、柔软的、反光的、透明的材料无一不在表示自己的质感。质感向人们展示小的形式单位群集组合的界面效果。界面的纹理反映界面基本形式单位组织的秩序和式样。基本形式单位的形态及组合变化的差异构成了质感表达的丰富性。

建筑中质感的感觉还与观赏距离密切相关,砖缝显示的纹理效果只能在近距离被感知,在近处看是粗质感、粗纹理的质感,随着视距的增大会成为细质感或细纹理。而建筑立面上的窗与窗间墙构成的匀质图案,在城市景观中可以显示质感和纹理效果。

4) 质感的表达

不同的质感有不同的表达,光洁的表面给人以简洁、清纯、干净的感觉,粗糙的质感给人以朴实和大方感。一些质感给人以良好的触感使人感觉舒适;有些质感富有视觉联想因素,如大理石、木材面的纹理,艺术家利用它本身就足以创造出意味深长的作品。含蓄的变化斑纹富于柔情,适合长期性的、日常性的视觉欣赏要求,明显的对比可以在很短的时间给人以深刻的印象。有些质感对环境能做出敏锐的反应,如金属面、镜面,通过它们,环境的景观闪烁可见。有些质感基本质点形态诱人,富有情趣,如卵石路面等。

质感引起的感觉是其他形式要素不可取代的。由于质感具有的视觉和触觉联合作用的性质能造成深刻入微的知觉体验,软硬、粗细、滑涩,都是通过接触可以获得的感觉。

3.3.3.4 装饰与细部

建筑艺术的表现力主要应当通过空间、体形的巧妙组合,整体与局部之间良好的比例关系,色彩与质感的妥善处理等来获得,而不应企求于繁琐的、矫揉造作的装饰。但也并不完全排除在建筑中可以采用装饰来加强其表现力。装饰的运用应着重于建筑主体或重点部位,并力求和建筑物的功能与结构有巧妙地结合。

就建筑整体而言,装饰属于细部处理的范畴。在考虑装饰问题时一定要从全局出发,使装饰成为整体的有机组成部分,任何游离于整体的装饰即使本身很精致,也不会产生积极的效果,甚至本身愈精致,对整体统一的破坏性就愈大。为了求得整体的和谐统一,设计师必须认真地安排好在什么部位作装饰处理,并合理地确定装饰的形式(如雕刻、绘画、纹样、线条等);纹样、花饰的构图;隆起、粗细的程度;色彩、质感的选择等一系列问题。

装饰纹样的疏密、粗细、隆起程度的处理,必须具有合适的尺度感。过于粗壮或过于纤细都会因为失去正常尺度感而有损于整体的统一。所谓过于主要是对人们习见的传统形式而言的,例如卷草或回纹,这种图案在传统的建筑中虽然有大有小,但一般讲总有一个最大和最小的极限,如果超出这种极限,如同低劣的舞台布景中所经常出现的情况那样,就不免会使人感到惊奇。尺度处理还因材料不同而异。相同的纹样,如果是木雕应当处理得纤细一点;如果是石雕则应当处理得粗壮一些。再一点,就是要考虑到近看或远看的效果。从近处看的装饰应当处理得精细一些;从远处看的装饰则应当处理得粗壮一些。例如栏杆,由于近在咫尺,必须精雕细刻;而高高在上的檐口,则应适当地粗壮一些。

建筑装饰的形式是多种多样的,除了雕刻、绘画、纹样外,其他如线脚、花格墙、漏窗等都具有装饰的性质和作用,对于这些细部都必须认真地对待并给予恰当的处理。

3.3.4 无障碍设计

建筑是为人类服务的,建筑物除了满足全社会的普通人群的需要外,还应为社会中由于某种程度生理伤残缺陷者和正常活动能力衰退者提供服务,对社会老、弱、伤、残等人群给予人性的关怀,体现今天全社会以人为本的高尚精神,无障碍设计是现代建筑设计工作中十分重要的内容之一,应引起设计者的高度重视。

无障碍设计强调在科学技术高度发展的现代社会,一切有关人类衣食住行的公共空间环境以及各类建筑设施、设备的规划设计,都必须充分考虑具有不同程度生理伤残缺陷者和正常能力衰退者(如残疾人、老年人、行动不便者)的使用需求,配备能够应答、满足这些需求的服务功能与装置,营造一个充满爱与关怀,切实保障人类安全、方便、舒适的现代生活环境。

3.3.4.1 无障碍设计原则

归纳起来,建筑无障碍设计的一般原则可从以下几方面考虑:

1) 建筑空间的可达性和引导性

无论对于健康人还是残障者,空间的可达性和引导性都是首要的原则。建筑设计中,首先通过交通空间和功能空间的组织来进行人流的引导,使用过程中再辅以必要的指示说明来明确空间性质,这就要求建筑空间组织应该简洁明确,符合人们的日常经验;可达性则包括满足所有的使用者要求,如建筑入口的坡道、残疾人电梯、卫生间等的特殊设计。

2) 建筑环境的安全性

在结构安全的前提下,建筑环境的安全性指的是建筑空间组织和构造设计中的安全设计。建筑空间组织要求功能分区明确,流线清晰,符合疏散要求,尤其在防火设计中,必须满足防火规范的各项要求;构造设计则内容十分广泛,从各种细节上进行预见性防护,将危险降到最低。

3) 建筑环境的舒适性与适用性

从建筑的规划开始,包括对场地、气候等各方面因素的考虑,尽量创造一个舒适的建筑环境。在建筑的空间设计及构造设计中,既要满足人们在其中长时间工作和生活的舒适性,也要注重适用性,尤其在设备安装时,更要结合人体的行为活动习惯。

3.3.4.2 建筑物无障碍设计

按照《城市道路和建筑物无障碍设计规范》(JGJ50—2001)规定,园林建筑属于公共建筑无障碍设计范围(表3.3.1)。

表3.3.1 园林建筑中无障碍设计部位

建 筑 类 别	设 计 部 位
城市广场 城市公园 街心花园 动物园,植物园 海洋馆 游乐园与旅游景点	建筑基地(人行通道,停车车位) 建筑入口,入口平台及门 水平与垂直交通 观展区,表演区,儿童活动区 室内外公共厕所 售票处,服务台,公用电话,饮水器等相应设施

注:大型园林建筑及主要旅游地段必须设无障碍专用厕所。

不同建筑类型的通用部位设计原则基本一致,下面是其主要内容。

(1) 出入口

无障碍出入口不仅方便残疾人、老年人,同时也方便其他人群,建筑设计应考虑以下因素:

① 供残疾人使用的出入口,应设在通行方便和安全的地段。室内设有电梯时,出入口应靠近候梯厅。

② 建筑入口为无障碍入口时,入口室外的地面坡度不应大于1:50。

③ 公共建筑与高层、中高层居住建筑入口设台阶时,必须设轮椅坡道和扶手,其设计数据应符合相关规范的要求。

④ 无障碍入口和轮椅通行平台应设雨篷。

⑤ 出入口设有两道门时,门扇开启后应留有不小于1.20 m的轮椅通行净距。

(2) 坡道

坡道用于联系不同高差的地面,其位置要设在醒目和方便的地方,供轮椅通行的坡道要设计成直线形、直角形或折返形,不宜设计成弧形。

① 坡道两侧应设扶手,坡道与休息平台的扶手应保持连贯。

② 坡道侧面凌空时,在栏杆下端应设置高度不小于50 mm的安全挡台,如图3.3.49所示。

③ 坡道的设计坡度和宽度要符合相关规范的规定。

④ 坡道的坡面应平整,不应光滑。

⑤ 坡道起点、终点和中间休息平台的水平长度不应小于1.5 m。

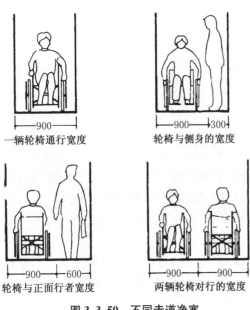

一辆轮椅通行宽度　　　　轮椅与侧身的宽度

轮椅与正面行者宽度　　　两辆轮椅对行的宽度

图 3.3.50　不同走道净宽

（3）通路、走道和地面

通路和走道的设计不宜过于复杂，也不宜过长。其最小宽度应符合规范要求，一般而言，轮椅较容易通过的走道宽度为 1.2 m；轮椅能够进行回转的宽度为 1.5 m；两辆轮椅可以相向而行，走道宽度要达到 1.8 m（图 3.3.50）。

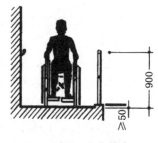

图 3.3.49　安全挡台

① 通路和室内地面应平整、不光滑、不松动和不积水。

② 使用不同材料铺装的地面应互相取平，如有高差时不应大于 15 mm，并应以斜面过渡。

③ 门扇向走道内开启时应设凹室，凹室面积不应小于 1.30 m×0.90 m。

④ 供残疾人使用的走道：走道两侧应设扶手；走道两侧墙面应设高 0.35 m 护墙板；走道转弯处的阳角应为弧形墙面或切角墙面；走道两侧不得设突出墙面而影响通行的障碍物。

⑤ 走道一侧或尽端与其他地坪有高差时，应设置栏杆或栏板等安全设施。

（4）门

供残疾人使用的门应采用自动门，也可采用推拉门、折叠门或平开门，不应采用力度大的弹簧门。如果使用旋转门，应另设残疾人专用门。

① 轮椅通行门的净宽不小于 0.80 m。门的位置及尺寸要与走道或过厅结合考虑（图 3.3.51）。

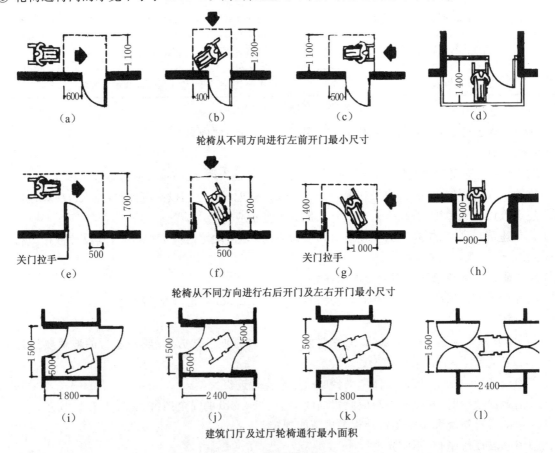

（a）　　　　（b）　　　　（c）　　　　（d）

轮椅从不同方向进行左前开门最小尺寸

（e）　　　　（f）　　　　（g）　　　　（h）

轮椅从不同方向进行右后开门及左右开门最小尺寸

（i）　　　　（j）　　　　（k）　　　　（l）

建筑门厅及过厅轮椅通行最小面积

图 3.3.51　门与走道门厅及过厅的关系

150

② 门扇及五金等配件应考虑便于残疾人开关(图3.3.52)。

③ 门上安装的观察孔及门铃按钮的高度应考虑乘轮椅者及儿童等的使用要求。

④ 门扇在一只手的操纵下应该易于开启,门槛高度及门内外地面高差不应大于 15 mm,并以斜面过渡。

(5) 窗

窗的设计应该尽可能地容易操作,而且安全。

① 窗的高度要考虑坐轮椅者及儿童的视高,并设置安全栏杆。

② 推拉窗比平开窗或旋转窗更易开关。

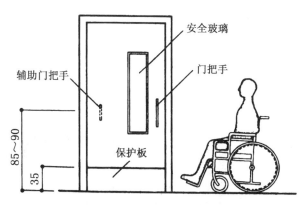

图 3.3.52 便于残疾人使用的门

(6) 楼梯和台阶

楼梯和台阶不仅要考虑健全人的要求,同时应考虑残疾人、老年人的要求。楼梯的形式最好采用有中间休息平台的折线双跑或三跑式,避免采用单跑式、弧形或螺旋形楼梯。底楼楼梯下部空间应采取隔离措施,避免视觉障碍者或儿童碰头。具体细节有:

① 不宜采用无踢面的踏步和突沿为直角形的踏步(图 3.3.53)。

② 踏面应平整而不应光滑,明步踏面应设高度不小于 50 mm 的安全挡台。

③ 楼梯两侧应设扶手,从三级台阶起应设扶手。

④ 距踏步起点和终点 25～30 mm 应设提示盲道。

⑤ 踢面和踏面的颜色应有区分和对比。

⑥ 扶手的形式和尺寸应符合规范要求,在扶手的起点和终点处应设盲文说明牌(图 3.3.54)。

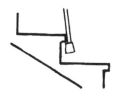

有直角突沿或无踢面踏步对上行不利

图 3.3.53 踏步

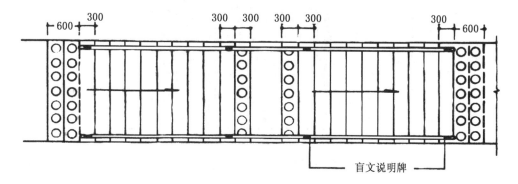

图 3.3.54 楼梯梯段起点与终点

(7) 电梯

无障碍电梯包括候梯厅和轿厢设计。

候梯厅深度大于等于 1.80 m,电梯门洞净宽度大于等于 0.90 m。电梯按钮高度在 0.90～1.10 m 比较合适,每层电梯口应安装楼层标志,电梯口设置提示盲道。

轿厢面积不小于 1.40 m×1.10 m,电梯门开启净宽不小于 0.80 m,轿厢正面和侧面应设置高度 0.80～0.85 m 的扶手;轿厢侧面应设高 0.90～1.10 m 带盲文的选层按钮。轿厢正面高 0.90 m 处直到顶部应安装镜子。

(8) 卫生间

无障碍卫生间有公共厕所的无障碍厕位及专用无障碍厕所,建筑设计中对无障碍卫生间从布局到细节都应仔细考虑,真正做到方便残疾人。具体内容包括:

① 卫生间的位置最好在人们利用率较高的通道和容易发现的地方,并设置醒目的标志。

151

② 出入口的宽度应能够满足轮椅通行的要求，不设置台阶，最好不设门或者设置容易打开的门。

③ 地面材料采用防滑材料，避免反光；墙面、地面和洁具的色彩应对比明显，利于弱视者分辨。

④ 厕位出入口要满足轮椅通行，不能有高差的台阶，厕位门的形式最好采取轮椅使用者操作容易的形式，常用的有推拉门、折叠门和外开门。厕位的大小要满足轮椅在其中的回旋（图3.3.55）。

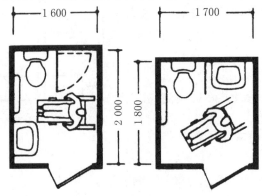

图3.3.55 轮椅标准间厕所

⑤ 无障碍厕所选用坐式便器，主要是考虑方便残疾人和老年人使用。便器周围应设置安全拉杆，其高度位置应符合残疾人的生理特点。便器的高度最好与轮椅同高，冲水装置要方便操作。低位小便器的设置方便轮椅使用者和儿童。洗手盆宜采用挂墙式，下部留出轮椅脚踏板空间。

（9）停车车位

① 距建筑入口及车库最近的停车位置，应划为残疾人专用停车位（图3.3.56）。

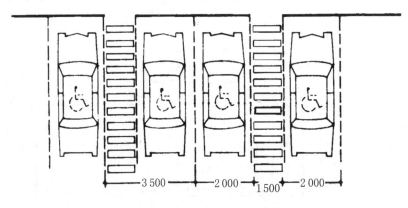

图3.3.56 残疾人小汽车停车位

② 停车车位的一侧，应设宽度不小于1.20 m的轮椅通道，使乘轮椅者从轮椅通道直接进入人行通道到达建筑入口。

③ 停车车位一侧的轮椅通道与人行通道地面有高差时，应设1.00 m的轮椅坡道。

④ 停车车位的地面，应涂有停车线、轮椅通道线和无障碍标志，在停车车位的尽端宜设无障碍标志牌。

3.4 方案设计的表达

方案的表现是建筑方案设计的一个重要环节，方案表现是否充分，是否美观得体，不仅关系到方案设计的形象效果，而且会影响到方案的社会认可。依据目的性的不同，方案表现可以划分为设计过程表现与成果表现两种。

3.4.1 设计过程表现

从抽象的概念构思到具体的空间图形的获得是一个质的飞跃，其后的每轮深化表达，一方面要保持图形的清晰性,另一方面要不断校验所传达信息的准确性(图 3.4.1~图 3.4.4)。

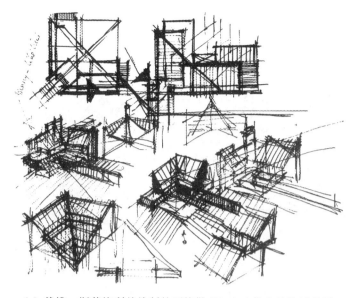

(a) 戴维·斯蒂格利兹绘制的西格勒(Siegler)住宅的构思草图　　　(b) 哥本哈根默克尔旅馆餐巾的正面

图 3.4.1　画在餐巾背后的西格勒住宅的构思草图

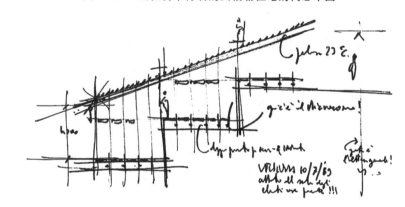

图 3.4.2　伦佐·皮亚诺建筑工作室草图

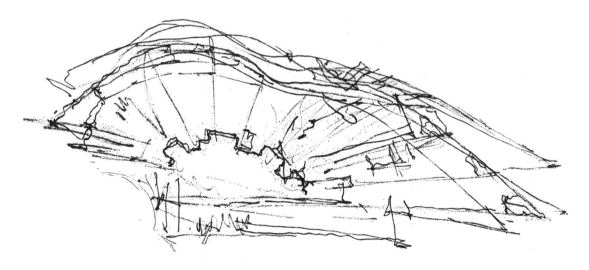

图 3.4.3　阿尔瓦·阿尔托不莱梅新瓦尔高层住宅构思草图

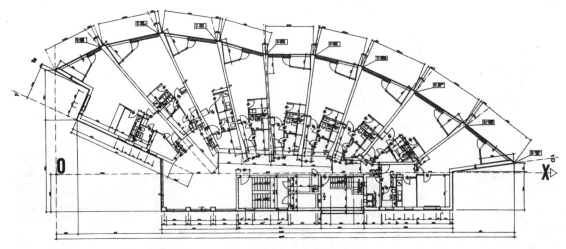

图3.4.4　不莱梅新瓦尔高层住宅标准层平面

深化过程中的图纸也尽量以快速徒手表现为主。通常可以采用半透明的拷贝纸或硫酸纸蒙在上一轮草图上,多次修改、调整再与以前的构思比较、重新评价,吸纳或淘汰相应内容。最初可从比任务书要求小一半的比例或更小的比例开始画平、立、剖面;随着设计的深化,可放大比例进行细致研究;当需要考虑面积参考指标时,可用1:100或其他比例的网格纸垫在半透明的草图下,这样即使不依靠比例尺,也能轻易把握相对准确的尺度。

另一方面,反复绘制透视图或轴测图,能从空间角度提供新思路。透视图不仅显示空间的形态、虚实,还能通过上色与简单渲染反映出材质取向与光线品质。在半透明纸上修改上一轮透视图的过程中,有时甚至会产生空间叠加、旋转、漂浮、运动的幻象,瞬间的灵动也能扩展直觉思考的范围。

对于复杂的有机连续空间以及变异构成建筑,将平、立、剖面以手绘方式进行相对独立的研究是很困难的,这时就要善于利用数字化设计的优势:先以电脑生成三维形态或手工制作工作模型在内外空间立体形象的基础上不断深化调整;当完善到一定程度时,分阶段进行各个方向的水平、垂直剖切与投影,生成平、立、剖面的二维图纸,然后再确定细部;然后反复进行"面"—"体"—"面"的循环,最终定稿。

设计过程中的推敲性表现是建筑师为自己所表现的,它是建筑师在各阶段构思过程中所进行的主要外在性工作,是建筑师形象思维活动的最直接、最真实的记录与展现。它的重要作用主要体现在三方面:其一,在建筑师的构思过程中,推敲性表现可以以具体的空间形象刺激强化建筑师的形象思维活动,从而宜于诱引更为丰富生动的构思的产生;其二,推敲性表现的具体成果为建筑师分析、判断、抉择方案构思确立了具体对象与依据;其三,推敲性表现在实际草图的表现是一种传统的但也是被实践证明行之有效的推敲表现方法,它的特点是操作迅速而简洁,并可以进行比较深入的细部刻画,尤其擅长于对局部空间造型的推敲处理。

3.4.2　设计成果表现

成果表现是指建筑师针对阶段性尤其是最终成果汇报所进行的方案设计表现,它要求该表现应具有完整明确、美观得体的特点,以保障把方案所具有的立意构思、空间形象以及气质特点充分展现出来,从而最大限度地赢得评判者的认可。对于成果表现应注意以下几点:

1)绘制正式图前要有充分准备

绘制正式图前应完成全部的设计工作,并将各图形绘出正式底稿,包括所有注字、图标、图题以及人、车、树等衬景。在绘制正式图时不再改动,以保障将全部力量放在提高图纸的质量上。应避免在设计内容尚未完成时,即匆匆绘制正式图。那么乍看起来好像加快了进度,但在画正式图时图纸错误的纠正与改动,将远比在草图中修改的效率低,其结果会适得其反,既降低了速度,又影响了图纸的质量。

2)注意选择合适的表现方法

图纸的表现方法很多,如铅笔线、墨线、颜色线、水墨或水彩渲染以及水粉等等。选择哪种方法,应根

154

据设计的内容及特点而定。最初设计时，由于表现能力的制约，应采用一些比较基本的或简单的画法，如用铅笔或钢笔线条，平涂底色，然后将平面中的墙身、立面中的阴影部分及剖面中的被剖部分等局部加深即可。亦可将透视图单独用颜色表现。总之，表现方法的提高也应按循序渐进的原则，先掌握比较容易和基本的画法，以后再去掌握复杂的和难度大的画法。

3）注意图面构图

图面构图应以易于辨认和美观悦目为原则。如一般习惯的看图顺序是从图纸的右上角向左下角移动，所以在考虑图形部位安排时，就要注意这个因素。其他如注字、说明等的书写亦均应做到清楚整齐，使人容易看懂。

图面构图还要讲求美观。影响图面美观的因素很多，大致可包括：图面的疏密安排，图纸中各图形的位置均衡，图面主色调的选择，树木、人物、车辆、云彩、水面等衬景的配置，以及标题、注字的位置和大小等等，这些都应在事前有整体的考虑，或做出小的试样，进行比较。在考虑以上诸点时，要特别注意图面效果的统一问题，因为这恰恰是初学者容易忽视的，如衬景画得过碎过多，或颜色缺呼应，以及标题字体的形式、大小不当等等。这些都是破坏图面统一的原因。总之，图面构图的安排也是一种锻炼，这种构图的锻炼有助于建筑设计的学习。

■ 推荐阅读书目

1. ［日］芦原义信；尹培桐译. 外部空间设计［M］. 北京：中国建筑工业出版社，1985

2. ［丹麦］扬·盖尔；何人可译. 交往与空间［M］. 北京：中国建筑工业出版社，1992

3. ［英］肯特编著；谢立新译. 建筑心理学入门［M］. 北京：中国建筑工业出版社，2000

4. ［美］爱德华.T.怀特著；林敏哲等译. 建筑语汇［M］. 大连：大连理工大学出版社，2001

5. ［美］保罗·拉索著；邱贤丰等译. 图解思考：建筑表现技法［M］. 北京：中国建筑工业出版社，2002

6. ［丹麦］拉斯姆森著；刘亚芬译. 建筑体验［M］. 北京：知识产权出版社，2003

7. ［美］琳达·格鲁特等著；王晓梅译. 建筑学研究方法［M］. 北京：机械工业出版社，2004

8. ［美］弗朗西斯.D.K.钦著；邹德侬，方千里译. 形式、空间和秩序［M］. 北京：中国建筑工业出版社，2005

9. ［德］迪特尔·普林茨，［德］克劳斯.D.迈耶保克恩著；赵巍岩译. 建筑思维的草图表达［M］. 上海：上海人民美术出版社，2005

10. ［德］托马斯·史密特著；肖毅强译. 建筑形式的逻辑概念［M］. 北京：中国建筑工业出版社，2005

11. 刘峰，朱宁嘉. 人体工程学［M］. 第2版. 沈阳：辽宁美术出版社，2006

12. 彭一刚. 建筑空间组合论［M］. 第3版. 北京：中国建筑工业出版社，2008

13. 郑炘，华晓宁. 山水风景与建筑［M］. 南京：东南大学出版社，2007

14. 黄世孟主编，王小璘等著. 场地规划［M］. 沈阳：辽宁科学技术出版社，2002

■ 讨论与思考

1. 园林建筑设计过程中，设计立意具有怎样的作用？

2. 园林建筑设计过程中，理性思维与感性思维是否冲突？二者的转换具有怎样的意义？

3. 园林建筑设计过程中，外部条件对设计的限制有哪些？

4. 园林建筑设计深化过程中，不同阶段的深化具有怎样的关联作用？

5. 园林建筑设计前场地调研有哪些内容？

6. 园林建筑设计前，需要哪些图纸？

7. 园林建筑设计怎样合理选址？

8. 园林建筑平面设计阶段，应怎样从泡泡图转化为平面图？

9. 园林建筑设计立面轮廓组织具有什么规律？

10. 园林建筑设计在剖面上怎样体现和环境的和谐关系？

4 案例分析

4.1 香洲

建造年代:清
建造地点:苏州拙政园内
面积:约 40 m²
用材:木

香洲是典型的画舫式古建。画舫是一种特殊的建筑,它的原型是江船。早在北宋时,文学家欧阳修就在他的官邸中利用七间屋,在山墙上开门,而正面不开门,仅开窗,名之曰"画舫斋"。从《清明上河图》中可以清晰地看到,当时在江中行驶的官船都像一座水上建筑,前舱为客厅,有的厅前还有敞轩、鹅颈椅可供坐憩观赏江景,中后舱为家人起居与卧息之所,再后则是船工活动范围。而欧阳修的画舫斋则是把这种官船又还原过来,以此追忆在江中游历的乐趣。香洲属于旱船,建于水边,有小桥与岸上相通,象征此船泊于水边,有跳板可上下,这种建筑对船的模仿比较逼真,往往有前舱、中舱、后舱。

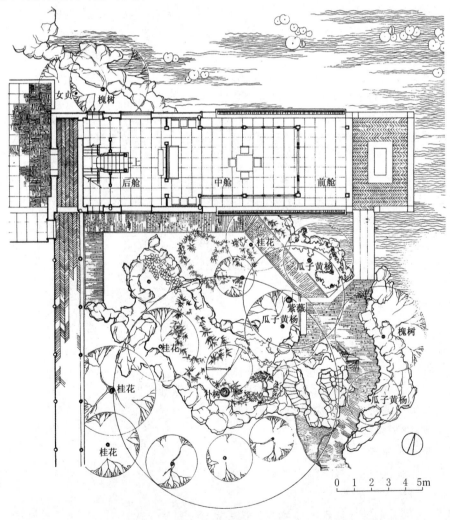

图 4.1.1 香洲一层平面

图 4.1.2　香洲正立面

图 4.1.3　香洲侧立面

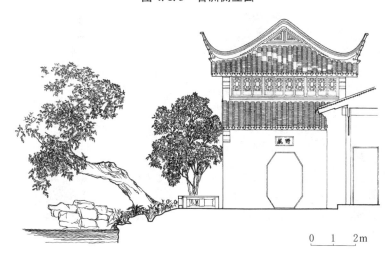

图 4.1.4　香洲局部

图 4.1.5 香洲远景

图 4.1.6 香洲局部

图 4.1.8 香洲舫立面

图 4.1.7 香洲侧立面

图 4.1.9 香洲罩门

158

4.2 习习山庄

设计人:葛如亮

工程地点:浙江省建德市

设计时间:1980 年至 1982 年

葛如亮先生在 20 世纪 70 年代末承担了国家建委建筑理论中心课题" 建筑与自然",设计实践的重心也从体育建筑转到与自然山水结合的风景区建筑。习习山庄于 1980 年至 1982 年设计建成,是葛如亮先生在富春江新安江国家重点风景名胜区里设计建成的第一个建筑。从设计到现场葛如亮先生都进行了精确的控制。在习习山庄的设计过程中,葛如亮先生把"院落""江南民居"等要素运用于旅游建筑,取得了很好的效果。

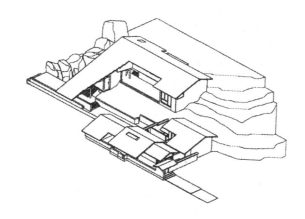

图 4.2.1 习习山庄轴测

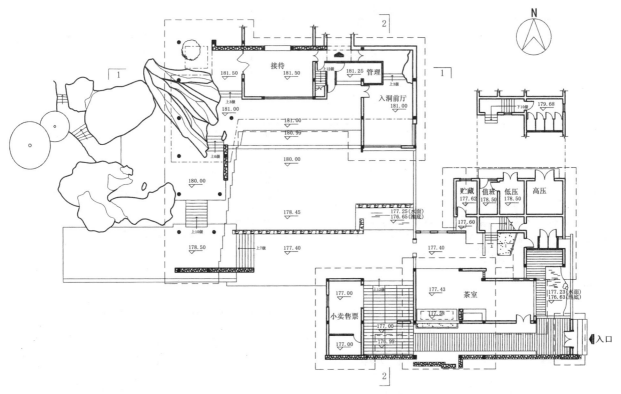

图 4.2.2 习习山庄一层平面

159

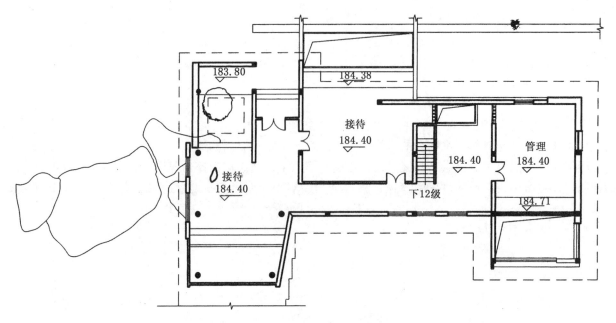

图 4.2.3　习习山庄二层平面

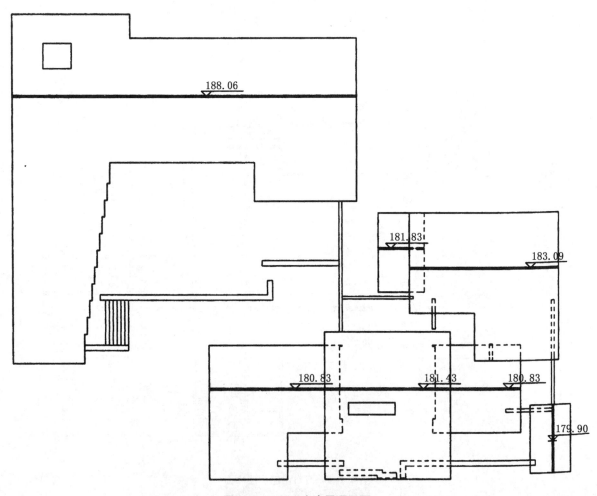

图 4.2.4　习习山庄屋顶平面

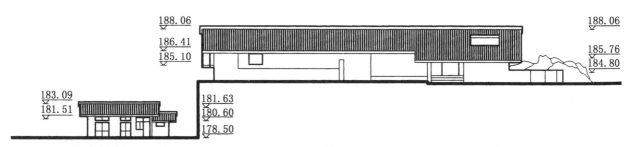

图 4.2.5 习习山庄立面

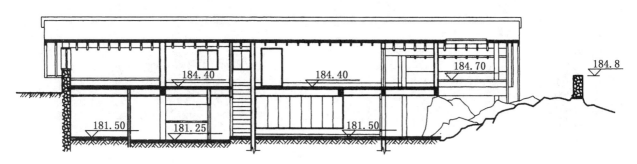

图 4.2.6 习习山庄横剖面

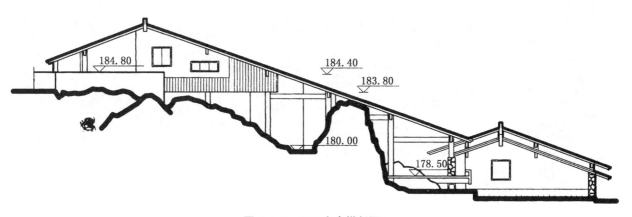

图 4.2.7 习习山庄纵剖面 1

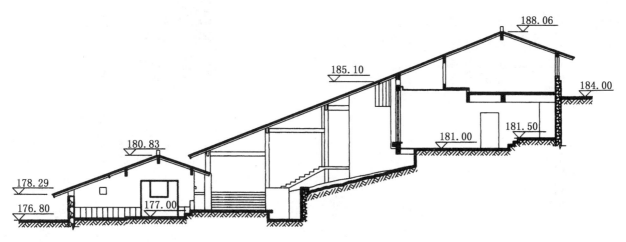

图 4.2.8 习习山庄纵剖面 2

161

图 4.2.9　习习山庄—1

图 4.2.10　习习山庄—2

图 4.2.11　习习山庄—3

图 4.2.12　习习山庄—4

图 4.2.13　习习山庄—5

图 4.2.14　习习山庄—6

4.3 望江楼

设计人:齐康,齐昉
工程地点:江苏省江阴市
工程规模:1 200 m²(绝对标高 88.16 m,建筑高度 43.10 m)
设计时间:1991 年至 1992 年
建成时间:1993 年

江阴望江楼为著名的建筑家、中国科学院院士、东南大学教授齐康先生的杰作,于 1993 年建成。建筑选址在江阴城郊的风景区内。作者采用现代手法来表现抗清和解放战争中的要塞和纪念江阴的和平起义。最终确定的方案取意于"沉舟侧畔千帆过",造型以阶梯形朝向长江,背靠城市,以船为喻,塔高七层,可供游憩。东、西基层墙面上分别篆刻有明末抗清、解放战争、"和平起义"的大型浮雕。

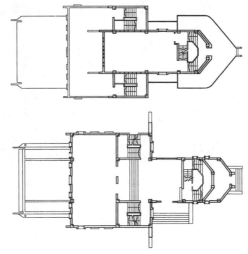

图 4.3.1 望江楼平面

图 4.3.2 望江楼立面

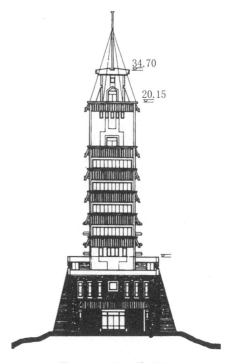

图 4.3.3 望江楼立面

163

图4.3.4 望江楼—1

图4.3.5 望江楼—2

4.4 天台山济公佛院

设计人:齐康,陈宗钦,陈公余
工程地点:浙江省天台县
工程规模:500 m²
建成时间:1987年

浙江天台的天台山济公佛院亦为齐康院士的杰作,于1987年设计落成。济公佛院的设计打破了传统寺庙的格局,依山就势,将山地风景审美与社会心理需求相结合,力求雅俗共赏。建筑选址在赤城山山腰的济公洞。设计运用墙体、柱廊、屋顶、构架等建筑构件,以多义、模糊、象征、隐喻的手法表达"帽""鞋""袈裟""扇"等概念,表现人物形象。建筑材料以石料、木材、砖瓦等地方材料为主,局部使用混凝土,从而使这一民间捐资的建筑得以实现。

图4.4.1 济公佛院

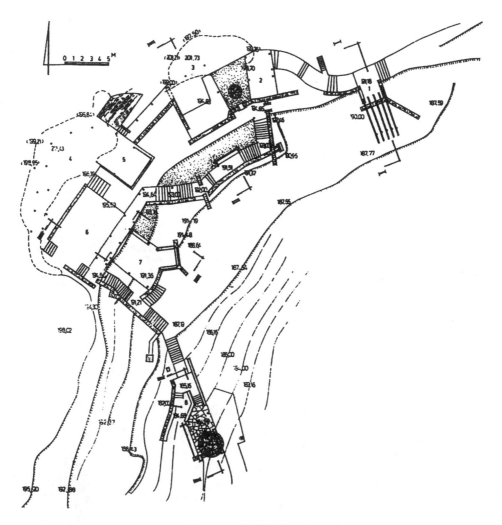

图 4.4.2 济公佛院平面

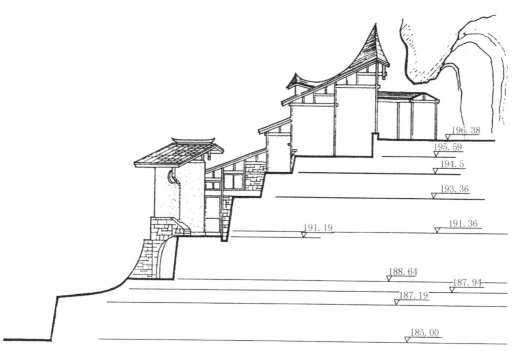

图 4.4.3 济公佛院剖面

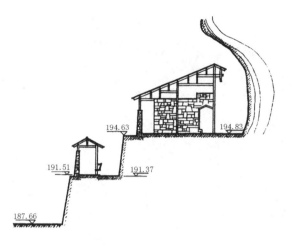

194.63　　　　　194.83

191.51　　　　191.37

187.66

图 4.4.4　济公佛院局部立面

图 4.4.5　济公佛院立面

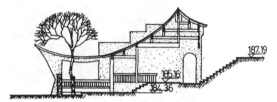

187.19

195.16
184.36

图 4.4.6　济公佛院剖面

图 4.4.7　济公佛院立面

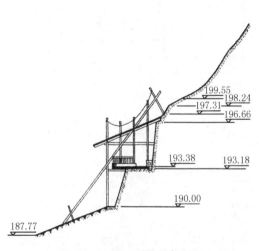

199.55
198.24
197.31
196.66

193.38　　　　193.18

190.00

187.77

图 4.4.8　济公佛院局部剖面

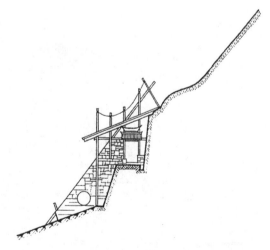

图 4.4.9　济公佛院局部立面

4.5 海螺塔

设计人:齐康,郑炘等
工程地点:福建省长乐市
工程规模:200 m²
设计时间:1986 年至 1987 年
建成时间:1987 年

海螺塔亦为齐康院士设计,建成于1989年。海螺塔和海蚌厅,是福建长乐下沙度假村的组成部分,位于景区离岸 400 m 的王母礁上。海螺塔取自海螺、海蚌的外部造型,呈锥形,高 24 m,内分 7 层,有螺旋形台阶 68 级,各层都有望台,可眺望四周景观。海蚌厅形似巨蚌,半张着蚌壳,内腔为圆形大厅。螺、蚌比肩相邻,浑然一体,横卧于王母礁上,显得格外壮观,令人叹为观止。建筑与自然环境融为一体。

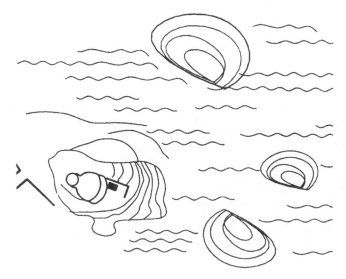

图 4.5.1　海螺塔总平面

图 4.5.2　海螺塔剖面

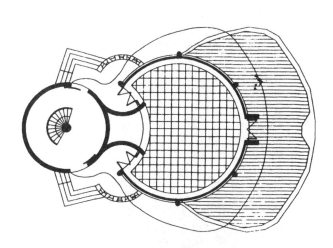

图 4.5.3　海螺塔底面平面

167

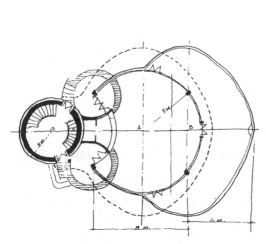

图 4.5.4 海螺塔一层平面

图 4.5.5 海螺塔立面

图 4.5.6 海螺塔—1

图 4.5.7 海螺塔—2

图 4.5.8 海螺塔—3

图 4.5.9 海螺塔—4

168

4.6　波诺瓦茶楼

设计师:阿尔瓦罗·西扎
位置:葡萄牙 帕尔梅拉
分类:宾馆酒店建筑

波诺瓦茶楼是1956年当地政府举办的设计竞赛的作品,葡萄牙建筑师费尔南多·塔沃拉赢得了此次比赛。他选择马托西纽什市海岸峭壁作为建筑基址后便将项目转交给了他的合作伙伴阿尔瓦罗·西扎。这是西扎最早的建成项目之一。建筑师将茶楼设在家乡马托西纽什市附近,安放在自己熟悉而亲切的风景中。20世纪60年代,葡萄牙建筑与区域环境之间仍存在着紧密的联系。该项目通过认真分析当地天气和潮汐、现有植物和岩石分布状况以及与后方街道和城市的联系,在大西洋边缘创造了独特的风景。茶楼距主大道约300米,从附近停车场经由平台和阶梯便来到由低矮房檐和本区特色巨石形成的入口处。这个由白石铺就、两边矗立着白色混凝土墙的蜿蜒人行步道将大海和水平线时而隐藏起来、时而完全展露,生动地呈现出了一幅动态图景。

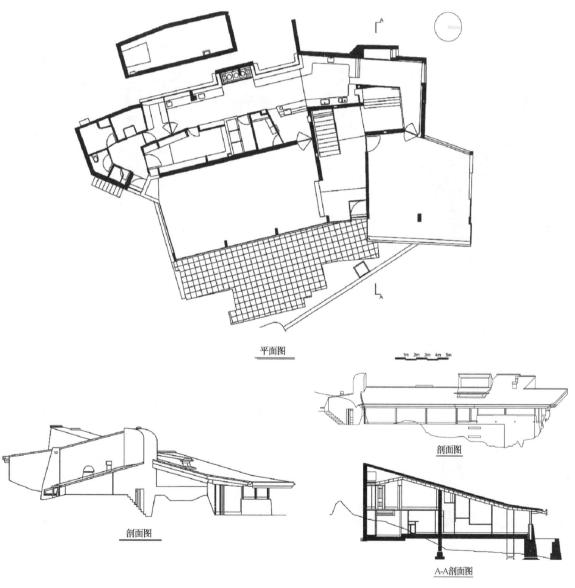

平面图

剖面图

剖面图

A-A剖面图

图 4.6.1　波诺瓦茶楼平面、剖面图

图 4.6.2　波诺瓦茶楼-1

图 4.6.3　波诺瓦茶楼-2

图 4.6.4　波诺瓦茶楼-3

图 4.6.5　波诺瓦茶楼-4

图 4.6.6　波诺瓦茶楼-5

图 4.6.7　波诺瓦茶楼-6

4.7 流水别墅

设计人:弗兰克·劳埃德·赖特(Frank Lloyd Wright)
工程地点:美国　宾夕法尼亚州(Pennsylvania,USA)
工程规模:380 m²
建成时间:1936 年

流水别墅是现代建筑的杰作之一,它位于美国匹兹堡市郊区的熊溪河畔,由赖特设计。别墅主人为匹兹堡百货公司老板德国移民考夫曼,故又称考夫曼住宅。

别墅共三层,面积约 380 m²,以二层(主入口层)的起居室为中心,其余房间向左右铺展开来,别墅外形强调块体组合,使建筑带有明显的雕塑感。两层巨大的平台高低错落,一层平台向左右延伸,二层平台向前方挑出,几片高耸的片石墙交错着插在平台之间,很有力度。溪水由平台下怡然流出,建筑与溪水、山石、树木自然地结合在一起,像是由地下生长出来似的。

别墅的室内空间处理也堪称典范,室内空间自由延伸,相互穿插;内外空间互相交融,浑然一体。流水别墅在空间的处理、体量的组合及与环境的结合上均取得了极大的成功,为有机建筑理论作了确切的注释,在现代建筑历史上占有重要地位。

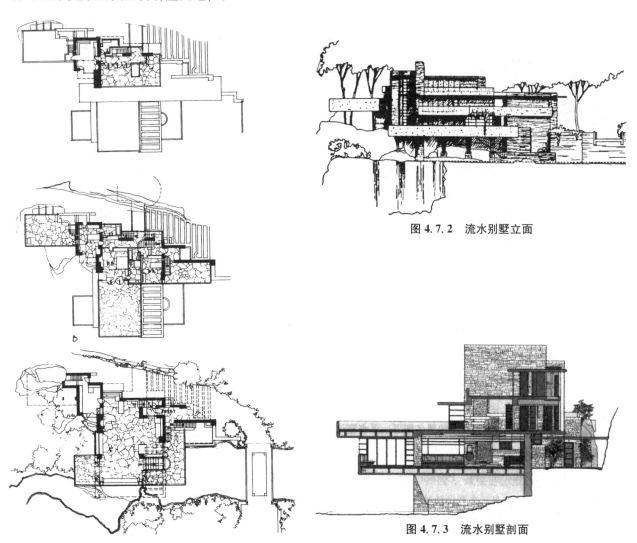

图 4.7.2　流水别墅立面

图 4.7.3　流水别墅剖面

图 4.7.1　流水别墅各层平面

171

图 4.7.4　流水别墅—1

图 4.7.5　流水别墅—2

图 4.7.6　流水别墅—3

图 4.7.7　流水别墅—4

图 4.7.8　流水别墅—5

图 4.7.9 流水别墅—6

图 4.7.10 流水别墅—7

图 4.7.11 流水别墅—8

图 4.7.12 流水别墅—9

4.8 四方美术馆

建筑师：Steven Holl/美国
建筑功能：展览
建筑面积：3 023 平方米
项目时间：2011

四方美术馆位于珍珠泉风景区内的中国当代国际建筑艺术实践展的入口处。美术馆充分发掘视角转换、空间层次变化以及广阔薄雾与水域的自然优势，展现出中国早期绘画深邃交错的神秘空间特色。

美术馆是由一些平行的透视空间组成，花园墙由黑色混凝土竹模板制成，这样馆身就像一个轻质量体悬浮在花园墙之上。通过首层展厅笔直的电梯通道，会进入二层蜿蜒的空中展廊，二层展廊悬浮在高空中沿顺时针方向展开，在到达观赏南京城远景的最佳视角处终止。这块乡村场地在与明朝都城南京的视觉轴线相连之后平添了几丝都市风情。

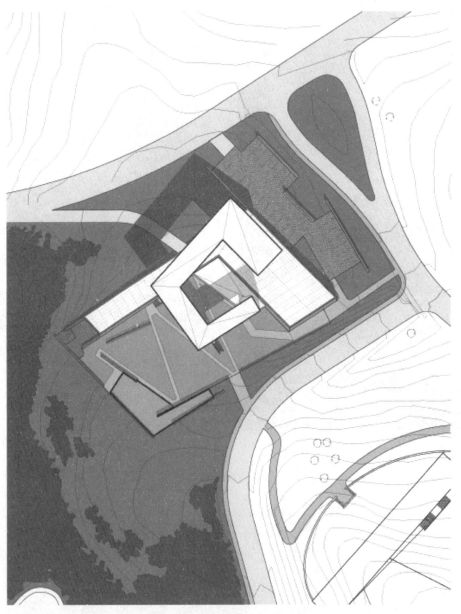

图 4.8.1　四方美术馆总平面图

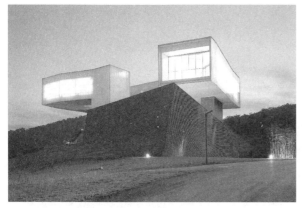

图 4.8.2　四方美术馆—1

图 4.8.3　四方美术馆—2

图 4.8.4　四方美术馆—3

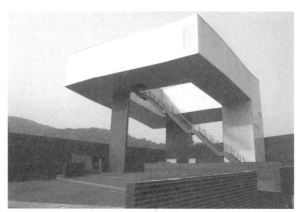

图 4.8.5　四方美术馆—4

图 4.8.6　四方美术馆—5

图 4.8.7　四方美术馆—6

175

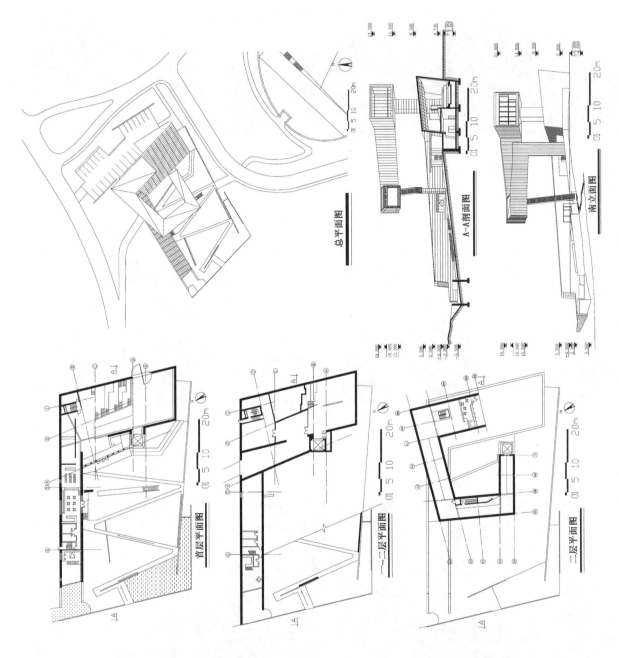

总平面图

A—A剖面图

南立面图

首层平面图

二层平面图

三层平面图

图 4.8.8　四方美术馆平面、立面、剖面图

4.9 树屋(The Treehouse)

设计人:Baumraum 建筑设计公司/德国

工程地点:德国 Gross Ippener

建成时间:2006 年至 2008 年

位于德国 Gross Ippener 的树屋由德国的 Baumraum 建筑设计公司设计。Baumraum 的设计师们联合了最优秀的建造师、环境艺术设计师、最好的施工人员以及植物专家,共同打造了这个特色项目,于 2008 年 8 月竣工完成。这个树屋的高度有 5.6 m,建造在两棵成熟的橡树之间。树屋的建造通过力学分析,科学的将其重量均匀地分布在各个枝干上,并且凭借特制的结实安全带和可调控的钢索来固定它,使其保持平衡。树屋优雅流畅的弧线造型,像一条快艇凌驾于大树之上,别有一番趣味。玻璃和钢材的使用使空间显得通透,充满了现代感。

图 4.9.1 树屋—1

图 4.9.2 树屋—2

图 4.9.3 树屋—3

图 4.9.4 树屋—4

图 4.9.5 树屋—5

图 4.9.6 树屋—6

图4.9.7 树屋—7

图4.9.8 树屋—8

4.10 漩涡(The Organic House in Mexico)

设计人:Javier Senosiain/墨西哥
工程地点: 墨西哥 Naucalpan
工程规模:160 m²
建成时间:2008 年

位于 Naucalpan 的 The Organic House,由墨西哥 Javier Senosiain 建筑事务所操刀设计,建筑面积
160 m²。其最初的设想来自花生,整个建筑就像胚胎一样被包裹在景观之中。这种大地的艺术,基于建筑
师对生态的充分考量,符合当下倡导的低碳环保的健康生活方式。建筑是半地下式的,覆盖其上的花园基
本保留了原来的植物布局。为了满足空间的功能而进行的无意识组合成就了建筑独特的外观——类似于
一个低矮的环状山坡,亦像一个漩涡。在材质的选择上,建筑师使用了钢丝网水泥,这种以钢丝网或钢丝
网和加筋为增强材,水泥砂浆为基材组合而成的薄壁结构材料,在这里因其可塑耐用而大放光彩。

图4.10.1 漩涡—1

图4.10.2 漩涡—2

图4.10.3 漩涡—3

图4.10.4 漩涡—4

178

图 4.10.5　漩涡—5

图 4.10.6　漩涡—6

图 4.10.7　漩涡—7

图 4.10.8　漩涡—8

图 4.10.9　漩涡—9

4.11　瓦尔斯温泉浴场

设计人:彼得·卒姆托
工程地点:瑞士瓦尔斯
设计时间:1994年至1996年
建成时间:1996年

瓦尔斯的两口泉眼中平均每分钟涌出400升泉水,这些泉水的一半提供给 Valser 矿泉水公司,剩下的部分留在瓦尔斯的温泉中。1996年瑞士著名建筑师彼得·卒姆托用当地的石英石重新修建了瓦尔斯温泉。建筑师用了近4万片大小不同的瓦片将温泉的池壁装点的别具一格,它的内部结构使人拥有进入一个原始寺庙的感觉。两年以后温泉成为了瓦尔斯的标志,它精湛的建筑结构和有康复作用的温泉吸引了前所未有的来访者。建筑师的设计初衷是将温泉浴与天然能量及山区自然景观之间的特殊关联体现出来,卒姆托的创作为瓦尔斯村带来了巨大的福利,为经济的发展提供了帮助。

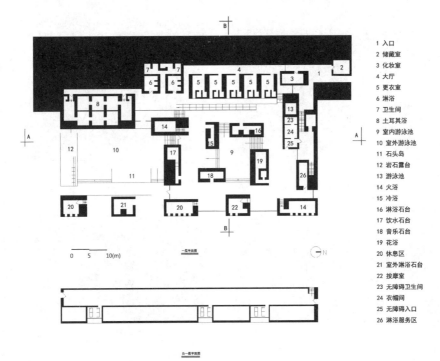

1 入口
2 储藏室
3 化妆室
4 大厅
5 更衣室
6 淋浴
7 卫生间
8 土耳其浴
9 室内游泳池
10 室外游泳池
11 石头岛
12 岩石露台
13 游泳池
14 火浴
15 冷浴
16 淋浴石台
17 饮水石台
18 音乐石台
19 花浴
20 休息区
21 室外淋浴石台
22 按摩室
23 无障碍卫生间
24 衣帽间
25 无障碍入口
26 淋浴服务区

图 4.11.1　瓦尔斯温泉平面图

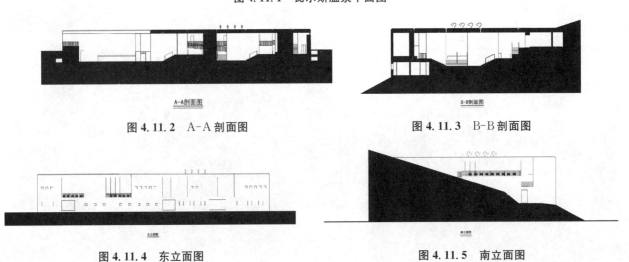

图 4.11.2　A-A 剖面图

图 4.11.3　B-B 剖面图

图 4.11.4　东立面图

图 4.11.5　南立面图

图 4.11.6　瓦尔斯温泉浴场－1

图 4.11.7　瓦尔斯温泉浴场－2

图 4.11.8　瓦尔斯温泉浴场－3

图 4.11.9　瓦尔斯温泉浴场－4

图 4.11.10　瓦尔斯温泉浴场－5

图 4.11.11　瓦尔斯温泉浴场－6

5 附 件

5.1 学生作业

5.1.1 建筑空间秩序

（学生姓名:陆琳艺）

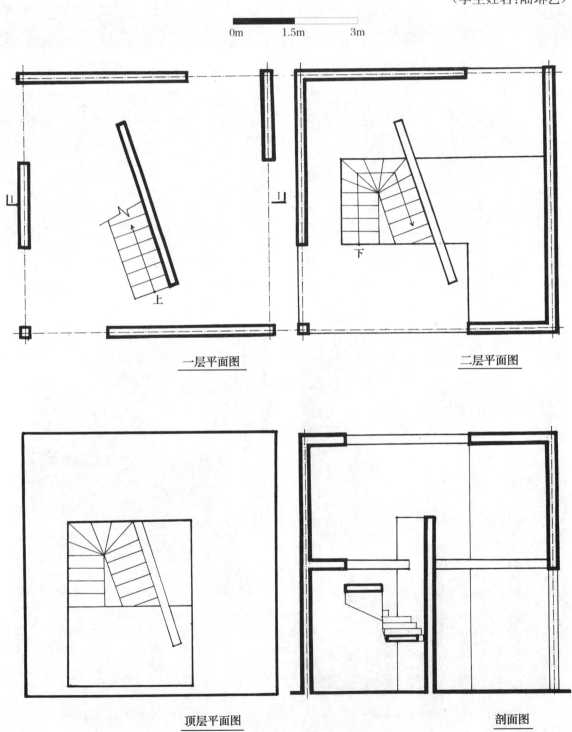

一层平面图　　　　　　　　　　二层平面图

顶层平面图　　　　　　　　　　剖面图

182

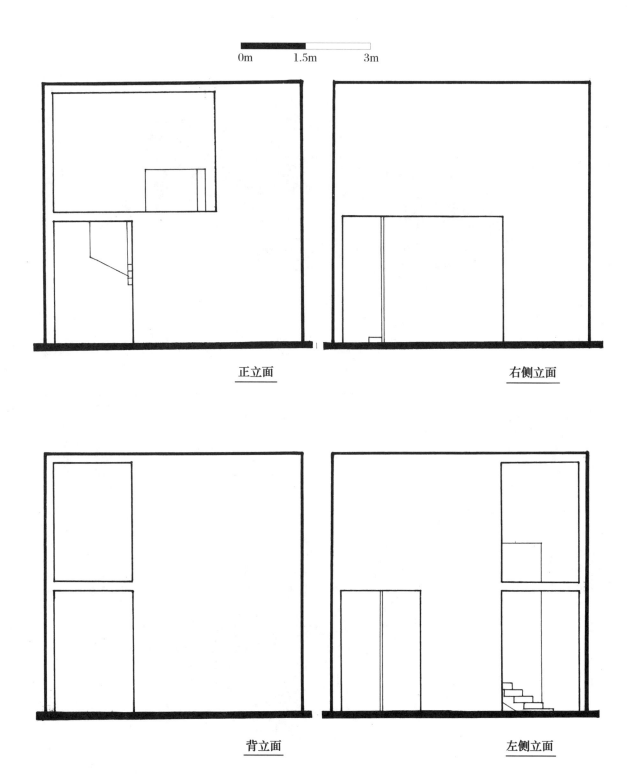

0m　　1.5m　　3m

正立面　　　　　　　　　　　　右侧立面

背立面　　　　　　　　　　　　左侧立面

5.1.2 茶室设计

透视效果

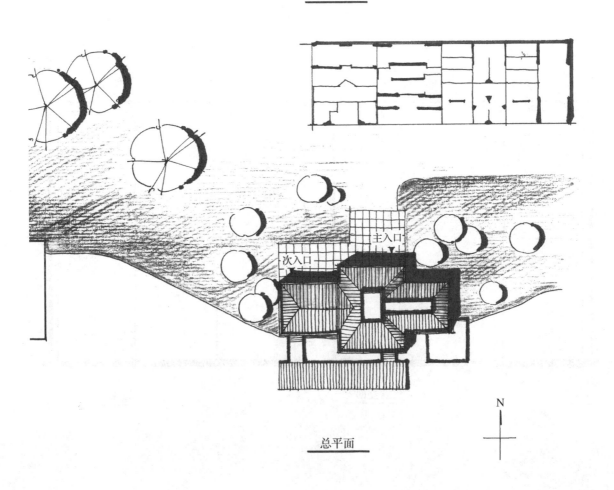

总平面

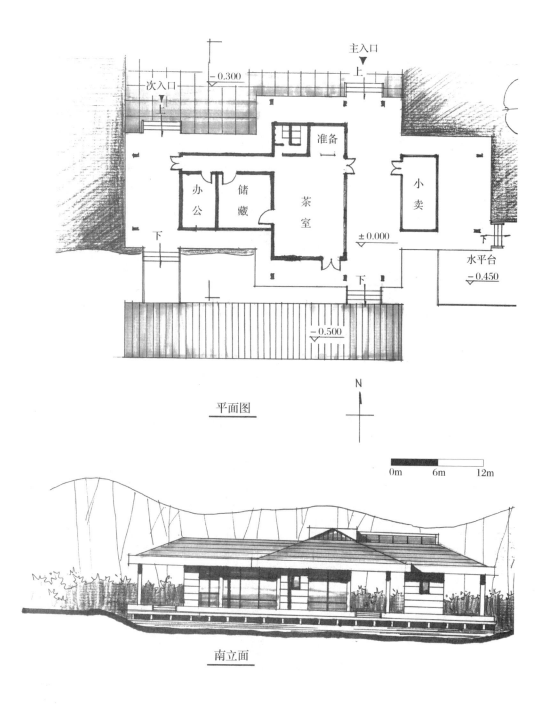

次入口 ▼上

−0.300

主入口 ▼上

准备

办公 储藏

茶室

小卖

±0.000

水平台 −0.450

下

下 −0.500

N

平面图

0m 6m 12m

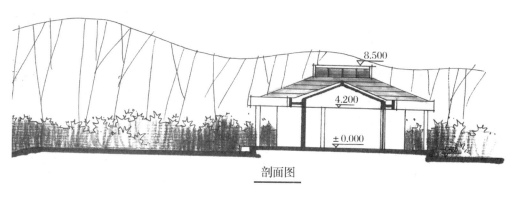

南立面

8.500

4.200

±0.000

剖面图

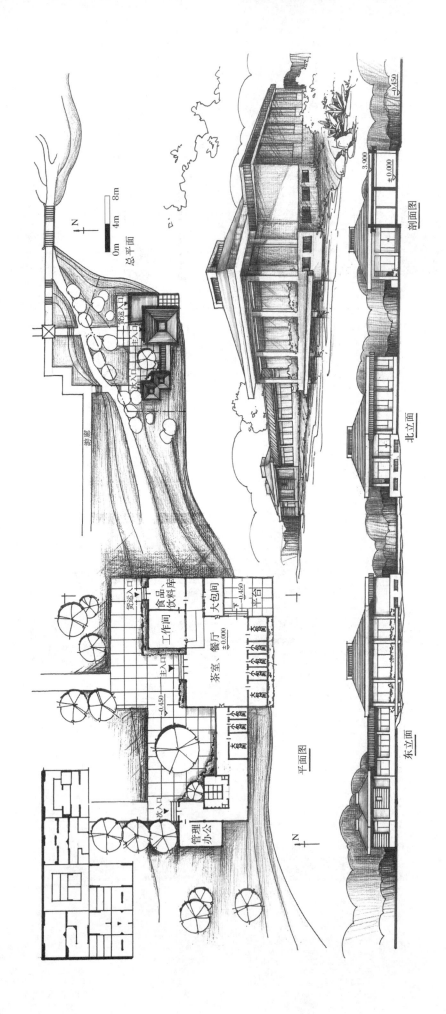

例 2 （学生姓名：汤文浩）

总平面
0m 4m 8m
N

平面图

剖面图

北立面

东立面

186

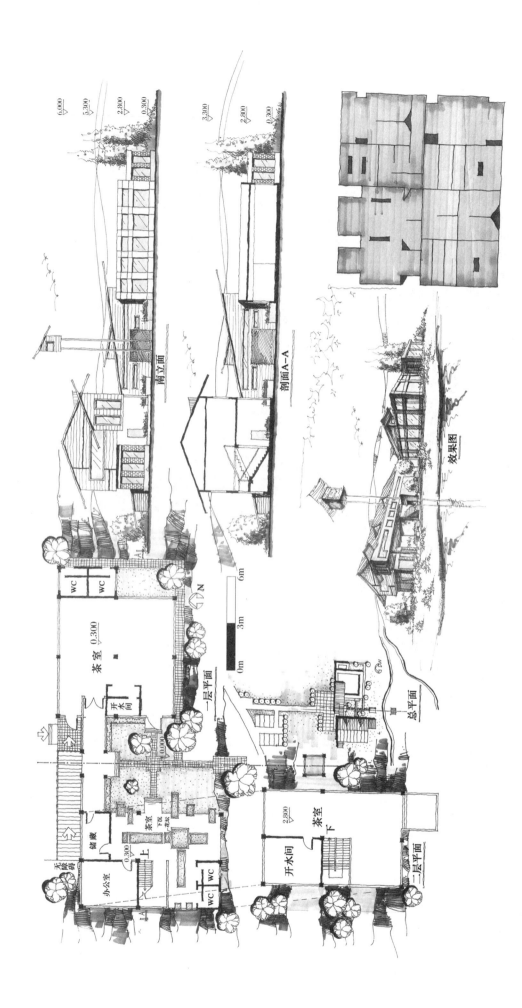

例 3 （学生姓名：华平）

办公室

无障碍

储藏

0.300 上

茶室

下 地板

WC WC

开水间

茶室 0.300

WC WC

一层平面

0.000

开水间

茶室 2.800 下

二层平面

总平面

N

0m 3m 6m

南立面

6.000
5.300
2.800
0.300

剖面A-A

3.300
2.800
0.300

效果图

5.1.3 游客中心设计

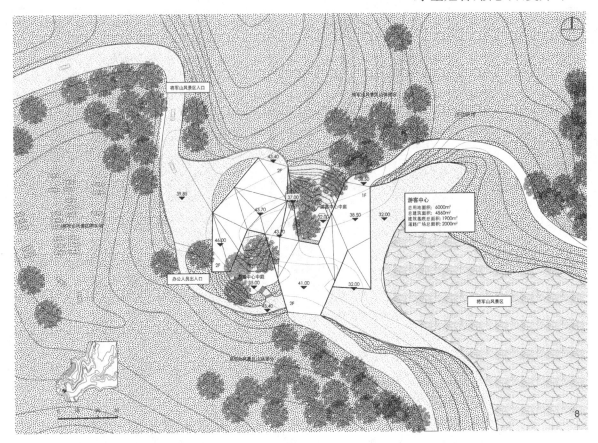

游客中心
总用地面积：6000m²
总建筑面积：4560m²
建筑基底总面积：1900m²
道路广场总面积：2000m²

将军山风景区

总平面图

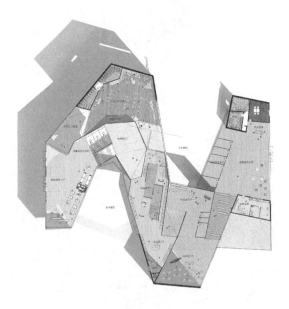

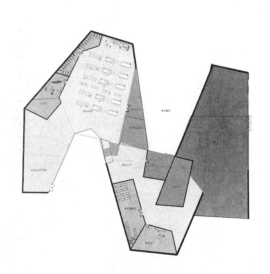

0 5 10 15m

建筑二层平面图　　　　　　　　　**建筑一层平面图**

建筑平面图

188

总鸟瞰效果图

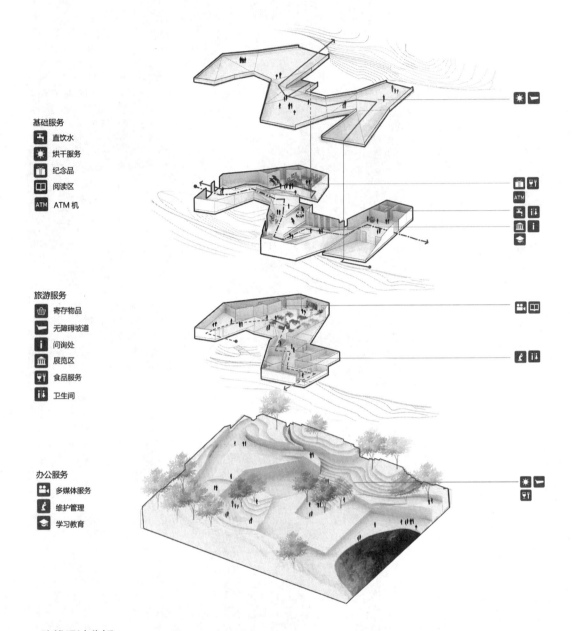

基础服务
直饮水
烘干服务
纪念品
阅读区
ATM ATM 机

旅游服务
寄存物品
无障碍坡道
问询处
展览区
食品服务
卫生间

办公服务
多媒体服务
维护管理
学习教育

路线设计分析

自上而下——抵达的游客 ▬·▬   路线：服务大厅—展厅A—展厅B—展厅C—展厅D—导游室—户外
自下而上——返程的游客 ▬▬▬   路线：a. 屋顶坡道—屋顶花园—斜坡进入室内—纪念品商店—返程
                                    b. 屋顶坡道—屋顶花园—屋顶下至地面—返程

工作人员 ▬ ▬ ▬   路线：中庭入口—办公大厅—会议室—仓库—消控室—配变电室—
空调机房—保安室—户外

设计分析图

5.2 工程实践案例

项目名称:环翠楼盆景园茶室设计

项目地点:威海

项目负责人:张青萍、张哲

方案设计:方程、郭苏明等

设计时间:2009 年至 2010 年

竣工时间:2014 年

威海市环翠楼始建于 1489 年,因其在群山环抱、翠绿环绕中,兼沧海山川之胜,水光山色之美,遂以"环翠"名之。2009 年,威海市政府重新改造环翠楼,并在环翠楼中轴线以北规划环翠楼盆景园,环翠茶室即位于该盆景园西部地势较高处,是该盆景园重要的景观建筑。

环翠楼盆景园总体规划图

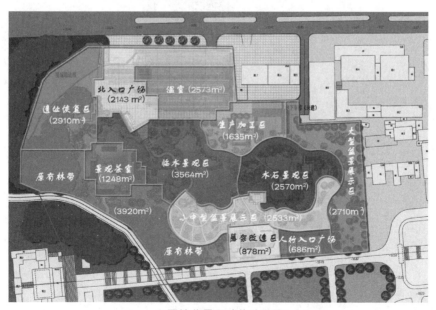

环翠楼盆景园功能分区图

191

环翠楼盆景园鸟瞰图

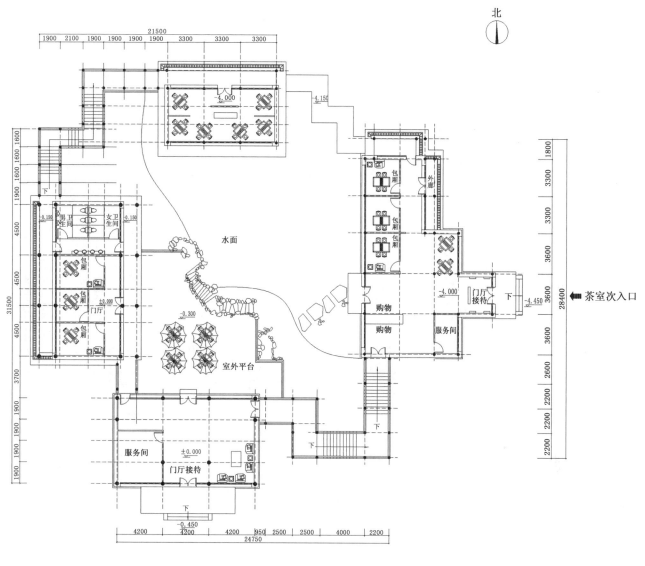

北

21500
1900 | 2100 | 1900 | 1900 | 1900 | 1900 | 3300 | 3300 | 3300

1800
3300
3300
3600
3600
2600
2200
2200
2200

28400

-4.000
-4.150

1600 | 1600 | 1600
1900
4500
4500
4500
3700
1900
1900
1900
1900

31500

-0.150 男卫生间 女卫生间 -0.150

水面

包厢

±0.000 门厅 包厢
包厢

包厢
包厢
包厢

外廊

购物

购物

-4.000 门厅接待 下 -4.450

服务间

茶室次入口 ⬅

-0.300

室外平台

下

下

下

下

服务间 ±0.000 门厅接待

-0.450 下

4200 | 4200 | 4200 | 950 | 2500 | 2500 | 4000 | 2200
4200
24750

茶室主入口

环翠茶室一层平面图

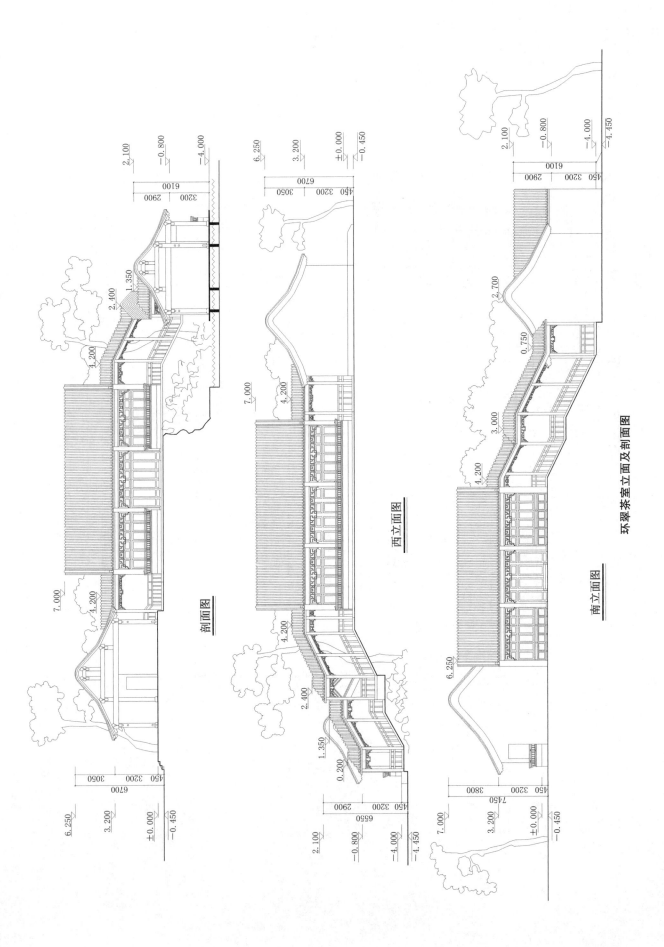

剖面图

西立面图

南立面图

环翠茶室立面及剖面图

194

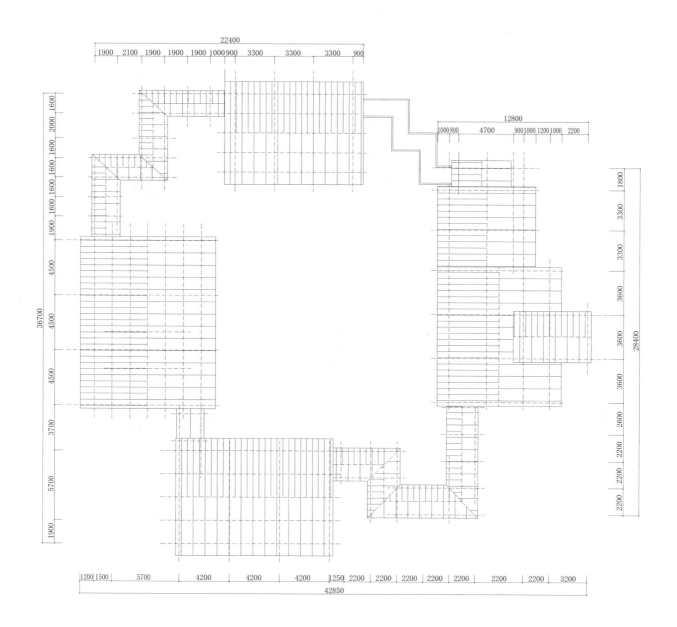

环翠茶室屋顶平面图

环翠茶室透视图

196

建成后实景照片

参考文献

1. 杜汝俭.园林建筑设计[M].北京:中国建筑工业出版社,2005

2. 王胜永.景观建筑[M].北京:化学工业出版社,2009

3. 刘福智,佟裕哲.风景园林建筑设计指导[M].北京:机械工业出版社,2007

4. 王浩,陈蓉.园林建筑与工程[M].苏州:苏州大学出版社,2001

5. 郑炘,华晓宁.山水风景与建筑[M].南京:东南大学出版社,2007

6. 金学智.中国园林美学[M].第2版.北京:中国建筑工业出版社,2005

7. 彭一刚.中国古典园林分析[M].北京:中国建筑工业出版社,1986

8. 彭一刚.建筑空间组合论[M].第3版.北京:中国建筑工业出版社,2008

9. 刘芳,苗阳.建筑空间设计[M].上海:同济大学出版社,2001

10. 周立军.建筑设计基础[M].哈尔滨:哈尔滨工业大学出版社,2003

11. 莫天伟.建筑设计基础[M].南京:江苏科学技术出版社,2004

12. 王崇杰.建筑设计基础[M].北京:中国建筑工业出版社,2002

13. 田云庆,胡新辉,程雪松.建筑设计基础[M].上海:上海人民美术出版社,2006

14. 张青萍.建筑设计基础[M].北京:中国林业出版社,2009

15. 罗文媛.建筑设计初步[M].北京:清华大学出版社,2005

16. 同济大学建筑系建筑设计基础教研室.建筑形态设计基础[M].北京:中国建筑工业出版社,1991

17. 田学哲.建筑初步[M].第2版.北京:中国建筑工业出版社,1999

18. 刘昭如.建筑构造设计基础[M].第2版.北京:科学出版社,2008

19. 李必瑜.建筑构造(上册)[M].第4版.北京:中国建筑工业出版社,2008

20. 樊振和.建筑构造原理与设计[M].第3版.天津:天津大学出版社,2009

21. 崔艳秋.房屋建筑学[M].北京:中国电力出版社,2005

22. 同济大学,西安建筑科技大学,东南大学,等.房屋建筑学[M].第4版.北京:中国建筑工业出版社,2005

23. 杨鼎久.建筑结构[M].北京:机械工业出版社,2006

24. 建设部执业资格注册中心网.2008年全国一级注册建筑师考试培训辅导用书3:建筑结构[M].第4版.北京:中国建筑工业出版社,2008

25. 曹纬浚.一级注册建筑师考试辅导教材:第二分册:建筑结构[M].北京:中国建筑工业出版社,2007

26. 布正伟.结构构思论:现代建筑创作结构运用的思路与技巧[M].北京:机械工业出版社,2006

27. 刘磊.场地设计[M].第2版.北京:中国建材工业出版社,2009

28. 闫寒.建筑学场地设计[M].北京:中国建筑工业出版社,2006

29. 黄世孟,王小璘.场地规划[M].沈阳:辽宁科学技术出版社.2002

30. 赵晓龙,邵龙,李玲玲.室内空间环境设计思维与表达[M].哈尔滨:哈尔滨工业大学出版社,2004

31. 张楠.当代建筑创作手法解析:多元+聚合[M].北京:中国建筑工业出版社,2003

32. 刘敦桢.中国古代建筑史[M].北京:中国建筑工业出版社,1984

33. 刘峰,朱宁嘉.人体工程学[M].第2版.沈阳:辽宁美术出版社,2006

34. [日]芦原义信.外部空间设计[M].尹培桐,译.北京:中国建筑工业出版社,1985

35. [丹麦]扬·盖尔.交往与空间[M].何人可,译.北京:中国建筑工业出版社,1992

36. ［英］肯特. 建筑心理学入门[M]. 谢立新,译. 北京:中国建筑工业出版社,2000

37. ［美］爱德华. T. 怀特. 建筑语汇[M]. 林敏哲,译. 大连:大连理工大学出版社,2001

38. ［美］保罗·拉索. 图解思考:建筑表现技法[M]. 邱贤丰,译. 北京:中国建筑工业出版社,2002

39. ［丹麦］拉斯姆森. 建筑体验[M]. 刘亚芬,译. 北京:知识产权出版社,2003

40. ［美］琳达·格鲁特. 建筑学研究方法[M]. 王晓梅,译. 北京:机械工业出版社,2004

41. ［美］弗朗西斯. D. K. 钦. 形式、空间和秩序[M]. 邹德侬,方千里,译. 北京:中国建筑工业出版社,2005

42. ［德］迪特尔·普林茨,［德］克劳斯. D. 迈耶保克恩. 建筑思维的草图表达[M]. 赵巍岩,译. 上海:上海人民美术出版社,2005

43. ［德］托马斯·史密特. 建筑形式的逻辑概念[M]. 肖毅强,译. 北京:中国建筑工业出版社,2005

44. ［美］斯科台克. 建筑结构:分析方法及其设计应用[M]. 罗福午,译. 第 4 版. 北京:清华大学出版社,2005